生产经营单位
安全双重预防机制理论与实施

李爽　贺超　王维辰　黄晨晨　著

中国矿业大学出版社
·徐州·

内 容 简 介

　　本书介绍了国家层面、主要行业、典型省份对双重预防机制建设的要求以及当前的建设整体情况,详细介绍了双重预防机制的理论框架,解决了双重预防机制建设的理论基础问题;详细说明了生产经营单位应如何从零开始建设起一个科学、合理的双重预防机制过程,解决了双重预防机制建设的方法论问题;结合当前信息技术快速发展、应用的实际情况,从智能化安全管理的角度简要介绍了智能化双重预防机制。

　　本书能够指导政府和各级安全监管监察部门利用双重预防机制开展安全监管创新,指导生产经营单位开展双重预防机制建设、运行和提升工作,为高等院校安全管理研究人员从事双重预防机制有关研究提供参考。

图书在版编目(CIP)数据

　　生产经营单位安全双重预防机制理论与实施 / 李爽等著. —徐州:中国矿业大学出版社,2021.11(2023.11 重印)

　　ISBN 978 - 7 - 5646 - 5108 - 4

　　Ⅰ. ①生… Ⅱ. ①李… Ⅲ. ①安全生产—生产管理 Ⅳ. ①X92

　　中国版本图书馆 CIP 数据核字(2021)第 169982 号

书　　名	生产经营单位安全双重预防机制理论与实施	
	SHENGCHAN JINGYING DANWEI ANQUAN SHUANGCHONG YUFANG JIZHI LILUN YU SHISHI	
著　　者	李　爽　贺　超　王维辰　黄晨晨	
责任编辑	张　岩　于世连	
出版发行	中国矿业大学出版社有限责任公司	
	(江苏省徐州市解放南路　邮编 221008)	
营销热线	(0516)83884103　83885105	
出版服务	(0516)83995789　83884920	
网　　址	http://www.cumtp.com　E-mail:cumtpvip@cumtp.com	
印　　刷	苏州市古得堡数码印刷有限公司	
开　　本	787 mm×1092 mm　1/16　印张 18.5　字数 332 千字	
版次印次	2021 年 11 月第 1 版　2023 年 11 月第 4 次印刷	
定　　价	72.00 元	

　　(图书出现印装质量问题,本社负责调换)

序（一）

　　安全生产事关国民经济发展、社会稳定大局和人民群众的生命财产安全。党的十八大以来，以习近平同志为核心的党中央把安全生产摆在重要位置，提出了一系列关于安全生产的新观点新思想新论断，要求把发展与安全作为全党必须统筹抓好的两件大事，作为新发展理念、高质量发展的重要内容。因此，扎实抓好安全生产工作是深入贯彻落实习近平总书记关于安全生产的重要指示精神，坚持人民至上、生命至上的重要体现。

　　企业作为安全生产的责任主体，要牢固树立安全发展理念，牢牢守住安全生产底线，有效遏制重特大事故发生。尤其是生产经营单位的安全生产工作涉及诸多方面，必须要充分调动、发挥各方力量，其中最重要的就是生产经营单位的主体责任落实和政府的安全监管。今年9月施行的《安全生产法》中也明确要求，"强化和落实生产经营单位主体责任与政府监管责任，建立生产经营单位负责、职工参与、政府监管、行业自律和社会监督的机制"。

　　长期以来，党和政府高度重视安全生产工作，推动煤矿安全生产法制机制不断健全完善，体制不断创新，特别是党的十八大以来，在以习近平同志为核心的党中央坚强领导下，坚持"发展决不能以牺牲安全为代价"的红线意识，聚焦煤矿重特大事故频发多发的问题导向，明确依法治安、科技强安、基础保安的目标导向，把安全生产列入党委工作的重要议事日程，形成了"党政同责、一岗双责"煤矿安全生产工作新格局，全国煤矿安全生产形势实现了明显好转。但也要清醒地认识到，当前我国煤矿安全生产与高质量发展还面临诸多问题和挑战，向企业自觉、职工自愿的"我要安全"的转变仍有待进一步强化。

构建安全风险分级管控和隐患排查治理双重预防机制,是建立、落实生产经营单位全员安全生产主体责任的一个非常重要和有效方法,也是我国未来生产经营单位安全管理的核心框架。早在 2016 年国务院安委会办公室就印发了构建双重预防机制的意见,指出双重预防机制是遏制重特大事故的重要举措,要准确把握安全生产的特点和规律,坚持风险预控、关口前移,全面推行安全风险分级管控,进一步强化隐患排查治理,推进事故预防工作科学化、信息化、标准化,实现把风险控制在隐患形成之前、把隐患消灭在事故前面。在国家有关部门积极推动下,我国煤矿安全生产领域进行了一系列体制机制法制改革创新,健全完善了煤矿安全国家监察体系,使得我国煤矿双重预防机制建设走在了相关行业的前列,取得了积极的进展。尽管如此,我国生产经营单位双重预防机制相关研究仍显深入不够,多数煤矿企业双重预防机制建设还没有达到预期的效果。因此,深化理论研究、解决生产经营单位双重预防机制建设和运行实践中遇到的诸多问题,就成为我国安全管理学者亟须破解的难题。

中国矿业大学安全科学与应急管理研究院李爽教授团队,长期从事安全风险管理、双重预防机制方面的研究,取得了一系列科研成果,在此基础上,撰写了《生产经营单位安全双重预防机制理论与实施》一书。该书既有理论深度,又紧密结合实际,阐述了生产经营单位建设双重预防机制的方法、模式,分析了双重预防与现有安全管理的关系,解答了各部门和岗位安全生产职责的确定、长期有效运行等一系列问题,提出了智能化双重预防的概念,对于煤矿以及其他生产经营单位的安全管理体系建设都具有很好的指导意义。

相信该书的出版,将会进一步促进生产经营单位实现安全风险自辨自控、隐患自查自治,推动我国双重预防机制的研究和实践。也希望中国矿业大学安全科学与应急管理研究院能够不断创新,继续努力,取得更多、更高水平的研究成果,为我国安全生产事业做出新的贡献。

2021 年 9 月于北京

序（二）

完善双重预防机制，提升安全治理效能

2019 年 11 月 29 日，习近平总书记在主持中共中央政治局第十九次集体学习时强调，应急管理是国家治理体系和治理能力的重要组成部分，要健全风险防范化解机制，坚持从源头上防范化解重大安全风险，真正把问题解决在萌芽之时、成灾之前。生产经营单位建立双重预防机制，提高自身安全治理能力是国家层面应急管理体系的重要组成部分和基础。党的十八大以来，我国的安全生产工作虽取得了显著的成绩，但也暴露了"想不到、管不到、管不住"等问题，原来单纯依赖隐患闭环管理的模式难以完全胜任新时代安全治理的要求。

在这种背景下，双重预防机制自提出以来就迅速得到了地方各级政府、安全监管部门以及各涉危行业的重视，成为生产经营单位风险防范化解机制的重要抓手。多个行业主管部门、省级人民政府及安全监管部门都先后出台了关于双重预防机制的具体要求，以科学的管理方法，极大地推动了我国双重预防机制建设工作，提升了生产经营单位的安全管理水平。在国家矿山安全监察局的大力推动、各煤炭企业的充分重视以及行业社会组织的广泛宣传下，煤炭行业双重预防机制建设工作走在了全国各行业的前列，不但涌现出了大量做出显著

成绩的生产经营单位，而且很多省份出台了双重预防机制建设地方标准，利用双重预防机制信息创新了安全监管方法，还出现了中国矿业大学安全科学与应急管理研究院李爽教授团队这样的双重预防机制研究和建设的优秀科研团队，形成了政、产、学、研、社会组织全方位推进的良好局面。

当前，我国各行业对双重预防机制的理解水平、重视程度和建设情况有很大的差别，仍存在诸多值得重视、应予探索、需要完善的问题，如：对双重预防机制与安全生产标准化之间的关系理解有误，认为企业已经通过了安全生产标准化验收，就说明已经完成了双重预防机制建设；对双重预防机制相关概念认识不清，尤其是对风险、固有风险、剩余风险等的概念较为模糊，对重大风险的含义、界定等也存在很多混淆之处；在实践中重风险辨识、轻风险管控，隐患排查治理仍原封不动搬用之前的传统做法，两者之间成为"两张皮"；管理信息系统与实际工作脱节，甚至风险分级管控和隐患排查治理建成了两个独立的信息系统，导致信息化成为劳民伤财的摆设等。这些模糊认识和做法，使双重预防机制没有充分发挥出对生产经营单位安全治理效能的提升作用。随着新修改的《安全生产法》公布和施行，双重预防机制建设成为生产经营单位的安全生产法定职责之一，是安全生产主体责任履行的重要组成部分，也是未来我国生产经营单位的核心安全管理理论与方法。因此，从理论上阐释清楚双重预防机制理论体系，说明白如何才能在生产经营单位中建立、运行双重预防机制，指明完善、提升现有的双重预防机制的方法，就成为各生产经营单位落实新修改的《安全生产法》时面临的重要问题。

我和李爽教授相识于国家矿山安全监察局"矿山安全治理体系和治理能力现代化"课题的研究，对李爽教授在双重预防机制方面的研究印象深刻。这本著作是李爽教授团队多年理论研究成果和辅导企业双重预防机制建设经验的总结，其构建的理论体系或所举案例，都不局限于某一个行业，对于各行业生产经营单位学习、落实新修改的《安全生产法》可谓恰逢其时。在具体内容上，该书兼顾了理论和实践两方面的需求，对于理论解释透彻深入，使读者知其然更知其所以然；实践案例取自现场，使读者既知道考核要求又知道现场该怎么做，对于各行业双重预防机制的建设、完善都具有非常重要的指导意义。

我很高兴看到李爽教授团队这本著作的出版，也希望看到更多的研究团队、生产经营单位和专家加入双重预防机制的研究和实践中来，共同提升包括煤炭行业在内的各行业安全治理效能，为建设具有中国特色的安全生产与应急管理体系增砖添瓦。

黄毅

二〇二一年十月

前　言

安全与发展之间的权衡关系是经济社会进步需要妥善处理的一个重要问题。进入 21 世纪以来,我国经济、科技都取得了举世瞩目的快速发展,人民的生活水平、幸福感都有了前所未有的提高,对安全生产的要求也在不断提高。截至 2015 年,十余年来我国整体安全生产态势有了根本性的好转,根据应急管理部和国家统计局的数据,我国安全生产事故总起数及死亡人数从最多的 2002 年 1 073 434 起、139 393 人,到 2015 年下降到了 67 107 起、44 760 人,下降幅度分别达到 93.7%、67.9%。但不可忽视的是,2015 年仍有 21 个省份发生了 38 起重特大事故,共造成 768 人死亡和失踪,给人民群众的生命财产安全都造成了重大的损失,也引发了许多负面的社会影响。

党的十八大以来,以习近平同志为核心的党中央高度重视安全生产工作,并从总体国家安全观的高度,提出防范和化解重大安全风险的时代命题。2015 年年底,习近平总书记提出易发重特大事故的行业领域要采取风险分级管控、隐患排查治理双重预防性工作机制,坚决遏制重特大事故发生。双重预防机制的提出,给全国安全生产工作指明了方向。双重预防机制一方面尊重我国当前发展阶段安全管理的现实,以及几十年来安全发展所积累的宝贵经验,将隐患排查治理作为风险管控后的第二道防火墙;另一方面,又符合安全管理向风险管理发展的科学趋势,重视当前对重特大风险管控的要求,开展风险分级管控工作,筑牢第一道防火墙,实现超前预控。

科学的理论创新需要深入研究,不断丰富其内涵和具体流程、方法,需要各有关部门和生产经营单位从实践中不断总结经验,不断验证、探索新理论与实践结合的思路、途径,只有这样,好的理论才能够最大限度地发挥其作用。为此,作为国内一支从事安全管理研究的重要团队,中国矿业大学安全科学与应急管理研究院(以下简称研究院)藉十余年安全风险研究的基础,第一时间将工作重点投入双重预防机制理论与实践工作中。

在学术研究领域,研究院先后承担了多个国家自然科学基金、国家重点研发计划项目、省部级社科重大项目以及十余个省部级理论研究课题,对双重预防机制的概念体系、理论框架、逻辑流程以及实施方法论、安全监管变革等方面都进行了较为深入的研究,初步构建了双重预防机制的理论体系。在生产经营单位安全生产实践方面,研究院以习近平总书记"将论文写在祖国大地上"的指示为行动指南,积极投身各行业的双重预防机制研究、培训辅导和建设等工作,取得了丰硕的成果。先后参与国内一千余家政府部门,煤矿、化工、非煤矿山、电力、工贸等行业单位及企业的双重预防机制建设工作,先后主持、参与起草了煤矿安全生产标准化管理体系以及山东、山西、陕西等省和中国煤炭学会的煤矿、电力、煤化工双重预防机制标准,并受国家能源局委托起草行业标准。研究院的科研成果多次被评为达到国际领先和国际先进水平,2020年"煤矿双重预防体系研究及应用"获中国煤炭工业科学技术奖一等奖,并作为唯一安全方面成果入选2020年全国煤矿智能化十大进展。

2021年6月10日习近平主席签发的第八十八号主席令公布了新修改的《中华人民共和国安全生产法》(本书中简称为新《安全生产法》),其中将"构建安全风险分级管控和隐患排查治理双重预防机制"的要求列为生产经营单位的法律责任,并将其列入罚则部分。未来双重预防机制必将作为具有中国特色的安全管理理论,成为我国生产经营单位从事安全管理工作的主要理论方法。作为从事双重预防机制研究和实践多年的科研团队,我们既为我们的研究成果符合国家经济社会发展的需要而高兴,又深感身上承担的重任。双重预防机制被提出以来,少数研究人员根据自己的理解,对双重预防机制做了一些不太合适的解读,给部分政府、企业的双重预防机制监管、建设带来了困扰。实际中也有不少生产经营单位因对双重预防机制理解不足,导致"三个不统一、三个两张皮"(即:双防机制理解不统一、口头行动不统一、长短期运行不统一和风险隐患两张皮、系统管理两张皮、建设应用两张皮)现象时有发生,使双重预防机制无法发挥应有的作用,甚至沦落为形式主义。

正是考虑到上述情况,我们深感有必要写一本既具有理论高度,全面说清楚双重预防机制来龙去脉、当前情况、完善的理论体系,又对生产经营单位开展工作具有良好的指导作用,全流程教授双重预防建设准备、风险辨识评估、风险分级管控、隐患排查治理、持续提升闭环、信息化建设和运行等具体工作开展,既解决思想上的问题，又解决行动上的问题。本书的编写坚持以下三方面的原则：

（1）理论与实践兼顾的原则。

当前生产经营单位既面临对双重预防理论概念的混淆和不理解，又面临如何在实践中落地的问题，而且两个问题都非常紧迫。同时，不能从理论上解决基本的内涵、核心概念、关键流程等问题，在实践中也难以避免诸多陷阱。因此，本书首先阐明理论思想，然后按照理论指导展开具体的论述。

（2）理论部分采用当前与发展兼顾的原则。

双重预防机制虽已提出近六年，但作为一个主要面向生产经营单位实践的理论，并没有得到国内理论研究人员应有的重视。本书构建了一个双重预防机制的宏观研究框架，对于其中一些涉及不同学科的核心问题都进行了简要的说明，为未来的研究工作提供一些指引。

（3）实践部分采用一般行业和个别行业兼顾的原则。

双重预防机制提出之初的目的是面向涉危行业遏制重特大事故，但由于双重预防机制本身的适用性和各行业部门的重视，未来双重预防机制的应用范围将会不断扩大，而且涉危行业之间区别也会非常大。本书在实践部分以面向一般行业为主线，兼顾煤矿、化工、电力和非煤矿山等几个主要涉危行业，并以案例形式做具体说明，直观地指导生产经营单位的现场工作开展。

本书是研究院结合十余年理论研究积累，在大量生产经营单位实践的基础之上撰写而成的，与其他论述双重预防机制的相关图书相比，本书具有以下几方面的特点：

（1）宏观上说明了当前全国双重预防机制的建设情况。

新《安全生产法》发布以后，诸多行业的生产经营单位都面临双重预防机制建设和完善的任务，了解全国整体建设情况，对于政府、监管监察部门、集团公司等制定顶层规划具有重要的参考意义。

（2）体现了双重预防机制研究的最新理论成果。

双重预防机制自提出以来，研究院便集中力量从管理体系、风险评估、实施方法论、不安全行为管控、信息化建设和安全监管监察等多个方面对双重预防机制进行研究，构筑了一个较为完整的理论研究框架。

（3）按双重预防机制建设方法论逻辑说明从建设到运行各阶段的工作，并用案例予以说明。

一些图书按照考核内容依次介绍双重预防机制建设的标准，但是对于如何在生产经营单位中建设双重预防机制却描述不清。本书站在生产经营单位如何开展工作角度组织内容,体现出了对建设方法论的重视,便于生产经营单位理解和借鉴。

(4)重视信息化、智能化对双重预防机制运行的作用。

由于各级政府和安全监管监察部门在考核双重预防机制建设情况时对信息化建设关注度往往不够,而信息化又恰是双重预防机制能否落地的关键,所以,本书特别介绍了双重预防信息系统的功能要求和建设过程,同时简要指明了未来智能化双重预防的发展方向,供不同信息化基础和规划的生产经营单位选择。

本书中的很多案例,其内容组织得到了大量企业和专家的热情支持,在撰写过程中收到了很多有价值的意见和建议,在此我们向山西煤矿安全监察局、山西省应急管理厅、宁夏煤矿安全监察局、陕西省神木市能源局、陕西煤业股份有限公司、山西焦煤集团有限责任公司、山东能源集团有限公司、晋能控股集团有限公司、中国中煤能源集团有限公司、国能神东煤炭集团有限责任公司、国家能源集团宁夏煤业有限责任公司、延安能源化工(集团)有限责任公司、内蒙古伊泰煤炭股份有限公司和淮河能源控股集团有限责任公司等政府安全监管监察部门、集团公司等的支持表示真挚的感谢。

双重预防机制是一个仍在不断发展的理论,无论是理论研究还是企业实践都处于不断变化之中。本书体现了中国矿业大学安全科学与应急管理研究院当前对双重预防机制的研究成果,未来还将在研究的广度和深度上不断扩展发掘。因为双重预防机制研究和应用的不断发展,以及不同行业安全管理的差别,本书必然还存在一些值得改进和完善之处,欢迎各位读者能够与我们交流观点,一起完善双重预防机制,共同为完善我国安全治理体系、提升政府和生产经营单位的安全治理效能,贡献出我们自己的力量。

作者

2021 年秋

于江苏徐州中国矿业大学

安全科学与应急管理研究院

目录

第七章　双重预防机制信息化　　207

第八章　双重预防机制的支持与完善　　235

第九章　智能化双重预防及其信息平台建设　　248

参考文献　　280

第一章

双重预防体系的演变

安全是人类的一项基本需求。按照马斯洛需求层次理论,人的需求从底层向上分为五层,分别是:生理需求、安全需求、社交需求、尊重需求和自我实现需求。生理需求和安全需求都是基础的低级别需求,低层次需求得到满足后,高层次需求就会成为人的主要需求。进入 21 世纪后,随着我国经济的快速发展,人民群众的温饱问题得到了根本性的解决,各种生产安全方面的事故信息开始引起了全社会的广泛关注。正如习近平总书记所指出的:"平安是老百姓解决温饱后的第一需求,是极重要的民生,也是最基本的发展环境。"

双重预防机制提出后,在各个省、市、自治区及各个行业逐步得到了重视和应用,取得了显著的成果。随着生产经营单位对双重预防理解和接受程度的不断提升,适时提升要求,将双重预防机制升级为管理体系作为我国生产经营单位安全管理的核心,就成为我国安全管理发展的必然,也是进一步发挥双重预防作用、推进我国安全治理体系和治理能力现代化的重要举措。

第一节　双重预防机制的提出

生产经营单位安全生产是整个社会和平时期安全的基石,其影响因素众多,包括技术、装备、生产环境、人员素质、企业文化等,安全管理是其中非常重要的一个因素。除了全自动化的无人工厂、"黑灯工厂",任何生产经营单位的安全生产都依赖于生产经营单位的安全管理人员将各要素实现有效的配置和科学的管理,只有这样才能发挥安全体系最大的作用,达到稳定、较高的安全水平。安全管理方法与人员紧密相关,既取决于生产经营单位管理层的态度,尤其是一把手的重视和支持,也取决于基层一线从业人员的业务素质和安全意识,是生产经营单位安全生产各因素中最灵活的能动因素,是安全生产的倍增器和使能器。

一、安全管理一般逻辑

不同的行业、不同的生产经营单位,虽然生产方式不同、技术千差万别、危险因素各异,但在安全管理逻辑上,却都遵循相同的基本逻辑,即:在设计保证安全的前提下,确保在生产过程中各项状态、要求与设计的预期保持一致,如图 1-1 所示。

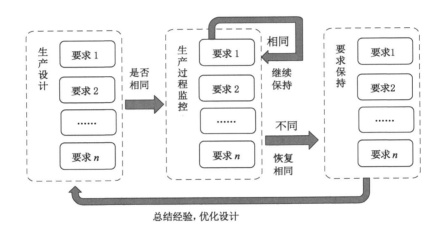

图 1-1 安全管理一般逻辑

从短期来看,安全管理逻辑是一个重复执行的管理程序。生产经营单位在当前技术条件下,确认可接受风险,制定相应的要求,进而在生产过程中不断监控各种要求的实际状态与设计是否相同。如果相同,则继续保持,开展下一轮的过程监控;如果不同,则采取计划的措施或临时制定措施,使出现不同的要求项恢复到与原设计相同的状态。

从长期来看,安全管理的逻辑应是一个闭环的系统。生产经营单位应定期总结各种与设计要求不同情况出现的原因,然后从设计角度采取改进措施,优化设计,使下一段时间中,生产过程中各项要求出现与设计不同的情况有所减少,从而不断提升生产经营单位的安全生产水平。

二、隐患闭环管理及其问题

我国各涉危行业虽然风险类型、危险程度差距巨大,但基本都采取了一般称之为隐患治理或隐患闭环管理的管理方法。其逻辑的核心是不要让生产过程中出现与预期设计的偏离,其实现方法是通过各种类型的检查、排查等,及时发现存在的偏离,然后尽快予以处理。这种偏离根据程度不同、治理难度不同,不同行业有不同的称谓,如:隐患、问题、不符合、偏差等。为行文方便,本书除明确说明外,一概用隐患表示上述各种偏离。

以隐患闭环为核心的安全管理模式,其重心在检查,其前面阶段要求提前确认或者说风险管理阶段并不明确,很多生产经营单位该部分实际上是缺失的。在实践中,隐患闭环管理模式对安全检查人员的能力和责任心依赖性较强,即安全检查人员既要懂业务、技术相关要求,能够在现场发现隐患,同时又具有足够的责任心,愿意去排查隐患。改革开放后,相关的管理方法逐渐完善,具有其历史作用,得到了生产经营单位的广泛认可和实践,在实际的安全生产工作中也起到了明显的作用。然而,随着经济的快速发展,我国安全生产面临着新的环境、新的问题,隐患闭环管理的模式本身也需要不断完善、深化。

(1)隐患闭环模式强调发现隐患,而不是防范隐患。

隐患闭环管理模式侧重治理,忽视了隐患为什么会产生,过于强调治标而不治本,结果就造成了类似于"打地鼠"游戏的情形,隐患查不胜查,安全管理人员长期处于精神高度紧张状态,不知道什么时候会发生隐患,始终处于被动应对的局面。

(2)隐患闭环模式难以及时发现隐患,给安全生产带来了风险。

隐患闭环管理以各种隐患排查为主要手段,其直接目的是通过排查尽可能发现存在的隐患,然后通过闭环流程使其得到有效的治理,从而避免事故发生。隐患排查发现隐患时,隐患已经存在一定时间,而生产经营单位无法对该时间段内的隐患采取控制措施。从隐患产生到发现的这段时间内,隐患的存在提高了安全生产风险水平。

(3)隐患闭环模式发现隐患的可能性取决于很多因素,不可能完全排查出所有隐患。

传统的隐患闭环治理对该排查出却未排查出的情况往往并没有作明确严格的责任追究,即隐患排查人员是否能够发现某个当前存在的隐患并不作为关注的重点,更多地是为了考核方便,只要求发现隐患的数量和等级。因此,隐患闭环管理的情况下,生产经营单位往往面临着隐患随时查随时有的尴尬局面。而这些没有被查出的隐患,给安全生产带来了巨大的威胁。

(4)隐患闭环模式强调隐患治理本身的业务闭环,却忽视了生产经营单位安全体系的闭环提升。

隐患闭环模式构建了完整的隐患"发现—治理—验收"闭环,其闭环着力点在"确保所有被发现的隐患都能够得到有效的治理"。这种模式满足于具体隐患的消失,缺乏从更高层面进行总结分析,即为什么会出现这些隐患并在其基础上提出改进措施,使隐患尤其是一些重复出现隐患、重要隐患等不再出现或出现概率下降。因此,很多生产经营单位耗费大量的精力落实隐患闭环模式,但隐患数量始终相对稳定,很多隐患反复出现却无法得到有效遏制。

由于上述不足的存在,长期以来我国涉危生产经营单位分管安全的领导和安全检查人员付出了极大的努力和心血,虽然在很大程度上改变了我国安全生产长期低于国际平均水平的落后局面,取得了有目共睹的巨大成就,却发现其难以达到当前新安全管理理念与目标的要求。这种不胜任情形突出体现在两个方面:一方面,安全管理人员压力巨大,甚至因事故被追究责任的情形时有发生;另一方面,难以真正遏制事故,尤其是一些重特大事故时有发生。

三、双重预防提出的直接背景

自党的十八大以来,党中央和人民政府高度重视安全生产工作。仅十八大至十九大的五年期间,习近平总书记就对安全生产工作做出 10 篇重要讲话和 40 余件批示指示,共约 1.3 万余字。然而就是在这种背景下,安全生产事故,包括重特大事故仍时有发生,严重威胁人民群众的生命财产安全,与经济社会高速发展之间的矛盾越来越突出,显示出我国生产经营单位安全管理方法还存在系统性的不足。以 2015 年为例,全国大部分地区和重点行业领域的安全状况基本稳定,全年发生各类生产安全事故、死亡人数同比分别下降 7.9% 和 2.8%。其中,较大以上的事故和死亡人数同比分别下降 9% 和 8%,煤矿事故和死亡人数同比下降 32.3% 和 36.8%。虽然整体上呈现下降趋势,但重特大事故时有发生,而且危害严重,影响恶劣,形势非常严峻,21 个省份共发生了 38 起重特大事故,共造成 768 人死亡和失踪。平均每起重特大事故造成的死亡和失踪人数都超过前几年。2015 年全国安全生产重特大事故见表 1-1。

表1-1　2015年全国安全生产重特大事故汇总表

序号	时间	事故名称	事故类型	死亡人数
1	4月19日	山西省同煤集团姜家湾煤矿"4·19"重大透水事故	矿山事故	21
2	8月11日	贵州普安县政忠煤矿"8·11"重大煤与瓦斯突出事故	矿山事故	13
3	10月9日	江西上饶县永吉煤矿"10·9"重大瓦斯爆炸事故	矿山事故	10
4	11月20日	黑龙江龙煤集团杏花煤矿"11·20"重大火灾事故	矿山事故	21
5	12月25日	山东平邑"12·25"石膏矿重大坍塌事故	矿山事故	14
6	7月12日	河北宁晋"7·12"非法生产烟花爆竹重大爆炸事故	危险品事故	22
7	8月12日	天津港"8·12"瑞海公司危险品仓库特别重大火灾爆炸事故	危险品事故	165
8	8月31日	山东滨源化学有限公司"8·31"重大爆炸事故	危险品事故	13
9	1月15日	"皖神舟67"轮"1·15"重大船舶翻沉事故	交通事故	22
10	1月16日	荣乌高速"1·16"重大道路交通事故	交通事故	12
11	2月4日	台湾"2·4"复兴航空坠机事故	交通事故	43
12	2月24日	新疆喀什"2·24"重大车辆侧翻事故	交通事故	22
13	3月2日	河南林州"3·2"大巴车坠崖重大交通事故	交通事故	20
14	4月4日	贵州省纳雍县"4·4"重大道路交通事故	交通事故	21
15	5月15日	陕西淳化"5·15"特大交通事故	交通事故	35
16	6月1日	"东方之星"号客轮翻沉事故	交通事故	442
17	6月26日	安徽宁芜"6·26"重大道路交通事故	交通事故	12
18	9月25日	沪昆高速公路潭邵段"9·25"重大交通事故	交通事故	22
19	3月4日	昆明市官渡区东盟联丰农产品商贸中心"3·4"酒精燃爆重大事故	工贸事故	13
20	3月11日	利尔德印染有限公司"3·11"气体中毒事故(61人中毒)	工贸事故	0
21	5月9日	兰陵顺天运输有限公司"5·9"挡土墙重大坍塌事故	工贸事故	10
22	5月25日	河南平顶山"5·25"特别重大火灾事故	工贸事故	39
23	7月4日	温岭市捷宇鞋材有限公司"7·4"厂房坍塌重大事故	工贸事故	14
24	10月10日	安徽芜湖"10·10"重大爆炸事故	工贸事故	17
25	10月30日	河南舞阳县"10·30"民房坍塌事故	工贸事故	17
26	11月29日	山东富凯不锈钢有限公司"11·29"重大煤气中毒事故	工贸事故	10
27	12月20日	深圳光明新区恒泰裕工业园"12·20"滑坡灾害	工贸事故	73

　　这些重特大事故给人民群众的生命财产造成了巨大的损失,尤其是天津港"8·12"瑞海公司危险品仓库特别重大火灾爆炸事故、深圳光明新区恒泰裕工业园"12·20"滑坡灾害等事故后果极其严重,影响极其恶劣,凸显当时安全工作中存在的"认不清""想不到"问题,也显示出我国普遍采用的安全管理方法存在一定的不足,难以达到新时期安全生产的要求。

　　从正面角度而言,当时一些安全成果的取得往往来自于生产经营单位和监管监察部门的大量资源投入,一旦要求放松或资源投入减少,安全形势容易出现反弹。这种情况下,安全形势虽然在不断好转,但一方面投入巨大,且处于一种对安全无把握的状态,另一方面安全管理水平提升、事故下降都似乎遇到了"瓶颈",再向上提升难度明显增加。因此,为了安全水平进一步提升,也到了需要重新审视我国长期以来采用的隐患治理闭环管理模式的时候。

在这种背景下,习近平总书记在 2015 年年底的政治局常委会上提出"必须坚决遏制重特大事故频发势头,对易发重特大事故的行业领域采取风险分级管控、隐患排查治理双重预防性工作机制,推动安全生产关口前移"。自此双重预防机制被正式提出。随后,国务院安委办先后印发《标本兼治遏制重特大事故工作指南》(安委办〔2016〕3 号)和《关于实施遏制重特大事故工作指南构建双重预防机制的意见》(安委办〔2016〕11 号),拉开了全国涉危行业双重预防机制建设的大幕。

《关于实施遏制重特大事故工作指南构建双重预防机制的意见》中,不但对企业的双重预防机制建设提出了要求,如要求全面开展安全风险辨识、科学评定安全风险等级、有效管控安全风险、实施安全风险公告警示、建立完善隐患排查治理体系等,而且对政府及相关部门双重预防相关的职责也提出了要求,包括健全完善标准规范、实施分级分类安全监管、有效管控区域安全风险和加强安全风险源头管控等。政府职责体现在两方面:督促企业建立双重预防机制和利用双重预防机制信息创新政府安全监管体系。

双重预防机制作为一个具有中国特色的安全管理创新制度逐步得到各级政府安全生产主管、监管监察部门和生产经营单位的重视,标志着我国生产经营单位安全管理正式进入双重预防的时代。

第二节 双重预防机制的推广及现状

自双重预防机制提出以来,国家、行业主管部门、省(市、自治区)级政府,乃至很多地市级政府和安全生产主管、监管监察部门等,都在相应职责范围内出台了推进双重预防机制建设的部门规章、指导意见和标准等,不同程度上推动了双重预防机制在各行各业的广泛落地。

一、国家层面对双重预防机制建设的要求

除了国务院安委办 2016 年发布的两个文件外，比较典型的文件要求如 2016 年 8 月国务院办公厅印发的《省级政府安全生产工作考核办法》(国办发〔2016〕64 号)提出 6 项考核内容，其中第 4 项要求加强安全预防：建立和落实安全风险分级管控与隐患排查治理双重预防性工作机制，深入推进企业安全生产标准化建设，积极实施安全保障能力提升工程。该考核办法使推动双重预防机制成为省级政府的一项重要工作，极大地推动了各省对双重预防机制工作的重视。2016 年 12 月 9 日，中共中央、国务院出台的《中共中央 国务院关于推进安全生产领域改革发展的意见》(中发〔2016〕32 号)中，明确要求涉危企业建立双重预防工作机制。2018 年 4 月，中共中央办公厅、国务院办公厅印发的《地方党政领导干部安全生产责任制规定》中，更是明确将"严格安全准入标准，推动构建安全风险分级管控和隐患排查治理预防工作机制，按照分级属地管理原则明确本地区各类生产经营单位的安全生产监管部门，依法领导和组织生产安全事故应急救援、调查处理及信息公开工作"等内容纳入地方各级党委主要负责人安全生产职责之中。

2020 年 4 月，国务院安委会印发《全国安全生产专项整治三年行动计划》(安委〔2020〕3 号)，要求"推进安全生产由企业被动接受监管向主动加强管理转变、安全风险管控由政府推动为主向企业自主开展转变、隐患排查治理由部门行政执法为主向企业日常自查自纠转变"，在一些行业领域专项中也明确提出要建立安全风险分级管控和隐患排查治理双重预防机制的要求。在这样的背景下，双重预防机制建设迅速得到了各省级政府、行业主管部门的重视。

2021 年 6 月 10 日，第十三届全国人民代表大会常务委员会第二十九次会议通过了《全国人民代表大会常务委员会关于修改〈中华人民共和国安全生产法〉的决定》，并经由第八十八号主席令公布，自 2021 年 9 月 1 日起施行。这是《中华人民共和国安全生产法》(简称《安全生产法》)自 2002 年制定以来的第三次修改，贯彻了习近平总书记近年来关于安全生产工作的一系列指示，体现了新时代安全生产的需要。新《安全生产法》把保护人民生命安全摆在首位，进一步强化和落实生产经营单位主体责任与政府监管责任，在第四条中将"构建安全风险分级管控和隐患排查治理双重预防机制，健全风险防范化解机制"的要求列入其中。在第二十一条的生产经营单位的主要负责人对本单位安全生产工作所负有的职责中也明确要求"组织建立并落实安全风险分级管控和隐患排

查治理双重预防工作机制"，并将其列入罚则部分。自此，双重预防机制从政府要求上升为法律强制要求，成为生产经营单位必须要开展而且一定要做好的重要工作。未来在新《安全生产法》要求下，无论是生产经营单位，还是政府安全生产主管部门、监管监察部门，都必将推动双重预防机制建设和运行工作向更深、更广、更实方向发展。

二、省级层面双重预防机制建设情况概述

习近平总书记提出要建设双重预防性工作机制，自国务院安委会下发相关文件以来，各省级政府对于生产经营单位的双重预防机制建设予以充分的重视，先后发文要求在省辖区范围内开展双重预防机制建设，并制定了更为细化的要求。省级政府的一般做法是：先要求各行业开始双重预防机制建设或制定路线图；继而要求以试点企业为核心，探索双重预防机制的具体运行逻辑和建设方法；最后将试点企业所探索出的方法总结提升后，在全省范围内予以推广。这里简要介绍山东省、山西省的双重预防机制建设工作情况。

1. 山东省双重预防机制建设情况概述

山东省双重预防机制建设整体走在全国的前列，早在2016年3月山东省人民政府办公厅即下发《关于建立完善风险管控和隐患排查治理双重预防机制的通知》（鲁政办字〔2016〕36号），提出建立完善安全生产风险分级管控体系、隐患排查治理体系和安全生产信息化系统，在全省构建形成点、线、面有机结合，省、市、县、乡镇无缝隙对接，实现标准化、信息化的风险管控和隐患排查治理双重预防。紧接着4月份山东省人民政府安委办下发《加快推进安全生产风险分级管控与隐患排查治理两个体系建设工作方案》（鲁安办发〔2016〕10号），提出了更为具体的工作方案，要求各行业选择标杆企业进行试点建设。

2017年，山东省人民政府办公厅在2017年试点建设的基础上，又下发《关于进一步做好安全生产风险分级管控和隐患排查治理双重预防体系建设工作的意见的通知》（鲁政办字〔2017〕194号），对相关工作提出了更进一步的要求，提出要制定完善双重预防体系法规、标准和制度，全省高危行业和规模以上企业都要建立规范有效的双重预防体系。对于安全监管工作，要实现专业化、标准化、精准化、智能化，使安全生产整体预控能力明显提升。

2018年，在前期试点探索和全省高危行业和规模以上行业推广的基础上，山东省人民政府安委办再次下发《2018年全省安全生产风险分级管控和隐患排

查治理双重预防体系建设推进工作方案》(鲁安办发〔2018〕29号)和《关于深化企业安全生产标准化工作促进风险分级管控与隐患排查治理双重预防体系建设的通知》(鲁安办发〔2018〕33号)文件。前者要求省、市、县标杆企业及其他高危行业和规模以上企业双重预防体系基本建成并有效运行,纳入全省安全生产风险管控和隐患治理监管巡察信息平台管理,并对建设情况和效果进行抽样评估,后者则将双重预防机制建设与安全生产标准化工作结合起来,要求在创建安全生产标准化工作中,把建立双重预防体系作为其核心内容,融合到企业安全生产标准化建设的全过程,实现企业安全生产标准化与双重预防体系同步建设、互促共进、有效运行。

2019年,山东省双重预防机制建设工作进入全面推广、细化落实的阶段。在相关工作上,更加依赖安全监管部门,即山东省应急管理厅的力量。2019年4月,山东省应急管理厅下发《全省工矿商贸企业安全生产风险隐患双重预防体系建设推进工作方案》(鲁应急发〔2019〕38号),要求全省工矿商贸企业中高危企业和规模以上企业持续提升双重预防体系建设运行质量,其中全省所有非煤矿山、金属冶炼、食品加工类涉氨制冷企业、具有粉尘作业场所且作业人员大于10人的企业和危险化学品生产企业双重预防体系应有效、规范运行。

双重预防机制建设完成后,更加重要的是要求企业能够持续、有效运行。显然,政府安全监管监察部门是推动企业落实双重预防机制的重要力量。2019年7月,作为全省综合安全监管机构,山东省应急管理厅下发《关于印发〈山东省安全生产风险分级管控和隐患排查治理双重预防体系执法检查指南〉的通知》(鲁应急发〔2019〕57号),要求以双体系建设通则、细则、实施指南等标准文件为支撑,以责令改正、行政处罚和行政强制为手段,以企业全员参与、精准管控、有效运行、考核奖惩、持续改进等双体系建设关键因素为执法焦点,明确检查的重点内容、方式方法、程序规则、处置措施,制定出台统一、规范、实用的双体系执法检查指南,为全省双体系执法检查提供标准支撑。

2020年6月,山东省人民政府安委会印发《全省安全生产专项整治三年行动计划》(鲁安发〔2020〕9号),将双重预防机制建设和深化作为三年行动计划的重要内容之一,大力推进风险隐患双重预防体系建设,建立完善重大风险联防联控机制、安全风险评估制度,推进安全生产风险监测预警信息化。其中风险分级管控要加强动态分级管控,落实风险防控措施,实现可防可控,隐患排查治理要做到自查自改自报,实现动态分析、全过程记录管理和评价。

纵观山东省这些年的双重预防机制建设、推广情况,可以发现山东省的工作具有以下几方面的特点：

（1）开展时间早，重视度高，计划性强。

山东省的省级双重预防机制建设文件发布时间要早于国务院安委办的2016年3号文，体现出极强的安全红线意识。山东省政府办公厅和安委办相互配合，规划了全省若干年内双重预防机制建设的目标和路径，并逐年推进。每年的要求都是在上一年度工作的基础上一步步深化，最终指向目标。

（2）重视信息化建设，重视监管部门推进。

山东省重视安全信息化建设，从企业双重预防机制建设的开始就考虑企业如何利用双重预防信息系统辅助企业双重预防机制运行，推动建设全省安全生产风险管控和隐患治理监管巡察信息平台，要求企业的双重预防系统与全省的监管巡查信息平台实现联网。同时，山东省也非常重视安全监管部门在推进双重预防机制建设方面的作用，不但明确了政府监管部门在各建设阶段的作用，而且专门出台《山东省安全生产风险分级管控和隐患排查治理双重预防体系执法检查指南》，要求各级、各有关部门要把双重预防体系内容纳入每个集中执法检查和日常执法检查之中，做到逢查必查。通过持续的执法检查和信息平台远程监管，山东省利用安全监管的力量，有力推进了全省企业双重预防机制建设和运行工作。

（3）高标准严要求，重视体系化、标准化建设。

对安全生产的长期重视和较高的从业人员素质，使山东省在双重预防机制建设方面一开始就呈现出高标准、严要求态势。从2016年4月《加快推进安全生产风险分级管控与隐患排查治理两个体系建设工作方案》下发开始，山东省内多强调要求建设双重预防体系，而不局限于双重预防机制层面。一般而言，体系要求更加完整、细化，更加强调系统性和长期运行性。此外，标准化建设是山东省双重预防机制建设最鲜明的特色之一。为了统一各行业对双重预防的理解和具体做法，在山东省市场监督管理局规划下，从2017年到2018年，山东省先后下发各行业双重预防机制建设的地方标准142个，基本涵盖了具有一定生产安全风险的国民经济行业，是全国双重预防机制地方标准建设最早、最全的省份。

2. 山西省双重预防机制建设情况概述

山西省作为能源大省，非常重视双重预防机制对于全省经济和社会发展的保障作用。

从 2016 年到 2018 年,山西省人民政府安委办连续三年发布与双重预防机制建设有关的文件,在所有涉危企业中全力推进双重预防机制建设,三年三个台阶,取得了显著的效果。在国务院安委办下发《标本兼治遏制重特大事故工作指南》(安委办〔2016〕3 号)后,山西省人民政府安委会印发《山西省标本兼治遏制重特大事故工作实施意见》(晋安发〔2016〕4 号),根据山西省的情况提出了相关工作要求。

2016 年,山西省人民政府安委办发布《山西省安全生产委员会办公室关于构建安全风险分级管控和隐患排查治理双重预防机制的通知》(晋安办发〔2016〕113 号),提出要在全省企业建设双重预防机制,明确了各方责任:各市人民政府负责本地区安全风险分级管控和隐患排查治理体系建设;省有关部门负责本行业领域安全风险分级管控和隐患排查治理体系建设;各企业承担安全风险分级管控和隐患排查治理的主体责任。同时提出要抓紧建立完善功能齐全的安全生产综合监管信息平台,将安全风险管控和隐患排查治理纳入平台管理,形成全省安全生产监管"一张网",企业、部门、政府实现互联互通、信息共享,推进安全风险分级管控和隐患排查治理双重预防机制的落实。

2017 年,发布《山西省人民政府安全生产委员会办公室关于推进安全风险管控和隐患排查治理双重预防机制构建工作的通知》(晋安办发〔2017〕42 号),提出全力推进山西省各行业安全双重预防机制建设工作,发挥试点区域和骨干企业的示范带动作用,制定具有可复制、可借鉴、可推广的辨识评估方法、分级标准、管控措施、工作经验,并及时交流、学习和推广,全面推进双重预防机制的构建工作。同时要求政府监管部门初步建立本行政区域和负责的本行业领域的安全风险数据库、重大危险源数据库,绘制安全风险空间分布图,实行差异化动态监管。

2018 年,印发《企业安全风险分级管控和隐患排查治理工作指南》(晋安办发〔2018〕68 号)(本段简称《工作指南》),进一步细化了各方的责任:各级人民政府要统筹组织政府及有关部门将推进双重预防机制建设与安全生产标准化创建工作有机结合起来,建立本行政区域安全风险数据库、重大危险源数据库,组织绘制区域四色安全风险空间分布图。省级负有安全生产监督管理职责的部门应当按照有关法律、法规、规章和《工作指南》,结合本行业领域特点,研究制定行业安全风险分级管控和隐患排查治理标准规范,建立行业安全风险数据库和分布图,突出抓好重大隐患排查治理工作,要对本行业领域构建双重预防机制工作进行指导和监督检查。各企业要按照《工作指南》,加强组织领导,建立健全安全风险分级管控和隐患排查治理制度,细化任务分工和责任落实,建立完善安全风险和隐患排查信息管理系统。要建立健全隐患排查治理制度执行情况、重大隐患治理情况向监管部门和企业职代会"双报告"制度。

2020年和2021年,山西省人民政府在年度安全生产工作会议制定的《山西省人民政府关于做好2020年安全生产工作的通知》(晋政发〔2020〕1号)和《山西省人民政府关于做好2021年安全生产工作的通知》(晋政发〔2021〕1号)中,都将双重预防机制建立健全列为重要事项。2020年强调风险分级管控,提出科学编制风险分布图、风险清单台账和风险动态数据库,落实风险管控措施。严格落实"班组日查、车间周查、厂矿月查、集团公司季查"隐患排查治理制度,及时消除隐患。2021年更加侧重隐患的排查治理,要求树立隐患就是事故的理念,实现隐患自查自改自报闭环管理,重大隐患及其排查整改情况向监管部门和企业职工"双报告"。可以说,山西省的双重预防机制建设和运行已经基本进入日常管理阶段,煤矿、电力、水利、危化等行业都已经制定了行业的双重预防机制建设、运行的指南,后续会根据新的信息技术应用而不断深化。山西省的双重预防机制建设特点表现在以下几方面:

(1)省政府高度重视安全生产工作,煤炭行业双重预防推进突出。

山西省经济中煤炭占比较高,安全生产压力较为突出,政府也非常重视安全生产工作。近年来,省人民政府一号文中都将安全置于最高地位,强化双重预防机制对于企业主体责任落实、政府安全监管监察的作用。由于煤炭对山西省的重要作用,且属于典型的高危行业,山西省各行业中,煤炭行业双重预防机制建设工作突出,不但先后发布相关的工作指南,而且编制地方标准《煤矿安全风险分级管控和隐患排查治理双重预防机制实施规范》(DB14/T 2248—2020),建设了山西省煤矿安全双重预防机制监管平台,出台了数据接口规范,实现了与绝大多数煤矿双重预防信息系统的联网工作。

(2)重视掌握风险的分布情况,做到心中有数。

山西省在推动双重预防机制建设过程中,强调风险的辨识评估,反复要求企业、园区、政府主管和监管部门绘制辖区范围的四色安全风险空间分布图,避免出现对存在风险"想不到"的问题,并明确要求编制相关数据库,通过信息平台实现安全监管。

(3)各方双重预防机制建设责任明确,形成推动工作的合力。

山西省在推进双重预防机制工作中多次针对不同主体明确各自责任,对于各级人民政府、安全生产主管和监管部门、企业等都提出了不同的要求,而且随着双重预防机制建设的推进和新出现的问题而不断调整。明确各方的责任,有利于在双重预防机制建设工作上形成合力,推动相关工作快速、高质量开展。

三、行业层面双重预防机制建设概述

从行业角度,一般将煤炭生产、非煤矿山开采、建设工程施工、危险品生产与储存、电力、交通运输、烟花爆竹生产、冶金、机械制造和武器装备研制生产与试验视为高危行业,除了相关省份关注外,国家层面对于这些行业也给予了充分的重视。这里简要介绍煤炭生产、非煤矿山、危险品生产与存储、电力等几个典型高危行业的双重预防机制建设情况。

1. 煤炭行业双重预防机制建设情况

国务院安委办印发《标本兼治遏制重特大事故工作指南》(安委办〔2016〕3号)不久,2016年5月国家安全生产监督管理总局(以下简称国家安全监管总局)、国家煤矿安全监察局联合印发《关于印发标本兼治遏制煤矿重特大事故工作实施方案的通知》(安监总煤监〔2016〕58号),要求各地区、各煤矿企业要强化风险管控,要把安全风险管控挺在隐患前面,把隐患排查治理挺在事故前面,把事故应急救援作为最后一道防线,探索建立煤矿安全风险分级管控、隐患排查治理和安全质量标准化"三位一体"的安全预防管理体系。国家煤矿安全监察局将双重预防机制与安全治理标准化融合的做法极大地推动了双重预防机制在全国煤矿的建设工作,使煤炭行业的双重预防机制建设走在了全国涉危行业的前列。

2017年1月24日,国家煤矿安全监察局公布《煤矿安全生产标准化基本要求及评分方法(试行)》(煤安监行管〔2017〕5号),将安全风险分级管控和事故隐患排查治理作为两个专业加入其中,对双重预防机制的思想和方法提出了细化要求。虽然煤矿安全生产标准化中的安全风险分级管控和事故隐患排查治理两个专业并不等同于双重预防机制,但其确实体现了双重预防机制的部分思想,极大地推动了全国煤矿对双重预防机制的认知和探索。

随着煤矿对双重预防机制学习、建设的浪潮不断升温,一些主要产煤省份也迅速将推动双重预防机制列入安全生产工作任务之中,相继出台了各自的双重预防机制建设细化要求。如山西、河南、江苏、吉林、甘肃、内蒙古、安徽、山东、河北等省(自治区)人民政府、安委会、煤炭工业局、应急管理厅、煤矿安全监察局等安全生产主管、监管、监察部门相继发文推动区域内涉危企业的双重预防机制建设工作,其中山东、山西、河北还出台了煤矿双重预防机制建设的地方

标准。

2018年年底,国家煤矿安全监察局委托中国矿业大学安全科学与应急管理研究院,对13个产煤省(自治区)的百余个煤矿开展煤矿安全生产标准化建设和运行情况的调研,并于2019年年中开始对安全生产标准化的修订工作。

2020年5月,国家煤矿安全监察局在标准化建设和运行情况调研结果、国内外安全管理经验,以及广泛征求意见的基础上,组织制定了《煤矿安全生产标准化管理体系基本要求及评分方法(试行)》(煤安监行管〔2020〕16号),将安全生产标准化推进到管理体系阶段,并进一步提升安全风险分级管控和事故隐患排查治理两要素的权重,将其作为整个安全生产标准化管理体系的核心。新的安全生产标准化管理体系强化了煤炭全行业对双重预防机制的认识,进一步推动了双重预防机制在煤炭行业的持续、深入落实,诸多大型煤炭企业集团都将双重预防机制建设作为集团安全工作的重要方面,甚至是主导性手段,如山东能源集团、中煤集团、淮河能源、晋能集团、焦煤集团、陕煤集团等,且都在不同程度上取得了较为显著的成果。

政府安全监管监察机构的持续推动,也是双重预防机制在煤矿快速落地的一个有力推手,如:2017年6月22日,山东煤矿安全监察局下发《关于推进煤矿安全风险分级管控和隐患排查治理双重预防机制建设的意见》(鲁煤监政法〔2017〕55号);原山西省煤炭工业厅于2017年7月11日下发《关于全省煤矿构建安全风险分级管控和隐患排查治理双重预防机制的通知》(晋煤执发〔2017〕293号);2018年,河南省煤炭工业管理办公室下发《关于进一步做好煤矿安全风险分级管控和隐患排查治理双重预防体系建设的通知》(豫煤安〔2018〕129号);2019年4月1日,河南省政府安委办印发《河南省煤矿安全生产风险隐患"双重预防体系"建设实施方案》(豫安委办〔2019〕32号)等。此外,山东、山西、河南、河北等省的煤矿安全监管监察机构还建立了面向全省煤矿双重预防信息采集的信息平台,通过数据联网推动双重预防机制在煤矿的建设和运行,比较典型的方式有两种:山西省通过煤矿矿端双重预防信息系统与山西省煤矿安全双重预防机制监管平台联网;河南省通过开发面向全省煤矿企业、各级煤矿安全监察监管执法人员的煤矿安全生产信息管理系统暨双重预防体系信息平台,实现对煤矿双重预防相关信息的采集。

整体来说,全国煤炭行业对于双重预防机制的重视程度在各行业排名前列,而且重视程度、建设深度都在不断扩展,如与智能化矿山建设结合,向智能双重预防发展;与培训、应急等工作融合,向全流程双重预防方向发展等,但不可忽视的是,一些煤矿由于各种原因在双重预防机制建设方面仍存在较大的问题,无论是认识水平、理解程度还是建设和运行效果等,都还有很大的提升空间。未来双重预防机制将成为我国煤矿主要的安全管理方法,其管理体系与煤矿个性化安全管理方法相结合,将成为我国煤矿安全生产治理体系和治理能力现代化的重要组成部分。

2. 非煤矿山双重预防机制建设情况

我国非煤矿山数量众多,规模、生产方式、地质条件等都差异巨大,对于安全生产始终保持较高的重视程度。2016 年 5 月,国家安全监管总局印发《非煤矿山领域遏制重特大事故工作方案的通知》(安监总管一〔2016〕60 号),非煤矿山行业双重预防机制工作起步与煤炭行业基本同步。该文件要求进一步完善非煤矿山安全风险分级方法,明确非煤矿山重大隐患判定标准,推动构建非煤矿山安全风险分级管控和隐患排查治理双重预防性工作机制。针对非煤矿山可能引发重特大事故的环节,强制推行 6 项重大风险防控措施,完善非煤矿山安全风险公告、岗位安全风险确认制度,在非煤矿山企业推行安全操作"明白卡"。

随后,2017 年 7 月国家安全监管总局办公厅下发《关于开展非煤矿山双重预防机制建设试点工作的通知》(安监总厅管一〔2017〕63 号),在全国范围内推动非煤矿山的双重预防机制试点工作,同步下发《非煤矿山企业构建双重预防机制基本流程(试行)》,提出了非煤矿山双重预防机制的具体工作要求,通过示范引领、以点带面,推动双重预防机制工作的纵深开展,尤其对尚未开展或工作进度缓慢的非煤矿山企业,要求加大检查督导力度,严格按要求推进双重预防机制建设工作。

在国家层面试点建设的推动下,各省纷纷对非煤矿山的双重预防机制建设予以了较高的重视。

2016 年 2 月,湖南省安委办下发《湖南省非煤矿山安全生产风险分级监管实施办法(试行)》(湘安办〔2016〕3 号),要求在非煤矿山企业安全风险评定等级的基础上,以安全标准化建设为载体,进一步推动非煤矿山企业构建"风险源辨识、风险评估、科学分类、过程控制、持续改进、全员参与"的系统管控体系。

2017 年 8 月,湖南省安全生产监督管理局印发《湖南省金属非金属地下矿山安全体检工作方案》(湘安监函〔2017〕119 号),通过检查推进非煤矿山企业构建安全风险分级管控和隐患排查治理双重预防机制,全省分级建立非煤矿山重大隐患台账和较大、重大风险台账,按照"一单四制"(一单:一个重大事故隐患清单;四制:交办制、台账制、销号制、通报制)工作要求,对安全隐患落实整改措施抓紧治理,对安全风险初步建立管控制度及措施,从而有效防范遏制较大事故杜绝重大事故。

2016年6月,山东省安全生产监督管理局下发《关于印发非煤矿山等行业(领域)风险分级管控与隐患排查治理体系建设实施指南的通知》(鲁安监发〔2016〕65号);并于2017年6月、10月公布非煤矿山双重预防机制方面的地方标准:《非煤矿山企业安全生产风险分级管控体系细则》(DB37/T 2972—2017)和《非煤矿山企业生产安全事故隐患排查治理体系细则》(DB37/T 3013—2017)。这是山东省一系列行业双重预防机制建设地方标准的一部分。

2017年11月,四川省安全生产监督管理局下发《关于加快推进非煤矿山安全风险分级管控和隐患排查治理双重预防机制建设的指导意见》(川安监〔2017〕93号),不但提出了非煤矿山双重预防机制建设的一般性要求,而且以附录的形式分别给出了露天矿山、地下矿山、尾矿库和煤系地下矿山双重预防机制建设具体参考内容。

2018年9月,河南省安全生产监督管理局印发《关于加快推进金属非金属矿山双重预防机制建设工作的通知》(豫安监管办〔2018〕162号),同步下发《金属非金属矿山双重预防机制安全标准化运行考核办法(试行)》,提出各级安全监管局要加大对双重预防机制建设工作的检查频次和执法力度,对做得好的企业在标准化达标评审中予以一定的鼓励,推动非煤矿山双重预防机制的建设和高质量运行,并明确鼓励300人以上的企业建立、使用双重预防信息化平台。

2019年11月,河南省应急管理厅印发《河南省非煤矿山双重预防体系信息化建设工作方案》(豫应急办〔2019〕100号),提出要依托双重预防体系电脑PC端、手机App,强化作业前安全条件确认;依托视频监控系统,加强作业过程"三违"行为管控,有效防范各类事故,突出强调了信息化在双重预防机制建设中的作用。

2020年9月,山西省应急管理厅印发《非煤矿山安全风险分级管控和隐患排查治理双重预防机制建设实施指南》(晋应急发〔2020〕186号),要求已完成双重预防机制建设验收工作的企业要保证双重预防机制持续运行,并逐项对照文件中安全风险评估、安全风险管控等相关要求查漏补缺,建立完善安全风险清单,编制《重大安全风险隐患清单管控台账》、设置公告警示,特别是涉及"有限空间作业"的非煤矿山企业要强化安全风险辨识。

除了上述省份外,其他很多省份对此也予以了关注,如2017年6月,甘肃省安监局下发《关于加快推进非煤矿山领域双重预防机制建设的指导意见》(甘安监管一〔2017〕114号),确定了试点建设单位,并要利用现有的信息化平台和隐患排查治理系统,建立企业安全风险管控信息平台,并将信息平台与政府监管部门的信息终端互联互通,逐步实现政府及有关部门对企业风险分级管控和隐患排查治理情况的实时监控。2018年4月,新疆维吾尔自治区安全生产监督管理局印发《关于加快推进非煤矿山领域双重预防机制建设的指导意见的通知》(新安监非煤〔2018〕48号),要求以安全风险辨识和管控为基础,以隐患排查和治理为手段,强化科学预防和精准监管,对企业和安全监管部门都提出了要求。其他省份的相关要求不再赘述。整体来看,非煤矿山双重预防机制建设具有以下几方面的特点:

(1)重视建设规范性,出台地方标准数量多。

与其他涉危行业相比,非煤矿山的双重预防机制地方标准建设较为突出,除了前文所述山东省下发的两个地方标准外,还有:2018年9月河南省下发《金属非金属矿山双重预防机制安全标准化实施指南》(DB41/T 1698—2018),同年11月吉林省下发《非煤矿山行业安全生产风险分级管控和隐患排查治理双重预防机制建设通用规范》(DB22/T 2882—2018),2019年3月河北省下发《非煤矿山双重预防机制建设规范》(DB13/T 2937—2019)等。2020年8月,青海省更是同时发布五个地方标准:《金属非金属露天矿山企业安全生产风险分级管控和隐患排查治理实施指南》(DB63/T 1806—2020)、《金属非金属地下矿山企业安全生产风险分级管控和隐患排查治理实施指南》(DB63/T 1805—2020)、《非煤矿山企业生产安全事故隐患排查治理体系细则》(DB63/T 1804—2020)、《非煤矿山企业安全生产风险分级管控体系细则》(DB63/T 1803—2020)和《尾矿库企业安全生产风险分级管控和隐患排查治理实施指南》(DB63/T 1807—2020)。

这些地方标准的先后发布,一方面显示出各省对于非煤矿山双重预防机制建设的重视,另一方面也显示出一些省份对于双重预防机制理解存在偏差,将双重预防机制理解成两个相对独立的机制,对企业实践带来了部分不利影响。

(2)重视风险管控,重大风险和岗位风险并重。

非煤矿山在双重预防机制建设之初便同时强调企业负责人和基层员工两个层面对风险辨识、管控方面的要求,这点与煤矿等有较明显区别。非煤矿山重大风险的认定工作开展比较早,对于基层员工则通过安全操作"明白卡"形式直接将风险管控相关工作贯彻到了生产一线。

(3)全国推进工作规划性好,省级由综合安全监管部门推进。

由于双重预防机制提出后对于具体内容、逻辑,企业如何落地、建设标准等缺乏权威的解读,因此通过试点建设探索建设经验然后再予以推广是较为科学的实施推广方法。与其他行业相比,非煤矿山很早就由国家安全监管总局统筹在全国各省份进行双重预防机制的试点建设工作,并出台了各种检查规范,有力推动了相关工作的进行。在省级层面上,各省(自治区)主要由安监、应急系统负责,出自省级安委会和安委办的相关要求较少,使得一些具体工作在权威性、协调性等方面存在一定的不足。

进入2021年,山东栖霞笏山金矿"1·10"重大爆炸事故、山东曹家洼金矿"2·17"火灾事故和山西代县大红才铁矿"6·10"重大透水事故连续发生,给非煤矿山的安全管理工作再次敲响了警钟。在新修改的《安全生产法》将双重预防机制建设纳入生产经营单位安全生产职责的背景下,未来非煤矿山的双重预防机制建设还将向更广、更深的方向发展。

3. 危险品生产与存储双重预防机制建设情况

危险品生产与存储最典型的行业是化工行业,由于其生产过程的特殊性,原材料和产品在存储、使用、生产、运输等过程中,容易发生中毒、腐蚀、火灾和爆炸事故,危害人民群众生命健康并造成财产损失和环境污染。虽然近十余年来化工企业为了预防事故发生建立了安全管理体系,有些甚至已经通过了国家或行业体系认证,如HSE管理体系(Health Safety and Environment Management System),但各类安全生产事故仍时有发生,造成巨大的人员伤亡和财产损失。根据中国化学品安全协会化工行业数据统计,较大及以上化工安全事故2016年为14起,伤亡人数50人;2017年为17起,伤亡人数154人;2018年为13起,伤亡人数89人;2019年为12起,伤亡人数138人;2020年为10起,41人。从以上数据可以看出,化工行业近年来安全生产态势不容乐观,尤其是2017年到2019年每年都发生2起以上重特大事故,凸显出当前安全管理模式仍存在一些系统性的不足,尤其是在重特大事故预防上需要有所改进。

与煤矿和非煤矿山相比,化工行业对于安全风险的概念接触更早、更深入,也已经发布了一些与风险管控相关的标准、规范,如《危险化学品重大危险源安全监控通用技术规范》(AQ 3035—2010)、《危险化学品重大危险源辨识》(GB 18218—2018)等,在行业常见的HSE管理体系中也有风险管理的相关要素。这些前期基础既给企业更好理解双重预防机制的要求做好了理论与实践上的准备,也使得一些化工企业对于双重预防机制的认识不足,认为只是企业现有安全管理的一部分而已,反而影响了双重预防机制建设的深入开展。

国务院安委办《标本兼治遏制重特大事故工作指南》(安委办〔2016〕3号)印发后,各行业管理部门都先后出台了本行业的相关要求。2016年6月,国家安全监管总局制定了《遏制危险化学品和烟花爆竹重特大事故工作意见》(安监总管三〔2016〕62号),要求危险化学品企业认真研究危险化学品和烟花爆竹安全生产特点,深入分析总结事故规律,改进隐患排查治理方式方法,通过明晰责任、完善制度、健全管理,解决改变当前隐患排查不全面不深入、治理不彻底以及屡查屡犯的问题,切实提高隐患排查治理的有效性,最终构建形成风险排查管控、隐患排查治理和事故应急前期处置三道重特大事故防范屏障。

2016年11月,为吸取2015年天津港"8·12"瑞海公司危险品仓库特别重大火灾爆炸事故教训,国务院办公厅印发《危险化学品安全综合治理方案》(国办发〔2016〕88号),要求全面摸排危险化学品安全风险,认真组织开展危险化学品重大危险源排查,建立危险化学品重大危险源数据库;督促有关企业、单位落实安全生产主体责任,完善监测监控设备设施,对重大危险源实施重点监控;督促落实属地监管责任,建立安全监管部门与各行业主管部门之间危险化学品重大危险源信息共享机制;加强化工园区和涉及危险化学品重大风险功能区及危险化学品罐区的风险管控;依托政府数据统一共享交换平台,建立危险化学品生产(含进口)、储存、使用、经营、运输和废弃处置企业大数据库,形成政府建设管理、企业申报信息、数据共建共享、部门分工监管的综合信息平台。在该文件基础上,各省、自治区、直辖市人民政府陆续制定、开展本行政区域内危险化学品安全综合治理工作。

2017年9月,国家安全监管总局发布了《危险化学品安全生产"十三五"规划》(安监总管三〔2017〕102号),要求落实企业主体责任,强化安全风险管控和隐患排查治理,要建设重大危险源在线监控预警系统,形成"国家—省—市—县"四级危险化学品重大危险源信息管理平台,构建全国危险化学品重大危险源监控预警分布图,同时还要求探索建立保险机构参与企业安全隐患排查、风险防控等安全管理工作的机制,发挥保险机构的预防和保障作用。

2018年9月,应急管理部下发《关于实施危险化学品企业安全风险研判与承诺公告制度的通知》(应急〔2018〕74号),提出危险化学品企业要建立安全风险研判制度,完善责任体系,明确企业主要负责人、分管负责人、各职能部门、各车间(分厂)、各班组岗位的工作职责,强化目标管理和履职考核。要按照"疑险从有、疑险必研,有险要判、有险必控"的原则,建立覆盖企业全员、全过程的安全风险研判工作流程。该文件细化了对危险化学品企业安全风险辨识方面的要求。

虽然国家行政管理层面对于化工行业双重预防机制建设一直较为重视,但企业中仍不可避免存在对双重预防理解不足,对双重预防机制与企业现有安全管理体系之间的关系含糊不清,甚至对双重预防机制意义和作用抱有疑虑,加之部分省市安全监管部门存在对双重预防机制建设要求停留在纸面上的情况,双重预防机制在危险化学品企业落地速度并不快。2019 年 3 月,江苏响水天嘉宜化工有限公司"3·21"特别重大爆炸事故造成 78 人死亡、76 人重伤,640 人住院治疗,直接经济损失 19.86 亿元,成为近年来最为严重的危险化学品事故。这次事故给全国危险化学品企业的安全生产再次敲响了警钟,全行业双重预防机制建设有所加强。

为吸取江苏响水"3·21"特别重大爆炸事故的教训,2019 年 8 月,应急管理部以应急〔2019〕78 号文件印发了《化工园区安全风险排查治理导则(试行)》和《危险化学品企业安全风险隐患排查治理导则》两个导则,要求化工企业和园区完善安全风险隐患排查治理制度,落实安全风险排查治理主体责任,深入排查化工园区和危险化学品企业安全风险,提高化工园区和危险化学品企业安全管理水平,建立安全风险隐患排查长效机制,提出要以防范化解危险化学品重大安全风险为核心,按照"一园一策""一企一策"原则,采取针对性措施,不断提升安全保障能力和水平,坚决遏制重特大事故。

2020 年 2 月,中共中央办公厅、国务院办公厅印发了《关于全面加强危险化学品安全生产工作的意见》(厅字〔2020〕3 号),提出按照高质量发展要求,以防控系统性安全风险为重点,完善和落实安全生产责任和管理制度,建立安全隐患排查和安全预防控制体系,加强源头治理、综合治理、精准治理,着力解决基础性、源头性、瓶颈性问题,加快实现危险化学品安全生产治理体系和治理能力现代化。在提升主体责任的同时,该文件对安全监管部门也提出了要求:要大力推行"互联网+监管""执法+专家"模式,及时发现风险隐患,及早预警防范;要建立监管协作和联合执法工作机制,实现信息及时、充分、有效共享,各部门形成工作合力,共同做好危险化学品安全监管各项工作。

在国家层面要求之下,一些省级政府也不同程度地开展了化工行业双重预防机制建设工作。江苏响水"3·21"特别重大爆炸事故后,2019 年 10 月江苏省应急管理厅发布《江苏省化工企业安全风险分区分级指南(试行)》(苏应急〔2019〕105 号),细化了化工企业安全风险辨识评估的方法,要求推进全省化工企业安全生产信息化管理平台建设。

陕西省安全生产监督管理局于 2016 年 6 月和 2017 年 5 月先后下发《关于开展危险化学品生产经营企业安全风险分级管控工作的通知》（陕安监〔2016〕89 号）和《关于推进危险化学品企业安全风险辨识管控和隐患排查治理双重预防机制有关工作的通知》（陕安监〔2017〕102 号），要求各企业制定科学的安全风险辨识程序和方法，开展全方位、全过程的安全风险辨识，科学评定安全风险等级，逐步建立企业安全风险数据库和安全风险分布图，完善安全风险公告制度，并根据评估结果，对安全风险进行有效管控。各市县安全监管部门指导企业开展安全风险辨识管控和隐患排查整治，要与企业主体责任落实情况同督导、同检查，督促企业严格落实风险管控和隐患排查治理主体责任。

河南省安全生产监督管理局 2017 年选择濮阳市、鹤壁市作为危险化学品企业试点市开展安全风险管控与事故隐患排查治理双重预防机制构建工作，取得了很好的经验，召开了现场推进会。2018 年 7 月，河南省安全生产监督管理局下发《全省危险化学品企业构建双重预防机制实施意见的通知》（豫安监管办〔2018〕78 号），明确了全省危险化学品企业构建双重预防机制工作的具体时间节点和任务要求，将安全风险分级管控预防体系分为全面开展安全风险辨识、科学评定安全风险等级、有效管控安全风险、实施安全风险公告警示四个阶段。当年 11 月，河南省安全生产监督管理局再次下发《关于巩固提升全省危险化学品企业安全生产风险隐患双重预防体系建设实施意见的通知》（豫安监管办〔2018〕176 号），要求企业风险辨识对象由静态的生产装置、设备设施风险向工艺操作等过程风险转变；风险辨识方法由使用安全检查表法（SCL，safety check list）、作业危害分析法（JHA，job hazard analysis）向使用作业安全分析法（JSA，job safety analysis）、危险与可操作性分析法（HAZOP，hazard and operability analysis）转变，鼓励有条件的企业建立自己的信息化管理系统或"互联网＋安全生产"信息系统，提高企业信息化智能化管理水平。企业应将本单位安全风险、隐患排查治理等信息录入省智能化安全监管综合平台，实现安全风险辨识管控和隐患排查治理体系的闭环管理。该文件以附件形式公布了河南省《危险化学品企业安全风险分级管控与事故隐患排查治理双重预防机制构建实施指南》，有力指导了危险化学品企业的双重预防机制建设和运行工作。

山东省将双重预防机制与安全生产标准化结合起来，指导企业强化安全管理、岗位操作、设备设施和作业环境的标准化运行，规范企业风险分级管控和隐患排查治理双重预防体系建设运行，实现企业安全生产标准化和双重预防体系高度融合,提升企业整体安全管理水平。2017 年,山东省先后发布了化工企业双重预防机制相关的两个地方标准,即:《山东省化工企业安全事故隐患排查治理体系细则》(DB37/T 3010—2017)和《山东省化工企业安全生产风险分级管控体系细则》(DB37/T 2971—2017)。山东省应急厅非常重视危险化学品企业隐患治理和"三违"管理的情况,2019 年 11 月以鲁应急发〔2019〕73 号文件印发了《山东省危险化学品企业事故隐患源头治理要素管理指南(试行)》和《山东省危险化学品企业反"三违"行动指南(试行)》两个指南,要求危险化学品企业对相关工作流程、方式方法等进行细化、分解,研究制定具体措施,修订完善有关制度和规程,将其全面落实到本企业安全生产管理体系中。同时要求各级应急部门充分利用信息化技术,采取突击检查、夜查、明察暗访等方式,加强对企业事故隐患排查治理和"三违"行为的监督检查。

除了以政府安全监管部门文件形式下发化工行业双重预防机制建设要求外,一些省份也积极通过出台地方标准的形式推动相关工作,典型的如:2016 年新疆维吾尔自治区发布的《危险化学品生产经营单位事故隐患排查技术规范》(DB 65/T 3900—2016);2017 年山东省发布的《山东省化工企业安全生产风险分级管控体系细则》(DB37/T 2971—2017)和《山东省化工企业安全事故隐患排查治理体系细则》(DB37/T 3010—2017);2018 年吉林省发布的《化工行业安全生产风险分级管控和隐患排查治理双重预防机制建设通用规范》(DB 22/T 2883—2018)、山东省发布的《氟化工行业企业生产安全事故隐患排查治理体系实施指南》(DB37/T 3201—2018)、江苏省发布的《危险化学品企业安全隐患排查治理规范》(DB 32/T 3402—2018)和《危险化学品企业动火作业安全管理规范》(DB 32/T 3403—2018);2019 年山东省发布的《化工助剂企业安全生产风险管控和隐患排查治理体系建设实施指南》(DB37/T 3647—2019);2020 年湖南省发布的《化工企业生产安全事故隐患排查治理体系细则》(DB43/T 1789—2020)和《化工园区整体性安全风险评价导则》(DB43/T 1784—2020)、山西省发布的《化工企业风险分级管控与隐患排查治理体系建设指南》(DB14/T 2127—2020)等。这些地方标准和政府监管部门相关要求文件一起,共同为各省(自治区)的危险化学品企业双重预防机制建设提供了规范。总体而言,化工行业双重预防机制建设的特点可总结为以下几方面:

(1) 政府监管部门对于化工行业双重预防机制建设的整体规划不足。

相比各省级政府、省级安委会和安委办对于煤矿、非煤矿山行业、辖区范围内企业双重预防机制建设的层层规划,政府监管部门对于化工行业双重预防机制建设相关要求较低,开展时间较晚,整体推进的规划性也不足。在国家层面上没有下发以双重预防机制为名的文件,即使在江苏响水"3·21"特别重大爆炸事故后下发的应急〔2019〕78号文,其两个导则一个名为"安全风险排查治理",一个名为"安全风险隐患排查治理",与双重预防机制的正式表述存在较大的差别。

(2)企业对于双重预防机制重视度相对不足,对于自身原有管理体系认可度较高。

在与一些化工企业的访谈、调研中,化工企业普遍对双重预防机制的认可度不太高,建设双重预防机制的积极性和主动性普遍不足。很多化工企业对自身的安全管理方法和水平自信度比较高,即使在建设双重预防机制的化工企业中,也存在独立建立一套管理体系的情况,使双重预防机制与企业的安全生产实际脱节。但化工企业一旦认同双重预防机制,其对于风险管控的理解程度较煤矿、非煤矿山更加深入,更加愿意在理论上进行探索,体现出行业较好的安全管理基础。

(3)风险辨识评估有较为鲜明的行业特色,企业需解决多管理体系融合难题。

化工行业安全生产有其特点,高温、高压、有毒有害物质、密闭空间等都是常见问题,生产的连续性又给风险管控、隐患排查治理等提出了特殊要求,因此与其他行业里广泛使用的安全检查表法(SCL)不同,化工行业更加侧重于作业危害分析法(JHA)、危险与可操作性分析法(HAZOP)等方法。由于化工企业普遍运行着HSE等管理体系,因此为避免多种管理体系之间的重叠和冲突,化工企业在进行双重预防机制建设中一般较为重视不同安全管理体系之间的融合,使企业既符合不同安全管理体系的要求,又能够将所有安全管理工作形成合力。

(4)管理体系以风险为核心,但实践中更重视隐患排查治理工作。

化工行业较早接触国外的安全管理思想和方法,因此在安全管理的理念和方法上都认同以风险为核心的模式,但近年来各省(自治区)下发的相关文件、标准,对隐患排查治理的重视程度往往更高,在地方标准中更加明显,甚至一些省份在下发的双重预防相关地方标准只有隐患排查治理要求。在企业实践中,一些化工企业对于隐患有更为细化的划分,将问题、不符合项等术语引入企业日常安全管理之中。

(5)双重预防机制建设对象涵盖危险化学品企业和化工园区。

危险化学品企业的生产方式与其他企业不同,往往是以化工园区的形式进行厂区布置,因此双重预防机制的建设对象就不仅仅是企业,还应包括化工园区。从某种意义上化工园区类似于各化工企业集团安监局的性质,对于各化工企业的安全生产主体责任履职有一定的职责,如应急〔2019〕78号文就同时针对危险化学品企业和化工园区分别下发了相关治理导则。

（6）对全国性双重预防监管信息平台和"互联网＋监管"模式更加重视。

国家层面从最初始的相关文件,到2020年的厅字〔2020〕3号,很多都强调企业要建设双重预防信息系统,行业应建立全行业的双重预防信息平台。对于政府安全监管部门,应积极推动化工行业双重预防机制落地,通过数据采集,对企业安全生产情况进行大数据分析、判断,预测各企业安全生产态势的变化。这些一方面督促了企业的双重预防机制建设,另一方面根据机制运行数据所包含的各级组织、人员的安全生产主体责任履职信息,能够为各级安全监管部门的工作提供动态、综合性的大数据分析。由于双重预防机制运行数据包含大量企业安全生产主体责任的履职信息,因此,基于双重预防机制数据采集的"互联网＋监管"模式逐渐在化工行业的安全监管中开始得到使用。

4. 电力行业双重预防机制建设情况

电力行业的组成部分较为复杂,包括电力企业建设单位、发电企业、电网企业,而发电企业又包括火电、水电、核电、风电、太阳能发电等。这些企业的安全生产特点各有不同,面临的安全生产调整情况各异,因此虽然电力行业整体安全生产态势较好,但全行业仍不断出现各种安全生产事故,甚至重特大事故也时有发生。近年来,电力行业影响最为恶劣的安全事故是2016年发生的江西省宜春市"11·24"丰城电厂施工平台倒塌事故,造成73人死亡、2人受伤。类似的事故在2017年再次发生,2017年3月25日广州市从化区在建广州第七热力发电厂发生"3·25"广州在建电厂坍塌事故,又造成9人死亡、2人受伤。因此,电力行业加大双重预防机制建设和运行的需求刻不容缓。

2017年6月,国家能源局综合司下发《关于进一步加强电力安全生产监督管理 防范电力安全生产人身伤亡事故的通知》（国能综通安全〔2017〕38号）,要求各单位要针对当前安全生产现状,结合防汛和迎峰度夏工作要求,进一步健全安全风险管控和隐患排查治理双重预防机制,立足防范、突出重点,做好触电、高空坠落、火灾、机械伤害等人身事故的防范工作。要认真研究安全生产客观规律,对重点区域、重点环节、重点岗位、重点人员严格管控,并结合季节性特点,开展输煤作业、电气作业、高空作业等专项隐患排查治理,切实堵住安全生产漏洞,有效防范事故发生。

2017年11月,国家发展改革委和国家能源局联合下发《关于推进电力安全生产领域改革发展的实施意见》（发改能源规〔2017〕1986号），提出要建立健全安全生产预控体系，并将其分为安全风险管控和隐患排查治理两部分，分别提出了要求。安全风险管控部分要求健全安全风险辨识评估机制，构建风险辨识、评估、预警、防范和管控的闭环管理体系，建立健全风险清册或台账，确定管控重点，实行风险分类分级管理，加强新材料、新工艺、新业态安全风险评估和管控，有效实施风险控制。各企业要研究制定重特大事故风险管控措施，根据作业场所、任务、环境、强度及人员能力等，认真辨识风险及危害程度，合理确定作业定员、时间等组织方案，实行分级管控，落实分级管控责任。隐患排查治理部分要求牢固树立隐患就是事故的观念，健全隐患排查治理制度、重大隐患治理情况向所在地负有安全监管职责的部门和企业职代会"双报告"制度，实行自查自报自改闭环管理。制定隐患排查治理导则或通则，建立隐患排查治理系统联网信息平台，建立重大隐患报告和公示制度，严格重大隐患挂牌督办制度，实行隐患治理"绿色通道"，优先安排人员和资金治理重大隐患。

到2019年4月，国家能源局综合司针对当时安全生产形势下发《关于深刻汲取事故教训切实抓好电力安全生产工作的通知》（国能综通安全〔2019〕34号），要求各单位要深入剖析事故事件问题根源，认真对照检查，深刻汲取教训，结合国家关于安全生产的部署要求和本单位工作实际，进一步健全安全风险管控和隐患排查治理双重预防机制，以春检、度汛安全检查、危险化学品综合治理等为契机，对电力生产各环节、各部位开展再梳理、再排查，深入查找安全风险、事故隐患及管理漏洞短板，并采取有效措施彻底整治，务必实现闭环管理。

2020年6月，国家能源局印发《电力安全生产专项整治三年行动方案》，明确提出，通过开展三年行动，推进电力安全生产治理体系和治理能力现代化，强化双重预防机制，坚决遏制重特大事故发生。各单位要不断完善安全生产责任体系，有效防范化解重大安全风险；电力企业要严格落实安全生产主体责任，加大安全生产投入，提升安全保障能力，分级管控安全风险，深入排查事故隐患，积极开展安全管理创新。

2021年4月，国家能源局综合司再次下发《关于进一步做好发电安全生产工作的通知》，要求各电力企业要不断强化双重预防机制，严格落实电力安全风险管控"周报季会"工作要求，扎实开展风险管控和隐患查治。要切实增强风险意识，全面辨识人、机、环、管特别是高处作业、带电作业、动火作业、有限空间作业等安全风险，落实有效管控措施，坚决做到"不辨识不作业、不管控不作业"。要按照"隐患就是事故"的原则，加强生产现场巡查，及时发现并消除缺陷隐患，确保发电机组设备处于良好工况。

除了国家能源局,各地方能源监管局也逐渐加强对双重预防机制的要求。如 2017 年 1 月,在西北能源监管局召开的陕西、宁夏、青海电力安全监管工作会议上,国家能源局电力安全监管司副司长李泽在讲话中提出要发挥好安全风险分级管控和隐患排查治理双重预防工作机制的作用。不到一个月后,南方能源监管局在春节、两会保电安全专项督查工作中,将风险防控和隐患排查治理双重预防机制落实情况作为督察的 6 项内容之一。同年,华北能源监管局将双重预防工作机制作为大庆典保电方案的重要措施之一,在内蒙古电力公司所属的 16 家单位开展各项隐患排查累计发现各级各类隐患 1 376 项。华中能源监管局在 2018 年电力安全生产工作会议上,提出要强化企业安全生产主体责任,主动自觉接受地方政府有关部门的安全监督管理,全面构建安全风险分级管控和隐患排查治理双重预防机制,防范大面积停电系统性风险,更加注重责任落实,更加注重本质安全建设,不断夯实企业主体责任。

2019 年 1 月,在 2019 年全国电力安全生产电视电话会议上,国家能源局党组书记、局长章建华指出,2018 年电力行业各单位深入贯彻落实党中央、国务院关于安全生产工作的决策部署要求,突出党建引领支撑作用,进一步落实电力安全生产工作主体责任,理清工作思路,加强监督管理力度,推动双重预防机制建设更加全面深入,应急处置和重大活动保电工作更加系统有效,有力确保了电力行业安全生产,2019 年要继续深入相关工作。在近两年的国家能源局月度事故通报和年度事故分析报告中,多次要求建立、完善双重预防机制。如《2020 年 1 月事故通报及年度事故分析报告》就提出:各单位要不断强化风险分级管控和隐患排查机制建设,编制覆盖所有岗位的风险辨识卡,严格落实高温高压、有限空间、高空临边、易燃易爆等高风险作业的防范措施。加强检修技改全过程安全管理,强化技改设计专项论证,健全隐患排查治理机制,及时消除设备异常,防止隐患升级为事故。处理缺陷时要严格落实工作票制度,加强签发、审批、确认和执行等环节管控,安全措施不到位坚决不开工。

在省级层面上,山东省相关工作较为突出,河南、山西、福建等省也在不断推动。由于山东省政府和安委会对双重预防机制建设的重视,2016 年以来,山东电力行业按照由易到难、试点突破、分类推进、分步实施、整体建成的工作思路,深入推进机制建设。从 2017 年到 2020 年,山东能源监管办不断推出有关电力企业双重预防的地方标准,如《电力企业安全风险分级管控体系细则》(DB37/T 3020—2017)、《电力行业事故隐患排查治理体系建设实施细则》(DB37/T

3021—2017)、《供电企业安全生产风险分级管控体系实施指南》(DB37/T 3782—2019)、《输变电工程企业安全生产风险分级管控和事故隐患排查治理体系实施指南》(DB37/T 4269—2020)、《电力施工企业安全生产风险分级管控体系实施指南》(DB37/T 4267—2020)和《电力施工企业生产安全事故隐患排查治理体系实施指南》(DB37/T 4268—2020)等。2020年5月,《山东省电力安全专项整治三年行动实施方案》中提出要强力推进风险分级管控和隐患排查治理双重预防机制建设,标本兼治遏制重特大事故,加快火电、电网、新能源、电建等企业风险分级管控和隐患排查治理标准体系建设和实施,并将相关工作纳入监督监察计划,实施分级分类执法检查。

河南能源监管办在全省双重预防机制的整体规划下,按照计划积极推进相关工作,包括试点企业选择、考核推进等。在具体工作中,河南能源监管办要求企业建立、完善安全生产风险隐患双重预防体系的管理机制,采用安全生产风险隐患双重预防体系信息化管理系统,结合发电企业的实际工作,将"三讲一落实"、两票管理、缺陷管理、隐患排查等日常工作与双重预防体系建设工作有机融合起来。2017年3月,福建能监办印发《安全生产风险分级管控与隐患排查治理双重预防机制工作方案》,要求建立健全电力企业安全风险分级管控和隐患排查治理工作制度和规范,提出了具体的工作进度要求。2020年10月,山西省能源局、国家能源局山西监管办公室下发《关于印发〈全省电力企业安全风险分级管控和隐患排查治理双重预防机制 实施指南(试行)〉的通知》(晋能源稽查发〔2020〕491号),并将其纳入地方标准制定计划。总体而言,电力行业双重预防机制建设的特点可总结为以下几方面:

(1)国家、省级层面推动相关工作的规划性不强,重视程度不足。

在国务院安委会要求各涉危行业建设双重预防机制后,电力行业安全生产主管部门响应相对较晚,对于行业不同类型企业的双重预防机制建设、提升等规划性不足,顶层设计较弱。相比其他涉危行业,电力行业的各项要求文件中,双重预防机制在标题中出现得较少,多在各种安全相关要求中提出要加强双重预防机制建设,但对生产经营单位缺乏进一步的指导。此外,安全监管部门对如何利用电力企业双重预防信息,提高安全监管效能也缺乏深入考虑。

(2)双重预防机制建设规范性有待提升。

与前述几个行业总结企业实践经验,积极编制行业双重预防机制建设细则、指南等方式不同,电力行业监管部门更多以电力企业内部探索为主,通过现场会交流不同试点生产经营单位的经验。虽然有些省份出台了相关的建设指南,但同时存在对不同类型生产经营单位针对性不足、风险和隐患脱节等问题。规范性标准、文件等的缺失,使生产经营单位在实践中面临一些分歧时难以科学处理,安全监管部门检查时也缺乏依据。不同专家、检查人员根据自己的理解与认识检查工作,容易对行业双重预防机制建设带来混乱。

(3)重视对专项、动态风险的管控。

电力行业涵盖的具体业务范围较大,很多工作随着时间变化风险等级会有明显变化。在风险辨识中强调对正常时刻和异常时刻的风险动态情况予以掌握。电力行业通过双重预防机制对防汛、迎峰度夏、节假日等特殊情况下的安全风险进行管控,对存在的隐患进行全面排查处理。

(4)电力双重预防机制强调与电力个性化管理模式紧密结合。

电力生产由于其特殊性,长期以来形成一整套有其特色、行之有效的安全管理方法。在双重预防机制建设中,很多企业和监管部门将个性化要求提到了一个较为重视的地位,如电力企业中常使用的"三讲一落实"、两票管理、缺陷管理、"周报季会"等安全管理方法。个性化安全管理方法与双重预防机制的融合,将极大促进双重预防机制在实践中的落地。但电力企业常见的 EHS 管理体系、安全生产标准化等管理方法与双重预防机制融合方面的研究和讨论相对较少,容易出现多个管理体系并存的情况。

四、全国双重预防机制建设与运行的宏观特点

通过上文对各省(自治区)、典型行业双重预防机制建设情况的简要分析,可以发现经过五年多的宣贯、推动、试点建设等,很多行业、省份已经不同程度地开展了双重预防机制建设工作,极大提高了生产经营单位从业人员安全风险意识、风险辨识和管控能力,取得了显著的社会效益和经济效益。但不可否认的是,从整体来看,双重预防机制的全面建设还处于起步阶段,还有大量的工作需要更加广泛、更加深入的开展。当前全国双重预防机制建设和运行存在以下一些典型特点:

(1)政府安全监管监察部门对双重预防机制理解较深,与很多企业对双重预防机制的认识水平形成了对比。

随着近年来国家、主管部委、省级等政府层面对双重预防机制建设持续不断的重视,以及多方面的培训、学习,各级负有安全监管监察职责的部门和人员对于双重预防机制有了较深入的理解,对于风险、隐患的概念以及两者之间的关系等已经较为熟悉。生产经营单位是安全生产的主体,应履行安全生产主体责任,但

一些行业、生产经营单位的主要负责人对自身安全生产水平盲目自信,对于新的安全管理创新存在不正确的认知,不愿意了解双重预防机制,也不相信双重预防机制的作用。在其影响下,生产经营单位内部安全管理方式并没有发生变化,双重预防机制主要存在于纸上、墙上,形式主义色彩较浓,无法起到应有的作用。

（2）煤炭、非煤矿山等少数行业双重预防机制建设走在了各行业的前列,大部分行业仍处于起步阶段。

双重预防机制提出后,一些风险性较高的行业、企业对其更加重视,安全生产压力越大的行业、生产经营单位,对于双重预防机制的理解程度和期待也更高。但不可否认,大部分行业、生产经营单位对双重预防机制的理解较为浅显,即使在生产经营单位中开展双重预防机制建设,也往往因重视程度、资源投入、理解水平、人才保障等因素而流于形式,其双重预防机制建设尚处于起步阶段。

正是因为处于起步阶段,因此双重预防机制建设的问题较多,而效果往往尚不明显,需要企业坚定信心,继续加大相关投入,久久为功,终会将各种问题逐一解决,实现行业、企业的安全管理水平跃升。

（3）不同区域、省份等对于双重预防机制的理解不同,顶层规划存在改进空间。

在我国当前安全生产管理与监管体系的背景下,双重预防机制建设应通过政府和生产经营单位合力才能完成。生产经营单位负有安全生产主体责任,未来双重预防机制也应形成生产经营单位风险自辨自控、隐患自查自改的模式,但当前生产经营单位安全管理创新的积极性和主动性都不足,需要政府监管监察部门的推动。一些政府监管监察部门认为双重预防机制建设是生产经营单位的职责,在监管监察范围内对生产经营单位双重预防机制建设工作抱有局外人心态,导致相关工作始终进展不大。事实上,国务院安委办〔2016〕11号文中就同时明确了企业和政府部门在双重预防机制建设工作中的职责,而且2018年4月印发的《地方党政领导干部安全生产责任制规定》也将推动辖区范围内企业建立双重预防机制纳入地方县级以上人民政府的安全生产职责之中。因此,政府安全管理部门应站在行业、地区的层面上,通盘考虑双重预防机制建设工作,以期取得最好的效果。

（4）双重预防机制与各具体行业结合的理论研究欠深入。

作为习近平总书记亲自提出的安全管理创新,双重预防机制是以风险管控为核心的安全管理体系,与我国原有的安全管理模式有明显区别,对于一些较少进行管理体系培训和思考的行业和企业而言更加难以理解。理论与实践两者应相辅相成:通过双重预防机制理论方面的研究,完善双重预防的逻辑、流程、方法论等;通过不断实践反馈存在的问题,进一步创新理论研究工作,最终实现理论与实践的协调发展。但当前双重预防机制理论研究有所不足,国内学术期刊对其重视不够,好的研究成果更是鲜见,从而使企业的工作缺乏理论的指引,对企业从业人员的理解造成了困难。除了对双重预防机制一般理论的研究不足外,当前研究中还存在两方面的问题:第一,一些学者和从业人员对双重预防机制研究不够深入,仅从字面意义去考量,甚至不少人将双重预防机制理解成两个独立的机制,给企业实践带来了巨大的干扰,人为造成了风险和隐患的"两张皮"。第二,在双重预防机制研究中,对于行业、企业个性化方面的问题研究不足,导致一些企业制定的双重预防机制建设方案在实践中难以落地,最后沦为文字材料。

(5)双重预防机制信息化建设滞后,难以有效支撑机制运行。

从当前技术、经济、文化发展水平来看,信息技术是管理体系的增值器和使能器,甚至是很多管理理论落地的关键因素。现代信息技术的使用,使生产经营单位可以超越原有安全管理模式,采用全新的管理流程和方法,实现更加高效的管理流程。比如智能手机的出现,实现了人们获取信息从主动查询向个性化推送的转变,在双重预防机制应用中也改变了原有信息流向,从而有效发挥了双重预防机制的潜力。从某种意义上而言,信息化建设已经成为双重预防机制的有机组成部分,是双重预防机制建设的应有之义。近年来习近平总书记非常重视信息化对我国安全治理体系和治理能力效能的作用,而且国务院安委会和诸多省级安全监管监察部门也多次要求开展信息化建设,但仍有很多企业出于成本、管理复杂性等方面的考虑,不愿意采用双重预防信息系统,甚至是考虑未来应付检查才采购建设双重预防信息系统,实际工作中却几乎将其当作摆设。

除了对双重预防信息系统不重视外,很多生产经营单位由于对双重预防机制和信息化建设缺乏了解,将其简单理解为采购、安装一个软件,最终导致所采购的双重预防信息系统与企业业务流程不匹配、数据缺失或错误,无法有效运行,甚至有些企业使用的双重预防信息系统本身就是风险和隐患"两张皮",与双重预防理论相去甚远。信息化建设是未来全国双重预防机制建设和运行应重点关注的问题之一。

(6)安全监管监察部门对于双重预防机制对安全监管的意义认识不足。

如前文所述,双重预防机制建设是政府安全监管监察部门与生产经营单位共同的任务,而政府安全监管监察部门除了要推进企业双重预防机制建设和落地运行外,还应充分认识到生产经营单位双重预防机制建设对于政府安全监管监察部门的意义,积极利用双重预防数据中所包含的企业安全生产主体责任履职信息,实现对生产经营单位安全态势的科学预判,从而为精准监管监察、远程监管等安全监管监察方式创新提供有力的支撑。当前真正开始着手进行基于双重预防数据安全监管监察的行业、部门并不多,典型的有山东、山西两省级的煤矿安全监察局开发的省级煤矿安全双重预防监管监察平台,河南煤矿安全监察局、河南省工信厅联合开发的河南省煤矿安全生产信息管理系统暨双重预防体系信息平台等。未来信息化、智能化安全监管监察必然是我国安全治理体系和治理能力的重要组成部分。

从当前我国典型的省份和涉危行业双重预防机制建设情况来看,双重预防机制已经成为我国涉危行业安全管理的主要理论框架之一,也基本取得了政府和广大生产经营单位的认可。思想上的认识还应反映在生产经营单位实践上。当前政府推动、企业建设运行双重预防机制的积极性非常不平衡,但总体而言双重预防机制越来越受到各方重视,大量生产经营单位实践积累的经验逐步形成各种行业、区域双重预防机制建设规范或地方标准,已经具备了在全国全面推广的条件。因此,2021 年新修改的《安全生产法》将"双重预防机制"加入生产经营单位的安全生产职责之中,使双重预防机制逐渐成为我国各个行业通用的、具有中国特色的安全管理体系。未来双重预防机制无论是在理论研究还是在企业实践中,都将不断向更广泛、更加深入的方向发展,为我国新时代经济社会发展提供有力的安全保障。

第三节　企业双重预防机制建设的效果与存在的问题

双重预防机制自提出以来,在企业的实践可以分成三个层次:第一,试点企业。一些行业、省份的安全监察监管部门在自身监管范围内,指定一些条件较好或具有代表性、示范性的企业作为试点企业,通过试点企业积累经验,总结出行业双重预防机制建设方法和规律,为其他企业的实践提供指导。在试点企业的建设过程中,政府监管部门可能会予以指导,也可能由企业自主探索。这种做法在山东、河南等省份和非煤矿山等行业特别突出。第二,推广企业。在试点企业建设完成或验收后,政府安全监管监察部门会总结相关经验或制定规范,向比较重视的企业进行推广。一些政府监管监察部门在推广工作开展后,还会制定有针对性的考核制度,有效督促企业的双重预防机制建设和运行。第三,根据自身安全形势或对双重预防机制的认识,主动开展双重预防的企业。这类企业在双重预防机制建设时更多的是根据自身的理解开展工作,其深度和合理性往往并不太高。上述三类企业中,一般试点企业双重预防机制的建设和运行效果较好,后两类则往往参差不齐。在有些省份、地区或行业中,甚至存在上述三类企业所占比例也不高的情况。这里以进行了一定程度双重预防机制建设的三类企业为对象,对企业双重预防机制建设的整体情况做简要说明。

一、企业双重预防机制建设的效果

企业开展双重预防机制建设后,在思想观念、业务流程、组织结构等方面往往都会有所变化,最终安全绩效的改进程度则随企业的不同而有较大的差异。

(1)企业安全风险意识有了大幅度变化,隐患排查能力有较大程度提升。

2019年,中国矿业大学安全科学与应急管理研究院在国家煤矿安全监察局的支持下,对全国一百余座煤矿进行了相关调研。调研结果显示,77.1%的人员认为员工安全意识有所改变,72.3%的人员认为员工对工作中的风险和隐患的认识程度有了较大幅度的提高,69.1%的人员认为员工的安全意识和隐患识别排查能力有了较大幅度的提高,79.7%的人员认为员工和管理人员对待安全生产的重视程度有了较大幅度的提高。整体而言,经过双重预防机制建设和运行,企业员工安全风险意识得到了普遍提升,隐患排查能力也有所提高,可以说从思想上扭转了很多人对安全工作的态度。

(2)企业安全管理工作流程发生变化,风险辨识评估成为一项常见工作。

在双重预防机制提出以前,只有少数行业、部分企业有较为完整的风险管理思想,全国多数行业、企业的安全管理还是以隐患闭环管理为主,所有的安全管理业务都围绕隐患展开。双重预防机制建设的推广,使大量企业开始认识到风险管控的重要性,大部分制定了不同的风险辨识、风险评估、管控措施制定、责任清单填报等管理流程。这其中两个变化值得引起注意,一是部分企业对重要动态风险的综合评估逐渐形成制度化,极大降低了涉危作业的风险水平;二是双重预防机制预防的事故对象,尤其是重特大事故的特点使企业重视对重大风险的管控。风险管控环节的补充,使我国企业安全生产的理论基础建立在风险管理之上,与国际安全管理的发展趋势保持一致,对原有的隐患闭环管理流程也带来了显著的影响。安全风险分级管控和隐患排查治理作为双重预防机制的两个核心要素,共同组成一个完整的有机整体,形成一套具有多重PDCA(plan-docheck-act)嵌套模式的业务流程。这部分内容在第二章中将予以详细论述。

（3）企业明确了风险分级管控的负责部门，各部门、人员安全生产责任全面完善。

由于对风险管理的忽视，之前很多企业不去做风险分级管控的工作，更谈不上设立风险分级管控部门。双重预防机制建立后，根据工作开展需要，各企业基本上明确了风险分级管控的负责部门，部分企业还专门成立了新的部门负责该项工作。事实上，由于双重预防机制是一个完整的逻辑整体，因此建议相关工作由一个部门统筹负责，这样更加符合双重预防机制的内在要求。在明确风险管控责任部门的基础上，各企业根据风险的等级划分风险管控职责，在各部门、人员原有安全生产责任清单中增加了关于风险分级管控的内容，使风险分级管控工作成为企业安全生产主体责任履行的重要组成部分之一。这一点在 2021 年新修改发布的《安全生产法》中也有明确的要求。新《安全生产法》在第二十一条中将"组织建立并落实安全风险分级管控和隐患排查治理双重预防工作机制"列入生产经营单位主要负责人的安全生产工作职责，在第二十五条中规定了生产经营单位安全生产管理机构以及安全生产管理人员的职责，其中包含"组织开展危险源辨识和评估，督促落实本单位重大危险源的安全管理措施"和"检查本单位的安全生产状况，及时排查生产安全事故隐患"两项。

（4）企业安全信息化建设大幅度推进，提高管理效率与水平。

虽然进入 21 世纪以来，全球的信息科技飞速发展，几乎改变了人们生产生活的各个方面，对企业的内部管理也提供了强大的武器。以 ERP(enterprise resource planning，企业资源计划)为代表的各种企业管理信息系统迅速进入各个企业的生产经营管理工作中。然而作为企业重要任务之一的安全管理，信息化建设却相对滞后，很多企业出于各种原因，仍采用手工或通过 Excel 等办公软件辅助手工作业的形式。双重预防机制提出后，国务院安委会和诸多省级政府安全生产管理部门在大量文件中反复提出通过信息化手段运行双重预防机制的要求。通过双重预防机制建设，大量企业完成了安全管理手段的升级换代，极大提升了企业安全管理的效率和管理水平。对于人员、资金、技术相对薄弱的中小企业，一些政府安全监管部门通过统一的云平台为其提供双重预防信息化服务；对于部分技术力量强、经济效益好的企业，则通过智能化建设，将双重预防机制信息化向全面感知、泛在互联、智能决策方向发展，引领了未来的发展方向。

（5）大量企业安全管理绩效均有改进，部分企业提升显著。

虽然建立双重预防机制的企业在实际建设水平、运行水平上有较大的不同,但对于试点企业则普遍取得了较为显著的效果。对于推广企业和主动开展双重预防机制建设的企业,其安全生产绩效也都在一定程度上有所改进。在中国矿业大学安全科学与应急管理研究院的调研中,高达88%的人员认为企业的安全形势得到了较明显的改善,具体表现在员工不安全行为、安全投入、安全措施等方面。其中,有73%的受访者认为员工的不安全行为有较大及以上程度的减少,这一点在访谈中也得到了印证;有90%以上的受访者表示为了对辨识出的风险进行管控,企业投入的安全资金有所增加,与重大风险相关的管控措施更加完善,风险管控更加到位。可以说,双重预防机制在很多企业中已经开始起到减少隐患、遏制事故,尤其是重特大事故的作用。

未来,已经建立双重预防机制的企业应继续完善,没有建立双重预防机制的企业应尽快开展建设工作,这也是2021年9月1日实施的新的《安全生产法》对生产经营单位的要求。

二、企业双重预防机制建设的常见问题

正如前文所述,经过几年的努力,双重预防机制在企业中已得到了广泛的认同,并取得了明显的经济效益和社会效益,但不可否认的是,当前双重预防机制在已经开展建设、运行的企业中也存在诸多需要不断完善的问题。根据多年的理论研究、现场调研和企业培训、辅导、技术合作等获得的信息,我们认为企业层面双重预防机制建设的常见问题主要表现在以下5个方面:

(1)企业对于双重预防机制的认识仍有不足。

企业对于双重预防机制的认识不足表现在两个方面:第一,仍有少数企业的管理人员、技术人员对双重预防的作用和价值不理解、不认同,认为双重预防机制是政府要求的形象工程。随着这些年不断的培训、宣讲,以及一些试点企业所取得的良好效果、新《安全生产法》的要求等,持有这种观点的人已经越来越少。但少数企业领导层对双重预防机制认识的不到位,会对企业双重预防机制的建设产生决定性的负面影响。第二,生产经营单位对于双重预防机制的科学理论、落地方法等不了解,虽然企业并不反对双重预防机制建设,甚至非常重视相关工作,但对双重预防机制的理解浮于表面,认为只要按照要求准备好各项内业材料就是建设双重预防机制,导致出现形式主义的情况。这两种认识不足的表现形式虽然不同,但究其本质仍是对双重预防机制对企业安全管理的价值、对我国当前新时代安全治理体系完善和治理能力提升的意义认识不到位。

（2）部分企业领导和相关部门的双重预防机制职责不清。

部分企业的主要领导过度相信技术，忽视安全管理的作用，对于自身双重预防相关职责不了解，片面将其理解为安监部门的事情，导致相关工作上不着天、下不落地。一些管理和技术人员将双重预防机制职责理解成在自身原有的安全生产责任制职责清单中增加一点风险管控的内容就可以，实际上却并不真正理解自身的职责，因而也就无法有效履责。

此外，一些企业由于对双重预防理解不到位，造成流程、工作上的空白或交叉，也在一定程度上造成双重预防机制的职责不清，如很多企业对双重预防信息系统的运行和维护理解不到位，要么忽视了信息系统的维护需求，使得相关职责空置，要么将其理解为计算机和网络维护，将相关职责归到企业信息中心，造成数据维护、功能完善等要求无法满足。另一个比较常见的问题就是很多企业所建立的双重预防机制有明确的风险辨识评估环节，却无管控流程，最终耗费大量精力和时间完成的风险辨识结果成为无法应用的形式主义。

（3）双重预防机制的运行逻辑不符合机制内在要求，个性化管理体现不足。

双重预防在其科学理论指导下，有一套合理的逻辑流程，但由于对双重预防机制理解不到位，一些企业将双重预防机制理解成了风险分级管控机制和隐患排查治理机制两个机制。这些企业在双重预防机制建设中，对风险分级管控和隐患排查治理两个"机制"各自指定责任单位，单独建设，彼此之间难以无缝衔接、相互支撑，风险和隐患形成"两张皮"。

双重预防机制提出是为了统领企业安全生产相关的各项工作，使所有的工作能够形成合力，但一些企业因各种原因将其按照全新、独立的机制或体系去建设，而且往往只考虑通用性、规范性的一些要求，并不将个性化安全管理方法等纳入本企业的双重预防机制之中。这种情况下最终编制的文件制度体系既与企业实际工作脱节，往往又与双重预防机制的逻辑有所出入，导致企业所建立的双重预防机制在实践中难以落地，造成双重预防机制建设和应用脱节。

（4）双重预防信息系统缺失或不使用，内业存在造假行为。

双重预防信息系统是企业双重预防机制的重要组成部分，也是双重预防机制能否在企业中有效运行、产生预期效果的有力保障。如果没有一个科学、强大、符合企业实际、能够运行的双重预防信息系统，企业的双重预防机制一般是难以真正落地的。这一点也得到了广泛的认可，如河南省评判企业双重预防机制是否真正起到作用的"五有"标准中，即包括"有线上线下的智能化信息化平台"。当前仍有一些企业没有建设双重预防信息系统，或对其存在抵触心理。

信息化建设往往会对原有流程进行重组,改变了原来的工作逻辑。一些企业从业人员因此对采用信息化手段存在排斥情绪,害怕变革,不相信信息系统的作用,因此选择不建设双重预防信息系统。另外一些建设了双重预防信息系统的企业也没有真正将其运行起来,发挥其应有的作用。企业双重预防信息系统没有真正使用的原因很多,既可能是企业从业人员的问题、信息系统功能的问题、信息系统的维护问题,也可能是负责人的重视度问题,或从业人员的工作习惯问题等。

因为没有双重预防信息系统或不愿意或无法使用已有的双重预防信息系统,其双重预防有关数据的真实性、完整性、及时性等都存在问题,既难以提升企业的安全管理水平,也无法为安全监管监察部门提供精准监管决策数据来源。有些企业按天向双重预防信息平台录入少量虚假数据,企图蒙混安全监管部门。而到了政府安全监管监察单位要对企业进行检查时,为了应付各检查专家对内业的考核,一些企业被迫提前补充完善材料。内业造假行为不但对于安全生产没有好处,而且助长了形式主义风气,恶化了企业安全生产文化,给安全生产带来了巨大的负面影响。这一点也是很多企业对双重预防机制建设顾虑多、意见大的重要原因之一。一套能够正常、有效运行的双重预防信息系统是企业双重预防机制运行的必要手段,各项内业数据在企业部门、从业人员履行各自安全生产主体责任的过程中被逐渐记录下来,自然而然会留下痕迹。

(5)企业双重预防机制持续改进工作不开展,难以长期有效运行。

很多企业在双重预防机制建设时,忽视了安全生产工作是动态变化的客观事实,无论是所辨识出的风险,还是制定的各项机制制度等,都应根据实际情况而不断调整,否则一方面会因为各方面的变化而逐渐与实际情况脱节,难以长期运行,另一方面也无法推动企业安全管理水平的不断提升。双重预防机制是一个随生产情况不断变化、依运行情况不断优化的管理体系,而不是一个静态的管理体系。这一点对于一些有管理体系建设经验的企业而言比较好理解,但对于对管理体系比较陌生的企业,尤其是中小企业而言,存在一定的困难。

上述"五个不"的问题在各省(自治区、直辖市)、各行业都不同程度有所存在,其原因主要在三个方面:个别主要负责人对相关工作不懂行、不重视;负责双重预防机制建设和运行的部门与人员对双重预防理论理解不足,遇到一些特殊情况时难以做出正确处理;当前双重预防落地方法论研究不足,一些文件只提要求,对于如何实现、实现后如何保持与提升等都缺乏科学考虑,导致在实际工作中难以落地。根据企业在安全双重预防机制建设中遇到的问题,中国矿业大学安全科学与应急管理研究院结合国内外安全管理体系研究成果提出了面向企业建设和运行、具有中国安全生产特色的安全双重预防体系等研究成果，将有助于新《安全生产法》的有效贯彻。本书从第三章开始，论述企业应如何将双重预防机制落实到日常安全管理工作中。

三、政府推动双重预防机制建设中存在的常见问题

正如前文所述，双重预防机制建设是政府主管部门、监管监察部门和企业共同的责任。企业应承担双重预防机制建设的主体责任，政府主管部门则应起到推动、督促的作用，这一点在国务院安委会多次的文件、地方党政领导干部的安全生产责任中都得到了明确。严格来说，政府主管部门在双重预防机制建设中的作用应该包含两个方面：第一，推动企业建立、完善双重预防机制；第二，基于企业双重预防机制运行数据，通过大数据分析为精准监管监察提供信息，创新安全监管方式方法，提高监管效能。从这两个方面而言，当前政府主管部门在自身作用的发挥上，其整体特点和存在的问题主要体现在以下几方面：

（1）多数政府行业主管部门、业务部门和安全监管监察部门了解双重预防机制的含义，但对双重预防机制对于安全监管的意义理解不足。

自双重预防机制提出以来到被纳入新修改的《安全生产法》，各级政府行业主管部门、业务部门和安全监管监察部门做了大量踏实细致的工作，对于双重预防机制有一定的了解，尤其是安全监管监察部门的理解更加深入。但很多部门对双重预防的理解只是停留在基本概念、理论层面，对于其内在逻辑不甚了了，对于企业如何才能落实不太清楚，也较少意识到双重预防机制对安全监管监察工作的意义。

双重预防机制中包含生产经营单位大量安全基本信息，体现了生产经营单位安全生产主体责任的履职情况，对于摆脱当前"就隐患查隐患"的监察模式改革具有重要的意义。然而当前很多监察部门并没有意识到双重预防信息对于安全监察工作的价值，因而也就缺乏督促企业落实双重预防机制的强烈动机。一些监管监察部门甚至认为督促企业开展双重预防机制建设是干预企业内部管理的"越权"行为，没有给企业传递出建设双重预防机制的压力。监管监察部门对双重预防机制认识的不到位，使得一些生产经营单位缺乏深入应用双重预防机制、履行安全生产主体责任的紧迫感，少数生产经营单位甚至明确表示自身建设双重预防机制的动机就是应付检查，造成了非常恶劣的影响。

（2）多数政府安全监管监察部门制定了推动辖区企业双重预防机制建设的

方案或提出了相关要求,但整体而言规划性和持续性不足。

双重预防机制对于大多数企业而言都是一个比较新的课题,对于一些对风险管理、管理体系建设等缺乏认识和经验的行业、企业而言,双重预防机制建设和运行有一定的困难,需要经历一个逐步深入的过程。部分省份在推进双重预防机制时考虑到了逐步深入的特点,采取试点建设、经验总结、深化建设、全面推广等几个阶段,但仍有很多省份、行业主管部门对于双重预防机制建设规律不了解,只是简单下文要求建设,缺乏对行业、地区安全生产特点的针对性,也缺乏对不同阶段双重预防机制建设出现的问题的针对性。缺乏顶层规划的最突出表现就是很多安全监管监察部门对于编制双重预防机制建设标准缺乏认识。

缺乏科学、统一的建设标准除了导致企业双重预防机制建设的效果不理想外,还导致监管监察部门难以对监管范围内各企业进行统一的监管监察。2018年,中共中央办公厅、国务院办公厅联合印发的《地方党政领导干部安全生产责任制规定》(厅字〔2018〕13 号)中明确将推进双重预防机制落地作为县级以上地方各级政府主要负责人安全生产职责之一,然而一些地方政府和安全监管监察部门未承担起推进辖区内企业双重预防机制建设的责任,认为相关工作是生产经营单位的职责,听任生产经营单位自行摸索。在全行业的层面上,也缺乏从全局考虑的顶层设计和统一规划,造成不同生产经营单位理解不一、做法不一、进度不一、效果不一。

（3）在推进双重预防机制建设上,多数政府安全监管监察机构采用试点建设积累经验、现场会推广的方式,缺乏科学性和系统性。

试点建设是我国改革开放过程中常采用的典型方法,取得了良好的效果。由于双重预防机制提出后,对于具体应如何操作等方面的要求缺乏明确的规定,相关部分的研究也是空白,因此选取部分条件较好、较为优秀的企业开展试点建设,通过试点建设积累、总结经验,从而为后续工作的开展提供指导就是一个可行且科学的方法。在实际建设工作中,很多省份、行业也都是采取了这种方法,如山东、山西、河北等省的煤炭行业,河南、内蒙古等省（自治区）的非煤矿山等行业都采用了类似的方法。

这种方法的问题表现在两方面:第一,试点得到的方法都来自于基层的理解和摸索,虽然可能在实际中起到了一定的效果,但其与双重预防机制的内在逻辑等可能并不一致,所产生的效果更多来源于企业的高管理水平和员工的相对高素质;第二,试点得到的方法往往都是零散的,缺乏系统性,而且不同企业往往结合自身的特点进行总结,导致所得到的经验和方法呈现出的是碎片化和多元化状态,在实际推广中一方面易出现水土不服的情况,另一方面监管监察部门也难以开展对企业的双重预防机制建设工作的监督。可以说,当前很多安全监管监察部门对双重预防机制的知识大多来自于企业实践,缺乏系统性的理论认识。

（4）部分政府安全监管监察部门意识到建设和运行规范对于所辖企业双重预防机制建设水平与双重预防机制的规范性有密切关系,但相关标准的发布工作仍有待深入开展,标准的科学性和可操作性有待提高。

在历次调研中均有 90% 左右的煤矿认为当前可操作性规范的缺乏对本企业的双重预防机制建设造成了较大的困扰。很多煤矿没有理解双重预防的内涵,相关流程、制度建设科学性不足,对于安全生产标准化管理体系中的"安全风险分级管控"和"事故隐患排查治理"两要素及其满足要求的做法理解各异,造成形式主义的问题较为严重,没有达到预期目的。而安全检查部门对双重预防机制理解也不一致,导致煤矿无所适从的情况屡见不鲜。这其中最典型的就是很多煤矿将双重预防机制视为两个独立的部分进行建设,无论是组织、制度、流程、责任等都完全无关。然而双重预防机制是一个包含 PDCA 循环的完整机制,通过风险分级管控减少隐患,通过隐患排查治理分析完善风险辨识结果和管控措施,从而推动企业安全管理水平不断提升。

基于上述原因,山东、山西、河南、辽宁、河北、青海等越来越多的省份不断重视对本省各涉危行业双重预防机制地方标准的编制工作。这方面山东省开展得最早、最全面,但也因此容易造成对一些具体问题的认识相对滞后,甚至存在理解不到位、错误的情况,需要及时予以更新。当前一些省份发布的双重预防机制建设标准或规范在理论上和可操作性上都有值得提升的空间。无论是政府还是企业,对双重预防机制内涵的理解都需要与时俱进,不断进行改进提升,在流程上重视风险-隐患的一体化管理,在技术上重视智能化技术给安全带来的创新性影响。

（5）部分政府安全监管监察部门开始推进双重预防数据采集,为后续的安全监管方式方法变革奠定了基础。

新《安全生产法》对于政府安全监管部门的信息化建设有了更进一步的要求,同时重视重大隐患等信息的联网和数据共享。一些监管监察部门只关心重大隐患信息,然而实际中生产经营单位几乎不会在政府信息监管平台上录入自身的重大隐患,造成一些政府安全主导的、面向隐患排查的信息监管平台往往流于形象工程,难以起到预期的作用。随着双重预防机制建设的推进,部分政府安全监管监察部门意识到双重预防中所包含的生产经营单位安全生产主体责任信息,开始提出对生产经营单位双重预防信息进行采集或联网的要求。在采集的数据上,不但涵盖原来隐患排查、治理、验收方面的数据,而且包括风险辨识评估、风险日常管控等方面的数据,尤其重视对重大风险及其管控措施、活动方面的数据采集。基于双重预防机制的数据比较直观地反映出生产经营单位当前安全管控的重点以及对其管控的情况,政府安全监管监察部门通过大数据挖掘方面的算法、模型等,能够更加准确地判断生产经营单位安全生产态势、安全生产主体责任履职情况等,为差别化、精准化监管监察工作提供数据支撑。从这里也可以发现,一些政府安全监管部门仍沿用传统生产经营单位上报信息的方法难以获得真正、有效、及时、准确的信息,能够获得的还是生产经营单位经过筛选后认为能够向政府监管监察部门公开的信息,甚至随着时间推移,填报数据逐渐停止,相关工作最终不了了之。因此,少数政府安全监管监察部门改变了原有工作思路,利用现代信息技术在行业管理、监管方面的应用渗透,创新性采用数据抓取的方式采集双重预防数据。这种方法要求生产经营单位必须建立、运行一套符合生产经营单位实际情况、能够真正有效运行的双重预防机制,并通过生产经营单位的双重预防信息系统得以实现。在双重预防机制运行过程中,大量相关数据在双重预防管理信息系统中得以产生、沉淀。这些随着双重预防机制运行而产生的数据,才真正反映了生产经营单位双重预防机制的运行情况、重大风险的辨识和管控情况、各类隐患的排查治理情况,从而反映生产经营单位的安全管理水平和主体责任履职情况。就全国整体而言,开始进行辖区内生产经营单位双重预防数据采集的政府安全监管监察部门仍然较少,相关思路和方法在政府监管部门中尚处于探索阶段。

第四节　双重预防机制的意义

　　双重预防机制是我国为了应对新时代经济和社会发展对于安全的需要而提出的一个安全管理理念和方法,以满足人民群众在达到温饱后向小康生活迈进的过程中对安全的需求,响应落实生产经营单位安全生产主体责任的要求。

可以说,双重预防机制的提出正当其时,对于我国经济社会发展、安全生产、安全监管,乃至安全管理理论研究都具有重要的意义。

一、双重预防机制对我国安全管理与经济社会发展的意义

到2015年年初,我国GDP总量达到67.67万亿元人民币,人均GDP从2010年的4 550美元上升到2015年的8 033美元,人民生活水平不断提高。与之相对应的,人民群众对于安全生产的要求越来越高,2015年事故起数和死亡人数同比分别下降7.9%和2.8%,但安全生产形势依然严峻复杂,尤其是重特大事故时有发生且危害严重,暴露出安全生产体制机制法制不完善、安全发展理念不牢固、企业主体责任不落实、安全监管执法不严格等问题。原有的以隐患闭环为核心的安全管理理念和方法应对新的问题已经出现瓶颈的迹象,难以带动我国整体安全水平迈向新的台阶。在这种情况下,双重预防机制为各安全生产主体提供了提高安全治理能力的新途径,能够从理论和实践上提升我国安全管理水平,为整个经济、社会高质量发展奠定良好的安全生产环境。事实上,自从双重预防机制提出后,全国安全生产态势在高水平上继续提升,尤其是双重预防机制建设和落实较为深入的煤炭行业,其事故数和死亡人数分别从2015年的352起、588人的低位进一步下降到2020年的122起、225人,在5年内下降幅度分别达65.3%和61.7%,实现了在已有成就的基础上的大幅度进步。

从总体国家安全观考虑,安全生产不仅事关人民群众生命财产安全,也事关国家的安全。建立双重预防机制,着力防范和化解重大安全风险,是实现国家长治久安的必要要求。

二、双重预防机制对生产经营单位的意义

双重预防机制对于生产经营单位的意义可以分为两方面:一方面为其落实安全生产主体责任提供了一个有效的抓手;另一方面则切实提升了生产经营单位的安全管理水平。

长期以来,我国生产经营单位的安全生产工作两个主要主体——生产经营单位和政府监管部门之间的关系定位存在一定的模糊性,导致很多时候政府安全监管部门直接深入生产经营单位一线查隐患,反而打击了生产经营单位的安全生产积极性。2014年,《安全生产法》修改时便明确要"强化和落实生产经营单位主体责任",自此生产经营单位应负安全生产的主体责任得到了各方的共

识。但在实践中如何有效落实生产经营单位主体责任则是一个比较难的问题。生产经营单位长期采取的隐患闭环管理模式往往只涉及管理和技术人员,某些单位甚至只是安全检查人员的工作,使得单位整体层面、全员层面的安全生产主体责任落实缺乏有力的抓手。

通过双重预防机制建设工作,明确了生产经营单位的各级部门,从高层管理人员、安全管理人员到每一个从业人员在日常安全生产管理过程中风险辨识、评估、管控以及隐患排查、隐患治理等工作中的职责划分,对生产经营单位建立、完善全员安全生产责任制,进一步落实安全生产责任制和压实生产经营单位的主体职责具有重大意义。

从生产经营单位安全管理水平提升而言,双重预防机制解决了长期以来生产经营单位安全管理方法单一、隐患常排常有、事故时有发生的被动局面,通过双重预防机制创新了安全管理方法,将安全管理的重点从盯隐患向上延伸到控风险,掌握了安全管理的主动权,同时生产经营单位能够以双重预防机制为逻辑框架,全面整合各种个性化的安全管理方法,形成面向遏制事故的合力。人员不安全行为是当前事故发生的主要因素。通过双重预防机制的风险辨识、评估、宣贯和管控等一系列工作,生产经营单位从业人员的风险意识明显提升,不安全行为发生数量不断下降,从而从根本上改变了企业安全文化,夯实了安全生产的基础。在易发重特大事故的行业领域开展双重预防机制建设和运行几年来,大部分生产经营单位的风险意识、风险辨识能力和隐患治理水平都切实得到了提升,证实了双重预防机制建设对于生产经营单位安全生产的重要意义。

三、双重预防机制对安全监管监察部门的意义

安全风险分级管控通过风险辨识评估掌握企业当前所存在的风险,并根据其等级、专业等明确各方的管控责任。风险分级管控数据一方面反映了生产经营单位主要风险的分布情况,另一方面则反映了各部门、岗位对自身安全风险管控职责的履职情况。隐患排查治理则在确保所有隐患得到有效治理的同时,也准确反映了各类风险的动态管控状况。因此,双重预防机制运行的数据中包含生产经营单位风险分布、实时风险变化,以及生产经营单位主体责任履职情况等信息,对于安全监察部门的远程监察具有重要的意义,为改变当前"保姆式"、替代生产经营单位安检员的监察方式,实现"线上日常巡查+现场精准核查"的监管监察模式创新提供了一条重要的路径。

利用双重预防机制做好事故风险防控是政府相关文件的要求。国务院在《关于实施遏制重特大事故工作指南构建双重预防机制的意见》（安委办〔2016〕11号）、《全国安全生产专项整治三年行动计划》（安委〔2020〕3号）等文件中都提出要推进企业的双重预防信息化建设，监管部门要与企业的风险管控和隐患排查治理信息系统实现联网。国家煤矿安全监察局《关于加快推进煤矿安全风险监测预警系统建设的指导意见》（煤安监办〔2019〕42号）中也要求煤矿推进生产安全管理信息化工作，并实现与监管监察部门联网。

2021年2月24日，国家矿山安全监察局发布的《"十四五"矿山安全生产规划（征求意见稿）》明确提出，要建设全国矿山安全风险管控和隐患排查治理双重预防综合支撑子系统，建立矿山安全监管监察信息化体系，为监管监察工作提供数据支撑、技术手段、智能辅助决策，实现全天候、远程监管监察，实现对安全生产典型风险的趋势分析、研判、预警，大幅提升矿山安全监管监察的工作效率和效能。因此，对于煤炭行业安全监管而言，利用煤矿双重预防机制所产生的信息做好事故风险防控是未来政府、企业安全监管、管理的重要工作之一。

2021年6月10日发布的新《安全生产法》对生产经营单位建设、运行双重预防机制，为政府和安全监管监察部门利用双重预防机制做好安全监管监察工作奠定了基础。新《安全生产法》在第三条中将加强信息化建设纳入生产经营单位的职责之中，并依照中华人民共和国《刑法修正案（十一）》（简称《刑法（十一）》）的规定，在罚则中将"关闭、破坏直接关系生产安全的监控、报警、防护、救生设备、设施，或者篡改、隐瞒、销毁其相关数据、信息"行为纳入处罚范围，从法律层面为生产经营单位双重预防信息系统中信息的真实性、完备性提供了保障。同时新《安全生产法》明确要求深化和落实政府安全监管责任，提出各负有安全监管监察职责的部门实现互联互通、信息共享，通过推行网上安全信息采集、安全监管和监测预警，提升监管的精准化、智能化水平。利用生产经营单位双重预防信息提升安全监管监察效能也是新《安全生产法》对政府和安全监管监察部门的要求。

因此，可以说利用双重预防机制做好事故风险防控对于政府和生产经营单位都具有重要的意义，其必要性和可行性均已完全具备。

在利用生产经营单位的双重预防信息提高安全监管监察能力方面，煤炭行业走在了全国各涉危行业的前列，已经开始了初步的探索。煤炭行业已具备双重预防机制建设与运行的基础，几乎全国所有煤矿都在一定程度上开展了双重预防机制建设,相当一部分煤矿建有功能不一的双重预防信息系统。双重预防信息系统已成为煤矿事故风险防控的核心,其数据反映了煤矿风险分布及管控情况。在对风险动态评估基础上,风险分级管控数据能够直观反映出煤矿风险的变化,从而为风险防控提供指导。此外,隐患排查治理数据能够准确反映出企业自身风险防控工作的开展情况,进而为监管部门判断企业安全管理风险的大小、变化提供数据支持。近年来,山东、山西、河南、河北、陕西、内蒙古等产煤省(自治区)先后出台了地方性双重预防机制建设标准、规范等,部分省份已建立了省级双重预防信息监管平台,积累了丰富的建设经验和运行数据等。前期的建设成果为全行业利用双重预防进行事故风险防控奠定了基础,也为其他涉危行业安全监管部门推进监管范围内生产经营单位双重预防机制建设、运行并利用双重预防机制信息提升安全监管效能提供了有益的借鉴。

四、双重预防机制对我国安全管理研究的意义

从安全管理体系和研究角度来看,国际上几十年来 OHSAS 18000(Occupational Health and Safety Assessment Series 18000,职业健康与安全管理体系)、NOSA 五星管理体系(National Occupational Safety Association,南非国家职业安全协会五星管理体系)、《国际标准化组织职业健康安全管理体系》(ISO 45001:2018)和 HSE 管理体系等与安全管理相关的标准实践,以及国内《职业健康安全管理体系 要求及使用指南》(GB/T 45001—2020)等的实践经验都非常清楚地说明,一个面向"管理体系"的框架是未来生产经营单位安全管理的发展方向。

从生产经营单位的安全生产实践来看,安全生产主体责任是安全管理的核心,而要落实安全生产主体责任,建立健全风险防范化解机制,就必须有一个可落地、有效果的安全管理体系整合生产经营单位各项安全生产活动,形成合力。双重预防机制既提出了风险管控的要求,体现了我国安全管理方法与国际先进思想和方法的接轨,又能够兼容我国长期以来开展的隐患闭环管理方法,同时将两者结合成一个有机整体,是一个符合新时代要求、具有中国特色的安全管理体系,为我国生产经营单位的安全管理提供了科学的理论指导。此次双重预防机制进入新修改的《安全生产法》是我国安全生产工作的一个里程碑,对防范化解安全风险具有重要意义。

第五节　双重预防机制建设的方向与对策

经过全国各省、市、自治区以及各涉危行业多年来的积极探索,虽然在一些问题上仍存在一些不太明确的地方,甚至存在一些分歧,但不可否认,双重预防机制建设已成为全社会的普遍共识,而且也取得了显著的成果。双重预防机制是一个具有蓬勃生命力、不断发展的理论体系和实践框架,并不是说某个生产经营单位的双重预防机制建设完成后或经过某种形式的验收后就完成了所有工作。安全生产工作永无止境,双重预防机制也需要不断改进、完善,已经建设、运行双重预防机制的生产经营单位可以从以下三方面深入发展、优化自身的双重预防机制。

一、从双重预防机制建设向完整安全管理体系建设发展

从安全管理理论角度而言,双重预防机制本身就是一套完整的安全管理体系,具备管理体系的所有核心要素,形成 PDCA 逻辑闭环。但当前一些行业的双重预防机制建设中,很多生产经营单位更侧重于如何满足政府、安全监管部门的要求,并未真正着眼于管理体系如何在本单位运行。因此,在很多生产经营单位双重预防机制的建设呈现零散化,"三个不统一、三个两张皮"现象较为突出(具体论述见第三章)。

从双重预防机制有效落地运行角度考虑,应推动生产经营单位双重预防机制进一步完善,使之最终成为完整的安全管理体系。煤矿的双重预防机制建设走在了全国的前列,未来要使其成为生产经营单位的一项规范安全管理体系,提高双重预防的运行质量。其他涉危行业则应积极将双重预防机制与自身现有安全管理方法融合,按照安全管理体系的框架,提出具有行业特色的双重预防机制。对于非涉危行业的生产经营单位,则应根据自身生产经营特点,打造灵活、方便、要素完备的双重预防机制,适应生产经营单位安全生产的需要。

管理体系一般指为实现某一目标,一组相互关联或相互作用的要素组合而成的整体。双重预防机制是面向安全的管理体系,是生产经营单位用于建立安全生产方针和目标以及实现这些目标的、以安全风险分级管控和隐患排查治理为核心的一组相互关联或相互作用要素的综合体,要求生产经营单位建立安全

生产理念(方针),设立安全生产目标,明确负责的组织机构和人员,全面梳理生产经营单位的危险因素,辨识评估其存在的风险,并按照管控层级,专业,岗位夯实管控责任。生产经营单位应在双重预防机制的运行过程中,实现风险管控和隐患排查治理工作的有机结合,定期分析隐患产生的根源,补充完善风险辨识结果和管控措施,所有要素要构成一个完整的,持续改进的管理体系。

二、从单独的双重预防机制向安全管理融合发展

各生产经营单位在安全管理上往往会有一些个性化的方法,甚至建有不同的管理体系,如职业健康安全管理体系,健康安全环境管理体系等。这些管理方法和体系虽各有其特色,但都是企业安全管理的组成部分,应形成一个有机整体,发挥面向安全生产的合力。

双重预防机制体现了企业安全管理的科学思想,覆盖了主要安全工作流程,具备融合各种个性化安全管理的基础。为了确保双重预防机制能够在生产经营单位落地,各生产经营单位应以双重预防机制为核心,集成各种个性化安全管理方法,建设具有各企业特色的双重预防体系,实现一套体系满足多方面要求。

三、双重预防机制从手工流程向信息化、智能化发展

信息系统是生产经营单位双重预防机制落地的重要手段,其有效运行降低了企业双重预防机制运行的阻力和成本,提高了工作效率和效果。当前智能化建设是国民经济各主要行业的发展方向,而智能安全是企业智能化建设的重要组成部分,它是个一体化的概念,包含了技术与管理的双重属性,即智能化安全防控技术和智能化安全管理。企业智能化安全指基于企业智能化建设,对与安全有关的数据全面集成、智能分析,以综合动态风险实时评估、预测预警为核心,及时、有效配置安全资源的主动安全管理模式,实现生产经营单位各类灾害和事故的智能化预防与处置。显然,以风险管控为核心的双重预防机制是企业智能化安全的管理框架,而信息化、智能化技术的应用也将极大推动双重预防机制在生产经营单位的落地。

双重预防机制的核心是管控风险,需要不断对风险的变化情况进行评估,而风险的动态变化反映在人、机、环、管等方面的变化上,因而须采用物联网、移动互联网、云计算、大数据等信息技术对各危险因素透彻感知、全面互联、智能评估等,使信息技术与管理要素有机融合,形成智能双重预防。智能双重预防

在非智能双重预防的理论和逻辑基础上,使智能化技术与双重预防各环节工作紧密结合,对原有双重预防体系进行升级,在风险管控和隐患排查的手段上突破了人力的限制,在风险动态评估上实现了对安全相关数据的全面集成等,极大提升了企业的安全治理效能。智能双重预防作为企业智能化安全的落地抓手,必将成为双重预防机制的重要发展方向之一。

四、深化双重预防机制建设的对策

双重预防机制提出五年多来,全国生产经营单位双重预防机制建设有了显著的发展,但仍与《全国安全生产专项整治三年行动计划》中"风险自辨自控、隐患自查自改"的要求还有一定的差距。按照新《安全生产法》中"建立生产经营单位负责、职工参与、政府监管、行业自律和社会监督的机制"的要求,双重预防体系建设并不仅仅是企业自身的事情,未来政、企、学、研各方必须尽快行动起来,形成合力,为新《安全生产法》的深入贯彻打下坚实的基础。

(1)政府监管监察部门制定标准,将双重预防机制建设和运行纳入监管范围。

《安全生产法》的修改使安全监管监察部门督促生产经营单位建立、运行双重预防机制有法可依,要尽快制定相关的检查标准,对不同类型生产经营单位制定有针对性的路线图,积极推动信息监管平台建设,创新安全监管监察方式方法。

(2)企业高度重视,调整组织机构与人员,积极开展建设工作。

双重预防机制建设和运行是生产经营单位履行安全生产主体责任的应有之义,企业主要负责人要充分认识到该项工作是《安全生产法》规定的法定职责,及时调整组织机构,配备相关人员开展前期的准备工作,积极开展探索。

(3)学术界从管理体系角度开展双重预防机制框架、逻辑等理论研究,并结合企业实际开展实施方法论设计。

学术界应深化对双重预防机制的理论研究,包括其理论框架、要素关系、流程机理等,为政府制定相关规范提供理论支持,同时要深入企业,探索企业从双重预防机制向双重预防机制建设的方法,为企业实践提供指导。

(4)研究机构应加快双重预防体系支持技术的研发,利用包括人工智能、数字孪生、增强现实等的现代信息技术,研发能够有效支持双重预防机制落地的信息系统。

作为生产经营单位核心安全管理体系的双重预防机制是企业所有与安全

有关工作的集成,其包含的要素、流程众多,必须通过最新信息技术实现对各类危险因素状态的全面掌握、动态评估、智能决策,降低员工日常工作的复杂度,才能够使双重预防体系在企业中具有强大的生命力。

新《安全生产法》对双重预防机制的强制性要求是我国安全管理理论与实践的一个重要里程碑,也是双重预防机制建设的一个重要里程碑,为生产经营单位落实主体责任和全员安全生产责任制提供了强有力的抓手,为政府安全监管监察提供了新的思路和方法。双重预防机制建设作为进一步完善我国安全治理体系、提升企业安全治理效能的重要举措,必将在理论研究和生产经营单位的实践中得到更加深入、更加广泛的重视和应用。

双重预防机制的基本概念与理论框架

　　生产经营单位落实安全生产主体责任、建立全员安全责任制是生产经营单位安全生产、社会安全发展的基础与核心,而双重预防机制则为企业落实安全生产主体责任、明确全员安全生产责任制提供了一个重要的手段。生产经营单位的安全生产主体责任履行是一个长期运作、日常执行、持续改进的过程,必须要建立一个完整的管理体系才能有效支撑。因此,从理论角度明确双重预防机制的要素、范围,厘清双重预防各要素之间的关系,构建一个完整的、服务于生产经营单位安全绩效的安全管理体系是当前安全管理理论研究和生产经营单位实践都亟待解决的重要问题,也是落实新《安全生产法》的必然要求。

　　双重预防机制应是面向安全管理的体系,是生产经营单位用于建立安全生产方针和目标以及实现这些目标的、以安全风险分级管控和隐患排查治理为核心的一组相互关联或相互作用的要素,包括组织的结构、角色和职责、策划、体系运行、绩效评价和改进等。双重预防机制规定了企业中各部门、各岗位的安全生产职责,其要求基本涵盖了生产经营单位安全生产主体责任的履职范围,而且其内在机理很好地体现了安全管理的内核,通过对风险的预先辨识、管控,减少隐患的发生;通过隐患排查治理防止隐患演变成事故,从而遏制重特大事故发生。

第一节　双重预防机制的含义与基本概念辨析

　　双重预防机制的基本含义及其包含的基本概念是整个理论框架的基石。

当前很多对双重预防机制的困惑和误解在一定程度上和双重预防机制的基本概念与理论体系研究不足有直接或间接的关系。

一、双重预防机制的含义与特点

双重预防机制是由安全风险分级管控和隐患排查治理两部分有机融合的一个完整机制,它是通过风险辨识评估提前掌握生产过程中存在的风险,夯实各层级管控责任,并通过隐患排查治理确保风险处于受控状态的一种主动安全管理机制,如图 2-1 所示。

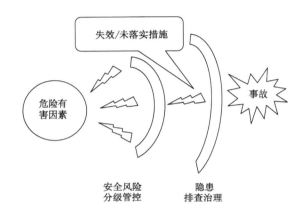

图 2-1 安全双重预防机制示意图

双重预防机制构建了面向事故的两道防火墙。如图 2-1 所示,双重预防机制首先通过风险分级管控明确责任,确保各项管控措施落实到位,有效管控风险;如果由于各种原因,某些措施失效或未落实,则形成隐患,相关风险等级迅速提升,发生事故的可能性增大。为了遏制事故发生,通过隐患排查治理,确保失效或未落实的措施重新起作用,从而使风险等级重新回到原来的风险级别。与我国很多行业一直采用的隐患闭环管理模式相比,双重预防机制具有以下几方面的特点:

(1)超前防范,掌握工作主动权。

双重预防机制以超前风险辨识为核心,提前完善管控措施,通过各类风险管控活动,实现了安全管理由被动应对向主动预防的转变,掌握了工作主动权。

(2)风险分级,明确工作重点。

超前辨识的风险包含各种可能事件,其重要程度各有不同,必须通过风险分级,区分不同的管控要求,明确未来安全工作重点。

（3）管控清单，夯实部门、岗位职责。

双重预防机制在明确风险等级、管控措施后，根据专业、层级等，制定各个部门、岗位的风险管控清单，明确各部门、岗位对相关风险的职责，避免了隐患闭环管理中职责不清问题。

（4）隐患排查，掌握风险管控情况。

双重预防机制中的隐患排查目的不仅仅是发现隐患，同时还要确认自身风险管控清单上的风险管控情况，以此判断生产经营单位的动态风险水平。

（5）持续改进，确保风险管控措施有效性。

原隐患闭环管理只侧重隐患从发现到治理验收的过程闭环，缺乏明确的对问题分析的流程，造成很多企业隐患数量、类型等长期保持稳定，难以从根本上提升生产经营单位的安全管理水平。双重预防机制包含了定期的持续改进分析要求，使生产经营单位能够回顾风险管控的效果，不断改进管控措施等，从而减少未来隐患的数量，不断提升生产经营单位安全治理效能。

双重预防机制通过对风险的辨识和分级、分类，使所有的风险都有人负责，明确部门和个人责任，实现了对传统隐患闭环管理模式的超越。

二、双重预防机制的部分基本概念

双重预防机制是针对我国生产经营单位长期安全管理特点的安全管理创新，既有对原有安全管理一些基本概念的继承，也有根据可操作性等原则对其进行的一些创新和调整。

1. 风险概念及其讨论

不同的文献对风险的定义有所区别，如《职业安全与健康标准》（OHSAS 18001）中称之为：发生危险事件或有害暴露的可能性，与随之引发的人身伤害或健康损害的严重性的组合。而《风险管理术语》（GB/T 23694—2013）对风险的定义是：不确定性对目标的影响。类似的，《国际标准化组织职业健康安全管理体系》（ISO 45001:2018）和《职业健康安全管理体系 要求及使用指南》（GB/T 45001—2020）中将风险定义为不确定性的影响，并在该条款的注释中进一步解释：影响是指对预期的偏离——正面的或负面的，不确定性是指对事件及其后果或可能性缺乏甚至部分缺乏相关信息、理解或知识的状态。显然，以 GB/T 45001—2020 为代表的观点更多视风险为中性的，而 OHSAS 18001 中则更加偏向本书对安全生产中风险的理解。本书中，我们将风险（risk）定义为：生产安全事故或健康损害事件发生的可能性和后果严重性的组合。一些专家学者也常以可能性和严重性乘积的形式直观体现风险的含义：

$$风险＝可能性\times严重性$$

风险存在于各个方面，对生产经营单位而言有生产安全风险、经营风险、市场风险、人力资源风险、资金风险等，各种风险的特点迥异，具体特点和内涵都有所不同。就安全生产而言，风险有以下几方面的特点：

（1）风险具有抽象性。

如前文所述，风险是人在大脑中对事故发生后果可接受程度的评估，是一个抽象的概念，它本身并没有实体，是一种尚未发生的状态。风险的抽象性给很多生产经营单位的从业人员进行管控时带来了巨大的困扰，在实际风险管控时更多落实到对风险管控措施的管控上。

（2）风险具有依存性。

风险的产生依赖于某个具有能量或有害物质的实体，当能量没有按照预期释放、有害物质非计划性逸出时都会对人的生命、健康或财产造成损害。这些具有能量或有害物质的实体是可能导致伤害和健康损害的来源，也称之为危险因素。危险因素是风险事故发生的根本，是造成损失的内在的或间接的原因。

（3）风险不可见，但风险有大小。

虽然风险没有物理实体，但风险可以衡量其大小，且可变化，如某些管控措施失效后，对应风险就会增大等。一般而言，如果脱离严格的统计数据，衡量风险大小的数值更类似定序数据，而不完全是定比数据。风险管控在某种意义上可以通过对风险大小的持续评估来进行，一旦风险数值高于预期，则应采取相关措施，使其能够降低到预期水平以下。

（4）风险具有不确定性。

风险所包含的可能性和严重性两方面都是人对其做出的评估，因此不同的人对其认识不同、同一人在不同信息影响下对其认识不同都是正常的情况。风险评估的准确性是一个相对的概念，不能陷于对绝对准确、科学评估的盲目追求中。虽然在某些情况下可以通过统计得到事故或事件后果发生的数据，从而在一定尺度上得到风险的大小，但这些统计数据的可靠性依赖于同样事故或后果的反复发生，因此在实际上往往是无法做到的，甚至统计数据因具体情况不同，其本身就存在不确定性。

风险描述是风险辨识评估中遇到的一个基础性问题。由于对风险理解的模糊，导致一些生产经营单位在双重预防机制建设过程中随意描述风险，给双

重预防机制建设人员带来了很多的困扰。GB/T 45001—2020 在风险定义的注释中增加了两种风险的描述方式,即:

① 注 3:通常,风险以潜在"事件"(见 GB/T 23694—2013,3.5.1.3)和"后果"(见 GB/T 23694—2013,3.6.1.3),或两者的组合来描述其特性。

② 注 4:通常,风险以某事件(包括情况的变化)的后果及其发生的"可能性"(见 GB/T 23694—2013,3.6.1.1)的组合来表述。

GB/T 23694—2013 中对风险定义是:对风险所做的结构化的表述,通常包括四个要素:风险源、事件、原因和后果。

对于生产安全管理而言,我们关注的是人员伤亡和财产损失,无论是哪一种,都是不可接受的,"后果"的描述对于风险管控意义并不明显,"原因"则往往在评估和管控措施制定时考虑。风险本身就具有发生事故/事件的概率,在描述中不需要过于强调其"可能性"。

为了做好风险的管控,我们更加关心产生"事件"的根源以及"事件"本身,通过这两方面信息基本可以确定对该风险的管控措施和方法。因此,我们建议以"危险因素"和"事件"两者组合的方式来描述风险,如瓦斯爆炸的风险、机械转动伤人的风险。

为了进一步了解风险的概念,还需要引入两个概念:

① 固有风险(inherent risk):不考虑现有管控措施的情况下,危险因素存在的风险。

② 剩余风险(residual risk):采取风险管控措施后的风险。

从上述两个定义可知,固有风险主要体现了危险因素本身的危险性,剩余风险则主要衡量风险管控措施的效果。双重预防机制中的风险分级管控是通过风险辨识、评估,按照风险的类型、等级确定风险管控责任,从而解决"想不到""管不住"的问题。为了确认风险管控责任,生产经营单位应开展固有风险辨识,评估固有风险的等级,明确各个风险的管控责任和管控措施。从这个意义上可知,煤矿等行业开展的年度风险辨识本质是对固有风险的辨识,并不反映生产经营单位某个时间的实际风险水平,只是为了明确生产经营单位下一年度的风险管控重点。年度辨识评估出的重大风险,即下一年度最重要的风险,应交由第一责任人负责管控。

2. 管控措施

因为风险可能会给生产经营活动带来威胁,所以必须要通过技术、管理、培训、个人防护、应急处置等方面的措施将风险有效控制在低水平。对管控措施的明确定义较少，OHSAS 18001中提到了纠正措施（corrective action），是指出现了隐患（不符合）后为消除不符合或事件的原因并预防再次发生所采取的措施，与我们常说的风险管控措施有较大的区别。但OHSAS 18001中提到了管控措施的目的：

（1）应对这些风险和机遇；

（2）应对适用的法律法规要求和其他要求；

（3）准备应对紧急情况和对紧急情况做出响应。

在具体如何制定、落实管控措施上，OHSAS 18001提出了两项工作：第一，在其职业健康安全管理体系过程中或其他业务过程中融入并实施这些措施；第二，评价这些措施的有效性。

根据上述分析，出于双重预防机制理论逻辑完备及有效落地的考虑，我们认为管控措施是指：为将风险降低至可接受程度，采取的相应消除、隔离、控制的方法和手段。管控措施制定、落实的目的是管控风险的大小。如果采取某些管控措施后，风险得到有效管控，即剩余风险降低到了可接受的、低风险水平，则认为这些管控措施是足够的。

管控措施可以从事件（事故）发生的可能性或后果严重性两方面考虑，以降低风险的等级。显然所制定的管控措施全部采取后，生产经营单位应满足适用的各项法律法规、规章制度等的要求，同时应对管控措施落实后的风险等级进行评估，即评估剩余风险的大小。如果剩余风险不能降低到低风险等级，并达到可接受水平，生产经营单位应制定、采取进一步的管控措施，直到风险能够得到有效管控。

在实际的风险管控措施制定工作中，往往难以对每一个风险都做剩余风险评估，因此可以默认生产经营单位的风险管控措施，如果满足各项法律法规、规章制度等的要求，则该风险即受到有效管控。在《安全生产法》中要求生产经营单位推进的安全生产标准化，为生产经营单位的现场管控提供了一个可操作的规范、标准。生产经营单位达到了安全生产标准化中对各安全质量等的技术、管理、培训、个人防护、应急管理等方面的要求后，我们可认为生产经营单位的相关风险基本得到了有效的管控，从而为解决长期依赖困扰生产经营单位和安全监管监察部门的过程达标、持续达标问题提供了有力的手段。因此，很多行业的安全生产标准化在修订过程中都不约而同地将双重预防机制的要求纳入安全生产标准化中。当然，生产经营单位在制定管控措施时，不能仅考虑安全生产标准化的要求,还应全面考虑国家、省级、地区政府部门,以及上级主体企业对其安全生产方面的要求,将这些要求一并纳入自身风险管控措施中,进而落实到每一个部门、员工的安全生产责任制中。安全生产标准化借用了双重预防机制的思想和方法,实现了安全生产标准化的过程达标、持续达标,但不能说安全生产标准化包含双重预防机制。作为一个涵盖安全生产各方面的安全管理体系,双重预防机制是较安全生产标准化更大的一个概念。

　　生产经营单位必须要明确风险与管控措施之间的关系。与风险和管控措施概念相关的一个重要问题是如何计量"一条风险",即风险在实际安全管理工作中应如何定义的问题。当前由于各方对于何为"一条风险"的理解不统一,因此在实践中往往带来混乱,最典型的就是某些生产经营单位向政府安全监管监察部门提交的风险辨识报告中,对自身风险数据量的描述。一些生产经营单位规模、生产工艺方法、生产环境、技术装备水平等各方面相差不大,但对风险数量的计算上差距巨大,导致各生产经营单位之间的横向比较、考核往往无法进行。

　　本书认为风险是生产经营单位开展安全管理的基本抓手,其包括风险描述和风险等级两个核心属性,为了保证风险得到有效控制,生产经营单位制定、执行了一系列风险管控措施。某条管控措施执行不到位,与生产经营单位对该风险管控的预期不符,会导致相应风险的数值较预期的水平更高,但该管控措施到位或不到位并不能构成"一条风险"。当前很多生产经营单位在定义什么是"一条风险"时,混淆了风险与其管控措施的关系,导致风险计量方面的扩大化。未来,政府安全监管单位应牵头明确"一条风险"的含义,推动全国生产经营单位风险辨识、上报公示等工作的规范性和科学性。

　　3. 隐患概念及其讨论

　　隐患是我国安全管理一直沿用的核心概念之一。隐患(hidden danger)一般指:风险管控措施失效导致可能发生职业健康损害或事故的人的不安全行为、物的不安全状态、环境的不安全因素和管理上的缺陷。

　　在当前主流的几个安全方面的管理体系中并没有对隐患的定义,一般以不符合(nonconformity)来描述该问题,如GB/T 45001—2020中将不符合定义为:未满足要求,即不符合与本标准的要求和组织自己确定的职业健康安全管理体系附加的要求有关。这里的要求包括明示的、通常隐含的或必须满足的需求或期望。为了更好建立、运行双重预防机制,我们可以将这里的需求或期望理解为生产经营单位应按照国家、省级政府及主管和监管监察部门与上级主体企业等对安全相关工作的各项要求。当完成风险辨识、评估后，就根据前述"需求或期望"制定对风险的各种管控措施，以实现对风险管控的预期目标。一旦在生产经营过程中发现某些预期落实的管控措施没有落实，出现不符合，即形成隐患。隐患实质是安全风险部分或完全失去控制以后，其状态达到了企业"不可承受"的水平（不安全状态）。

正因为隐患的出现意味着某些风险管控措施失效，对应风险的数值超出预期水平，因此必须要采取措施，确保隐患得到有效治理，即失效的风险管控措施重新恢复、起效，使对应风险的数值再次降低到预期的水平。

4. 风险与隐患概念的辨析

风险和隐患是双重预防机制的两个核心概念，彼此之间既有区别，也有密切的联系。风险的管控措施失效，出现隐患，意味着对应风险的数值上升，因此可以通过隐患排查治理情况估算风险的变化情况。风险和隐患两概念的区别与联系见表 2-1 所列。

表 2-1　风险与隐患概念辨析

序号	辨析项目	风险	隐患
1	管理目的	减少隐患	避免事故
2	表现形式	抽象	具体
3	确定性	不确定,可能性	客观事实
4	衡量标准	重大到低风险,4 级	重大、一般,2 级
5	管控方法	提前辨识评估,分级管控	排查发现隐患,及时有效治理
6	管理程度	可控制	必须消除
7	最高等级认定	除了直接认定,还可包括其他重大风险	仅限于重大隐患认定中规定的情形

双重预防机制下的风险辨识评估的目的是明确安全风险管控的重点，并不代表所辨识的重大风险具有现实的高风险性，属于初始风险。因各生产经营单位具有各自的特性，其重大风险也各有不同，但安全监管部门可从其监管角度提出生产经营单位必须重点管控的危险因素及其伴随的风险，即重大风险直接认定，要求生产经营单位必须重视这些风险的管控，从而避免一些生产经营单位对风险认识不清、管控不到位的问题。

重大安全风险不等同于重大隐患，只是在技术、管理、资金、人员等条件有限的情况，重大风险管控难度大，易失控而产生隐患。因此，存在重大安全风险的生产经营单位发生重特大事故的可能性比较大,需要生产经营单位重点关注。同样,低风险不代表一定安全,低风险管控不好,也可能产生隐患,导致事故发生。

三、动态风险及其评估

风险各项管控措施的落实情况是在不断变化的,因此衡量风险的数值也在不断发生变化。根据风险管控措施落实情况衡量的风险水平是采取部分措施后仍存在的风险,是剩余风险,也是动态变化的风险。对于生产经营单位的安全管理而言,动态风险才是真正反映生产经营单位各场所、系统当前安全水平的科学指标,与年度辨识编制的静态风险四色图有着本质的区别。

某个危险因素各项管控措施是否落实到位,是对相应风险动态评估的数据基础。要获取这些信息就需要做到隐患的“应发尽发、应治尽治”,即及时发现出现的隐患,发现隐患后能够及时予以治理,这样才能根据隐患排查治理的数据和进程,判断对应风险的变化情况。如果生产经营单位不对某些场所、区域、设备设施等进行检查或不能获取其动态数据,则无法判断是否出现隐患,也无法判断风险的变化情况。因此,生产经营单位应综合考虑风险分级管控数据和隐患排查治理数据对企业各区域、系统、作业等进行动态风险评估,并不断调整力量进行及时治理销号,确保所有隐患都得到有效治理。

进一步,生产经营单位可以通过传感器、工业视频等系统不断监控危险因素各安全有关属性的变化,如机器的转速、振动、温度、电流、电压等,通过对与风险管控相关的人、机、环、管数据的全面集成,采用大数据技术、人工智能算法等,科学评估企业不同层级、系统、区域的风险动态变化情况,从而为生产经营单位的安全管理、政府和安全监管监察部门的远程监管提供有力的数据支持。未来双重预防机制建设、运行较好的生产经营单位,应向实现动态风险评估方向发展。

第二节 双重预防机制的理论框架

为了能够更加深刻掌握双重预防机制的理论,深入推进双重预防机制在生产经营单位的落地,充分发挥双重预防机制在管控风险、遏制事故方面的效果,未来相关研究可以从以下一些方面深入展开。

一、双重预防机制管理体系研究

双重预防机制要在生产经营单位承担起安全生产主体责任落地方法的作用,就必须要能够在生产经营单位内部持续运行,并根据实际情况变化而不断改进、完善,形成一个完整的管理体系。

管理体系的基本框架建立在安全战略目标达成之上,双重预防机制核心构成部分包括:双重预防机制运行基础、安全风险分级管控、隐患排查治理、持续改进、机制运行保障五个部分。各部分之间的关系如图2-2所示。

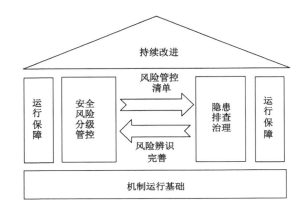

图 2-2 双重预防机制管理体系构成要素关系图

1. 机制运行基础

该部分明确了双重预防机制建设和运行应遵循的基本原则,应具备的组织、人员、制度、责任体系,尤其是企业主要责任人的职责、机制建设和管理部门的职责。

2. 安全风险分级管控

该部分明确了如何开展安全风险分级管控工作,包括:风险的辨识方法、风险评估、管控措施制定、风险管控责任划分、风险分级管控、不安全行为管理等内容。

3. 隐患排查治理

该部分明确了如何开展隐患排查治理工作,包括:隐患排查、隐患治理与督办、隐患验收等。

4. 持续改进

该部分明确了使机制能够符合企业实际，不断提升安全绩效需要开展的工作，包括：隐患排查治理分析与改进、风险辨识与管控改进、机制运行分析与改进等。

5. 机制运行保障

该部分明确了使双重预防机制运行更加有效需要开展的工作，包括：信息化建设与运行、教育培训、考核与评价、信息与文件管理等。

安全风险分级管控提出各部门、岗位的安全风险管控清单，然后落实管控方案、各种管控方法；一旦出现管控不到位的情况，则通过隐患排查治理消除出现的隐患，使风险重新恢复到受控状态；定期对隐患排查治理情况进行分析（即意味着风险失控情况），完善风险辨识结果，提升未来风险管控的效果，减少隐患的发生，从而不断提升企业的安全管理水平。上述五个组成部分只是双重预防机制各组成要素的框架，生产经营单位可以将自身个性化的安全管理方法纳入其中，形成个性化的双重预防机制，确保双重预防机制能够与生产经营单位的安全管理实践相吻合。

管理体系是理论与实践结合的重要桥梁。未来双重预防管理体系各个组成要素的内容、要素标准、各要素之间的关系等，都是理论研究的重要方向。

二、双重预防机制风险评估管理科学研究

双重预防机制的建设和运行建立在对风险的科学评估基础之上，需要对大量与安全有关的数据进行计算、分析，这部分是管理科学的重要研究领域之一。

1. 单一安全风险的评估与预测

风险的大小取决于事件发生的可能性和后果严重性的准确度量，静态风险和动态风险的度量又有明显的区别。比较典型的研究思路包括三种：第一种是通过大量、长期、细致的数据统计去计算事件发生的可能性，如采用贝叶斯统计、系统动力学等方法。由于是基于对统计数据的分析加工，这种方法一般用于静态风险的评估，其难度在于数据收集的范围、时间长度、统计口径、数据粒度等难以保证。第二种以专家评估为基础，采用科学管理的方法将专家的定性信息变为定量数据。这个研究思路可以进一步分为两个方向，其一是采用通用的专家定性分析方法，如层次分析法（AHP）、专家评价法、模糊综合评判法、因子分析法等，通过数学分析的方法找到各专家评价信息的共性或最大化提取其

中的信息量,得到对企业安全风险的最终评估数值。这种方式一般用于静态风险或某些时点的实际风险评估,也可以用于复合安全风险的综合评估和多层次安全风险的综合评估。这种方法的难度在于找到合适的专家,有效处理专家之间的意见分歧,而且时间往往较长、成本比较高。其二是依靠专家对所有可能出现的情况进行评分,形成规范性的评分数据库,然后跟进实际中出现的情况对应进行加分或扣分,以最终值作为对应风险的当前实际值。这种方法可以得到风险的动态变化情况,其变化频率取决于各种情况数据的采集频率和粒度。该方法的难度在于穷举可能出现的问题,并科学评估各种情况的分值,尤其是后者难度非常高。第三种研究思路是对事件发生原理进行深入研究,构建理论模型,从而跟进各变量的面板数据判断各种情形下实际风险的大小,如对有害气体爆炸风险的分析等,可采用如事故树、系统动力学等一些数据分析方法进行风险大小评估。

按照单一安全风险评估的方法来看,其数据预测的方法可以采用专家分析法和以时间序列等为代表的数据分析、预测方法。

2. 复合安全风险的综合评估与预测

在生产经营单位的安全生产实践中,往往遇到的是多种风险的复合,而不仅仅是单一的风险。复合安全风险是指某个风险点同时面临的两种及以上风险叠加情况下的安全风险。由于复合安全风险需要面对多种不同的风险,而且各种风险之间往往还存在复杂的相互作用,导致采用单一安全风险的评估方法难以达到理想的效果。

当前对复合风险评价常用的方法可分为两种:第一种,指标体系研究。指标体系研究是将复合安全风险视为若干个风险或评估因素的某种组合,通过权重设置等方法对复合安全风险进行整体评估。这种方法难以确保指标选取的科学性,以及权重设置的合理性,往往采用的还是专家决策的方法。此外,这种方法对于各风险之间的耦合关系等也难以有效区分,容易出现实际风险已经很大,但由于占权重不大的原因导致风险数值不高的情况。有些学者会采用惩罚因子等方法对某个单一重要风险的数值异常变化进行处理。第二种,通过各种大数据或人工智能类算法进行研究。这类研究往往需要对数据进行初步清洗、处理,从中抽取若干特征,然后采取相关算法对数据进行计算得到综合风险评估。该方法的优势非常明显,能够充分利用大量数据的信息,得到的结论可信度更高。但该方法的缺陷也较明显,对于企业而言不易解释风险大小的含义;

从中分解各单一风险的难度较大;数据多样化,对数据的处理复杂度较高等,而且方法种类多样,各类方法的有效性等不易证明。此外,机器学习类人工智能算法一个不容易解决的问题是缺乏初始学习样本,导致难以开始进行计算。实现对复合风险的综合评估后,如果是一维数据,可以采用与单一风险预测方法类似的方法进行外推预测。

　　3. 多层次安全风险的综合评估与预测

　　多层次安全风险的综合评估主要是对生产经营单位不同层次风险进行分级评估,从而满足不同层级的管理需求,如车间经理关注车间各个风险点风险的大小及其变化;生产主管则关心各车间风险的情况及其变化;对于企业总经理,则想准确掌握各分厂的整体风险情况及其变化。这样就形成一个层级性的风险评估需求,类似需求在安全监管监察部门也同样存在。

　　该问题常见的处理方法有两种:第一种,以该层次最高的风险等级为该层次范围内的风险等级。该方法简单易行,非常直观,其不足在于当某些风险点或层级某个非低风险级别数量较多时,容易低估该层级实际风险。第二种,以赋权的形式对不同风险点的风险进行加总,得到该层级的最终风险评估值。该方法建立在各风险点复合风险综合评估基础之上,对于风险点、危险因素经常变化的生产经营单位而言较为复杂,需要不断调整权重。此外,权重设置、不同层级风险数据的选取分析等也是需要解决的问题。

　　4. 不同层级、不同方面的双重预防数据异常分析

　　除了对风险的动态评估外,利用双重预防数据所包含的生产经营单位安全生产主体责任履职情况信息,对履职情况可能不到位的生产经营单位进行筛选、预测预警是各级安全监管监察部门亟待解决的重要问题之一。

　　一般而言,一个生产经营单位正常开展安全生产时,其双重预防相关运行数据应该保持相对稳定,或者与类似生产经营单位的相关数据特征具有相似性。通过对相关数据的分析,发现生产经营单位双重预防运行数据中与自身过往、其他周边或同类生产经营单位数据特性的差异性,从而判断某些生产经营单位存在"非正常"情况,为安全监管监察部门的精准监管、执法等提供参考信息。这方面的研究方法不一,但一般都是对各企业与其他企业、自身过往的相关指标平均情况的距离、变化等进行分析。未来双重预防数据异常分析研究将是提升政府、企业安全监管监察部门安全治理效能的重要途径。

三、双重预防机制信息化与智能化研究

在当前信息化技术快速发展,并给国家治理、社会生活、企业生产等带来巨大变革的背景下,安全管理信息化建设也在各行业迅速展开。双重预防机制提出后,很多企业为了使其有效落地,先后开展了双重预防机制信息化研究和系统研发。

当前对于双重预防机制信息化方面的研究主要集中在两方面,但都不太深入:

第一方面,双重预防机制信息系统的研发,包括系统功能、层次架构、逻辑模型和数据库设计等。这部分研究主要集中在企业层面,尤其是相关软件研发企业。除了基础的风险分级管控、隐患排查治理模块外,很多研究对于系统功能模块存在较大的分歧。即使对于同样名称的风险分级管控、隐患排查治理模块,各个企业和研究人员对内部逻辑、系统人机边界、数据库设计的都理解各异。很多企业在进行系统设计时缺乏对整体的顶层设计,内部数据流程不合理,是导致很多企业双重预防机制风险和隐患"两张皮"的重要原因。双重预防机制信息系统方面的研究是本部分研究的重点,但极为零散,而且深度、系统性都有明显的不足。

第二方面,双重预防机制智能化研究。这部分研究在部分行业已逐步开展,最典型的如电力、煤炭等行业。电力行业由于隐患排查等工作难度大、隐患复杂多变等原因,较早采用智能化的技术开展安全管理。开展双重预防机制建设时,自然而然将智能化技术纳入双重预防机制之中。而煤炭行业则是在 2020 年国家发展改革委、能源局等八部委联合下发《关于加快煤矿智能化发展的指导意见》(发改能源〔2020〕283 号)后,掀起了智能化煤矿建设的热潮,从智能化安全的角度提出智能化双重预防的概念。当前各方都认为智能化安全是智能化煤矿建设的应有之义,是煤矿将安全生产有关设备、技术与安全管理工作有机融合而成的一种主动安全管理模式。显然,智能化安全应该有一种安全管理思想、体系贯穿其中,而双重预防就是最合适的安全管理体系。当前,与智能化双重预防有关的要求已被纳入智能化矿井验收清单中,因此从理论本身、法律要求、煤矿基础各角度来看,智能化双重预防管控平台的建设都是煤矿智能化安全的必然选择。但各方在具体智能化双重预防应包括哪些部分、应实现哪些功能、风险智能评估的情景模型、算法设计等方面存在巨大分歧,而且工作均处于起步阶段。未来,智能化双重预防的功能模块、风险智能评估算法、风险辨识

结果智能分析算法和智能硬件的研究会是智能化双重预防研究的重点领域。

四、双重预防机制行为科学研究

新修改的《安全生产法》提出关注员工的身体、心理状态，加强心理疏导和精神慰藉，防止因行为不当导致事故发生。法律规范为行为科学的研究提供了法律依据。

不安全行为是造成大多数事故的直接或间接原因，长期以来安全行为科学是安全科学研究的重要领域之一。原有的一些研究对于双重预防机制的建设、运行都有重要的价值。

双重预防机制行为科学方面的研究可以归类为三个方面：

第一，传统员工不安全行为方面的研究，包括员工不安全行为发生的原因、传导和扩散机制、控制方法等，这部分内容涉及工业心理学、组织行为学等多个学科的知识，未来也继续是安全科学研究的重要领域。未来双重预防机制研究中应积极借鉴不安全行为研究的成果，将其体现在双重预防机制的机制设计、系统设计等方面，通过双重预防机制减少员工不安全行为。

第二，员工对新管理体系接受过程及其影响因素的研究。双重预防机制与很多生产经营单位原有安全管理方法有较大不同，对于一些安全管理思想相对落后、员工文化水平较低、规模较小的企业而言尤其明显。因此出于各种原因，从业人员对于新的安全管理思想和方法不认同，持怀疑态度，甚至在建设和运行过程中有抵触情绪。这些负面认知和情绪的存在，会极大影响生产经营单位双重预防机制的建设效果和运行效果。当前这部分的研究几乎是一片空白，生产经营单位采取的措施也往往为加大检查、加大处罚力度等，没有一个系统性的解决方法。新《安全生产法》一个重要的修改就是体现了对员工的人文关怀，在其第四十四条第二款中规定："生产经营单位应当关注从业人员的身体、心理状况和行为习惯，加强对从业人员的心理疏导、精神慰藉，严格落实岗位安全生产责任，防范从业人员行为异常导致事故发生。"因此，未来这方面的研究应予以加强，进一步完善双重预防机制对不安全行为管控的能力。

第三，风险分级管控如何有效落实到企业一线员工的问题。随着双重预防机制建设的不断深入，风险分级管控的层级由管理和技术人员逐渐延伸到班组长和岗位工。一些行业甚至早就提出了全员风险辨识与管控的要求。考虑到基层员工的工作性质、职业能力等因素，采用与管理、技术人员相同的风险辨识评估、方法难以取得理想效果。近年来，山西、河北等一些省份和国家能源等一些大型企业积极开展岗位作业流程标准化建设等方法的探索,试图解决这方面的问题,但距离最终问题解决仍有一定的距离。该问题直接关系到双重预防机制在基层的落地生根,因此也应引起企业和高校研究人员的重视。

五、双重预防机制建设与实施方法论研究

双重预防机制从一个理论到在生产经营单位中操作实践、再到落实到每一个从业人员的日常安全管理工作中还有很长的路要走。通过培训使员工了解双重预防机制理论和如何一步步在生产经营单位中建立双重预防机制并在日常安全生产工作中落实双重预防机制。当前很多研究人员和培训人员更加关注生产经营单位如何满足各级政府、上级单位、安全监管监察部门等对双重预防机制的具体要求,而对双重预防机制如何从零建设起来,如何在生产经营单位长期、有效运行关注不足。

本部分的研究主要包括三个方面的内容:

第一,生产经营单位如何建设起科学、有效的双重预防机制。

双重预防机制虽然是一个通用的安全思想和管理模式,但不同行业由于生产经营面临的问题不同,侧重点和一些个性化的管理方法有所不同;不同管理水平的生产经营单位对安全管理体系的理解程度、接受程度不同,具体建设时所需要关注的问题也有所不同;不同规模、不同风险等级的生产经营单位在双重预防机制和建设方法上也需要根据实际情况进行调整。此外,生产经营单位面临的外部和内部挑战、组织权力结构与文化、领导层对双重预防机制的认识和理解、组织内部相关人才的数量、外部监管部门的压力等,都会对生产经营单位的双重预防机制建设产生影响。当前对于双重预防机制实施方法论的关注有所不足,需从生产经营单位的建设实践中不断总结经验形成理论框架,包括影响因素、相关关系、定量联系等。案例研究、问卷调研、数理统计等是该部分研究的常见方法。理论研究人员也可以结合行为科学理论,从多个角度研究双重预防机制实施中应注意的问题等。

第二,生产经营单位个性化安全管理方式方法如何与双重预防机制有机融合。

自双重预防机制提出不久,很多生产经营单位安全负责人和研究人员就注意到双重预防机制作为一个安全管理方面的理论与方法,必然与生产经营单位现有的安全管理实践既存在区别,又存在重合。很多研究人员和生产经营单位安全负责人认为应将双重预防机制与企业现有安全管理体系有机融合,组成一个完整的安全管理体系。由于安全管理的系统化较强,行业特色又比较鲜明,化工、电力、

煤矿等行业的对双重预防机制与个性化管理方法融合的呼声比较高。目前研究人员对双重预防机制与生产经营单位个性化管理方法融合基本取上得了共识,部分研究人员还认为,不同管理体系如 HSE 管理体系、NOSA 五星管理体系、GB/T 45001—2020 等与双重预防机制有融合的可能,但当前这方面的具体研究还有所欠缺,尤其是双重预防机制与生产经营单位个性化安全管理方法,如安全诚信管理、安全内部市场化、安全培训体系、安全文化等融合方面,基本上处于空白。这方面研究的落后,导致一些生产经营单位进行双重预防机制建设更多是为了满足上级机构、监管部门检查的要求,其目的就不是将双重预防机制应用于生产安全管理之中,最终导致双重预防机制建设与安全生产实际工作"两张皮"。未来,双重预防机制建设和研究人员需提出一个具有较强适用性的融合理论框架,这是双重预防机制建设、实施方法论的一个重要研究领域。

第三,管理信息系统采纳等在双重预防机制信息化方面的研究。

严格而言,这部分研究内容是管理信息系统与管理体系建设研究的交叉领域。虽然当前很多生产经营单位研发或采购了双重预防机制信息系统,但落地效果往往并不理想,有些单位采用一段时间后逐渐停止运行,甚至沦为形式主义的工作负担。当前双重预防机制信息系统的落地方法论方面的研究非常少,它既具有管理信息系统采纳研究的共性,又有安全管理本身的特点,未来可从三个视角开展研究:从双重预防机制建设、运行两条线流程角度考虑双重预防信息化落地的障碍;从双重预防机制建设、运行各参与方(包括企业内部和外部)的角度研究各方的需求和决策互动;从软件工程和管理信息系统学科的角度研究信息系统维护模式。由于管理信息系统与其他软件在数据来源上的区别,以及各危险因素的显著动态性,生产经营单位需要根据生产经营的实际情况,不断调整双重预防管理信息系统中的数据。数据维护是双重预防机制落地不可避免的重要问题,然而当前很多生产经营单位并没有意识到这个问题。信息系统维护,包括数据维护的不到位,将使双重预防信息系统与生产经营单位的实际情况逐渐背离,从而造成系统越来越难以有效运行,最终导致信息系统弃用,双重预防机制也沦为纸面上的管理体系。

除了上述有待研究的问题外,还有一些通用性更强的问题也需要解决,如管理信息系统的云平台开发、多系统数据集成的数据管理、信息系统的安全性保障等,整体而言,作为一个非常年轻的管理体系,双重预防机制无论在理论上还是实践上都有诸多的问题等待生产经营单位的实践总结和研究部门的理论探索。

第三节　双重预防机制的核心逻辑

双重预防机制作为未来我国生产经营单位的主要安全管理体系,起到减少隐患、遏制事故的作用,且能够与生产经营单位的安全管理实际有效吻合,并不断提升。厘清双重预防机制各要素之间的内在逻辑非常关键,对于各生产经营单位根据自身的管理方法等设计科学、合理的个性化双重预防机制具有重要的意义。

一、双重预防机制建设与运行流程的逻辑关系

双重预防机制建设和运行是两个既紧密联系又有所区别的环节。建设环节需要从零或在一定基础上将双重预防机制有效建立起来,包括组织机构建立、人员安排、职责体系和制度体系建立、辨识出的风险数据库建立、双重预防管理信息系统运行(意味着管理信息系统完成了数据初始化工作,如组织结构、人员及联系方式、工作区域分布、风险点风险清单、不同部门和岗位的风险管控清单等数据已集齐)等,有些企业还要求建立隐患数据库和不安全行为数据库。双重预防机制建设完成后,日常运行环节则是从各种类型的风险管控开始,到隐患排查、治理、管控分析,进而完善风险辨识结果和各级、各类风险管控清单等。显然两个环节的工作任务不同,面临的问题也不同,往往通过不同的团队完成。如果某个部门、人员同时参与了双重预防机制的建设和运行,则其在建设和运行中的职能往往也有所不同。双重预防机制建设和运行两个环节之间的关系如图 2-3 所示。

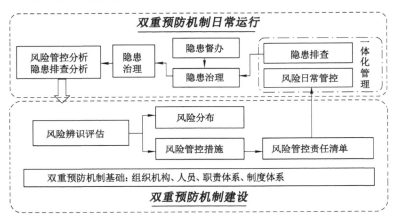

图 2-3　双重预防机制建设与运行环节的关系

双重预防机制建设和运行环节既有所区别又紧密联系。两者之间的联系主要体现在两个方面:双重预防机制建设得到的风险数据库以及由此而来的风险管控责任清单,是日常运行中各部门、岗位开展工作的依据;日常运行过程中逐渐积累了大量关于风险管控不到位、隐患排查数据,由此分析出风险管控措施、风险等级需要采取的变化,并依据其改进各部门、岗位的风险管控责任清单,确保下一周期日常运行能够更好管控风险,不断提高安全管理水平。

二、双重预防机制建设基本流程逻辑

双重预防机制建设在不同生产经营单位的阶段有所不同:如果生产经营单位之前没有安全管理体系,也未建设过双重预防机制,属于新建流程;如生产经营单位之前有安全管理体系,又需要建设双重预防机制,属于融合流程;如生产经营单位之前已经建有双重预防机制,但未达到预期效果或面临新要求,属于优化流程。

新建流程核心是要了解双重预防机制的理论,结合企业当前的安全管理现状,设计一个符合企业需要的双重预防逻辑,然后在企业内部一步步将其落实。新建双重预防机制的流程如图 2-4 所示。

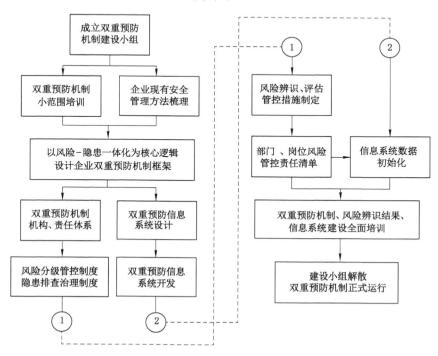

图 2-4 新建双重预防机制流程

新建流程是一个比较完整的流程,涵盖从双重预防机制建设小组成立到建设小组解散的全过程。建设小组的组成将在后续部分予以详细说明。建设小组解散后,其部分人员会负责双重预防机制的运行、考核和持续改进等工作,进入负责企业双重预防机制的部门之中。在第一次进行安全管理信息系统建设时,企业应组建跨职能团队,完成双重预防信息系统设计,配合技术人员完成系统研发。任何一个管理信息系统中,数据都是最关键、最核心的要素,因此必须要对数据的初始化和后续维护予以充分的重视。

融合流程对于一些有效运行一套安全管理体系的企业更为适用。很多行业在双重预防机制提出之前,已经有企业在其内部建立起了如 HSE、NOSA 等管理体系。一方面,这些企业由于各方面原因仍然需要对原有管理体系继续贯彻、达标;另一方面,从企业安全管理连续性考虑,无法完全抛弃原有安全管理体系,因此将双重预防机制与企业原有管理体系进行融合就成为必然的选择。融合流程的核心在于对两个或多个安全管理体系要素、流程进行深入对比,发现其共性和不同,构建一个兼顾各方要求的安全管理体系。融合建立流程如图 2-5 所示。

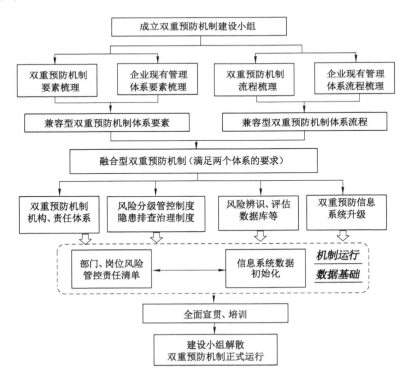

图 2-5 双重预防机制融合建设流程

融合型双重预防机制同时符合两种甚至更多安全管理体系的要求,但这并不意味着融合型双重预防机制非常冗杂、难以操作。生产经营单位应充分理解两个安全管理体系的核心,使两个体系真正融合成一个整体,完成一项工作同时满足两个管理体系对相关工作的要求,而绝对不能做成两个"独立的体系"。

以 NOSA 五星管理体系为例,虽有 5 部分 72 个元素,但它还是以风险管控为核心,通过覆盖各元素的风险辨识、评估,确定风险等级,制定风险管控标准和措施。当然,为了保证这些标准和措施的有效落地施行,需要管理体系的各项支撑要素予以保障。NOSA 五星管理体系和双重预防机制核心要素和流程的对应关系如图 2-6 所示。

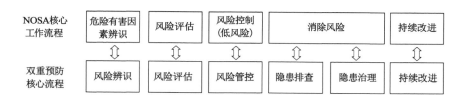

图 2-6 NOSA 与双重预防机制融合建设

显然,NOSA 五星管理体系与双重预防机制的核心流程可以完全对应,其 5 部分 72 个元素则为相关管控措施提供了标准。因此,生产经营单位完全可以将 NOSA 五星管理体系与双重预防机制有机融合起来,形成一套完整的双重预防机制,同时满足两个管理体系的要求。

优化流程主要是面对生产经营单位已有双重预防机制的提升,其核心在于总结前期双重预防机制建设和运行存在的问题,结合双重预防最新研究成果和新的要求,提出本单位的双重预防机制改进方案。一些细节内容可参考新建流程,这里列出优化流程的主要逻辑,如图 2-7 所示。

图 2-7 中体系运行之前的内容为双重预防机制优化建设流程,其后为运行和持续改进环节,包括定期的隐患排查、风险补充改进,也包括长期的持续改进,即年度的双重预防机制运行效果评价与机制改进。

一般而言,无论是哪一种双重预防机制建设流程,生产经营单位针对问题提出的改进方案是其双重预防机制新建、融合、优化的核心,应重点关注六方面的问题。

第一,组织机构建立,包括领导作用发挥情况、机制建设和机制运行阶段的组织设置等。

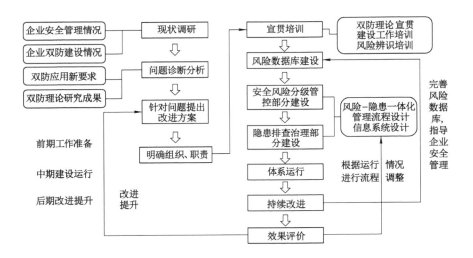

图 2-7　双重预防机制优化建设与运行流程

第二,思想与方法培训,通过对双重预防意义、理论、方法的培训,解决各层级的思想问题和建设方法问题。

第三,风险流程完善。当前很多生产经营单位双重预防运行问题最集中的地方就是风险管控环节。对于辨识、管控流程要予以细化,重新规划。

第四,流程重组,确保风险和隐患是一个连续的统一整体,同时将生产经营单位现有的管理体系、管理方法,在确认继续保留的前提下,融入双重预防机制之中,形成一个完整体系。

第五,信息系统优化、使用。根据新的流程和管理制度重新梳理、优化双重预防信息系统,使其成为企业安全管理的核心平台,同时建立系统运行制度,明确各岗位职责,尤其是系统数据维护人员职责。

第六,双重预防考核制度,建立体系运行考核和信息系统使用考核,推动企业由原有安全管理模式向双重预防机制转化。

三、双重预防机制运行基本流程逻辑

双重预防机制运行是指生产经营单位在建成双重预防机制后,在日常安全管理工作中贯彻、落实双重预防机制的各项要求。这里我们所说的日常基本运行仅包括非作业风险的管控和对应隐患的排查治理工作。经过近年来的实践探索和理论研究,各方在双重预防机制是一个风险-隐患一体化的完整机制的认识上,基本取得了共识。以运行逻辑而言,双重预防机制的流程应是风险-隐患一体化的流程:通过风险辨识掌握存在的风险;通过风险评估区分管控重点;通

过管控措施明确管控程度和标准;通过分级管控夯实责任,减少风险失控情况,即减少隐患发生。通过日常风险管控和隐患排查,发现什么风险失控,通过隐患治理、督办、验收,确保隐患得到有效治理,风险重新恢复受控状态,从而避免事故发生。如果仅仅是这样,双重预防机制只能在某个固定水平不断重复,难以实现持续改进和提升,长期而言仍难以从根本上遏制重特大事故发生。因此,双重预防机制中还应通过风险失控情况和隐患排查情况,分析风险失控原因,调整、优化风险辨识、管控信息,使新一轮的风险管控、隐患排查治理工作在更高的、新的水平上运行。不考虑各行业、企业的个性化安全管理方法和特点,典型的双重预防机制运行逻辑如图 2-8 所示。

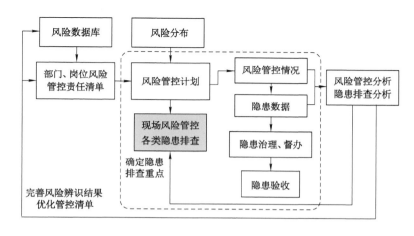

图 2-8　双重预防机制运作基本流程

不同行业、企业对于双重预防机制的核心流程有不同的理解和要求,且双重预防机制本身也在不断发展之中,此处所描述的双重预防机制基本运作流程要求对于一些生产经营单位而言可能存在一定的难度。

生产经营单位建设双重预防机制的目的之一就是要解决"想不到、管不到"的问题,因此生产经营单位应根据分析分布情况和部门、岗位风险管控责任清单,制定风险管控计划,确保风险管控力量与风险分布情况保持一致,即风险大、风险多的风险点,风险管控的频率应更高一些。在日常双重预防机制运行工作中,风险管控和隐患排查工作应有机结合起来,一方面排查所在风险点中的隐患,另一方面确认该风险点中风险管控人员所负责管控风险的管控效果。如果发现隐患,则进入隐患治理、督办和验收流程;如果没有发现隐患,说明风险管控到位,记录风险管控情况。上述部分即为日常的开环环节核心流程。随着时间推移,生产经营单位积累了足够的风险管控和隐患排查数据,应定期对这些数据进行分析,完善风险辨识的结果,优化各类风险管控清单,使下一周期的双重预防机制在新的基础之上运行。这类数据分析可以根据生产现场风险变化情况按月、季或半年的周期进行。数据分析改进流程虽然不是双重预防机制日常运行中频繁进行的内容,但对于确保双重预防机制与生产经营单位安全生产实际情况保持一致,不断提升生产经营单位安全管理水平,具有极为重要的意义。

四、双重预防机制不安全行为管控基本流程逻辑

虽然不安全行为与设备设施、环境、管理等方面的隐患有较大差别,但按照定义依然是一种隐患,对其管控是双重预防机制的重要组成部分。《企业职工伤亡事故分类》(GB 6441—1986)将不安全行为定义为能造成事故的人为错误,并将其细分为 13 类,即:操作错误、忽视安全、忽视警告;造成安全装置失效;使用不安全设备;手代替工具操作;物体(指成品、半成品、材料、工具等)存放不当;冒险进入危险场所;攀坐不安全位置(如平台护栏等);在起吊臂下作业、停留;机器运转时加油、修理、检查、调整、焊接、清扫等工作;有分散注意力行为;没有正确使用个人防护用品和用具;不安全装束,以及对易燃、易爆等危险品处理错误。

另一种常见的不安全行为定义是:人表现出来的非正常行为,可分为有意识不安全行为和无意识不安全行为。有意识不安全行为是指有目的、有意识、明知故犯的不安全行为,其特点是不按客观规律办事,不尊重科学,不重视安全。无意识不安全行为是指一种非故意的行为,行为人没有意识到其行为是不安全行为。当前不安全行为方面的理论研究多集中在不安全行为的产生原因、不安全行为传递等方面,对于不安全行为管控方面的探索则主要集中在生产经营单位的实践层面。在生产经营单位中往往以"三违"(违章指挥、违章操作、违反劳动纪律)代表不安全行为。

根据事故因果链模型,事故发生的原因是人的不安全行为或物的不安全状态,而这又是由人的缺点和不良环境诱发的。现实安全生产中,很多事故的发生都与不安全行为有密切的关系,因此,加强对不安全行为的管控对于双重预防机制建设有重要的意义。

不安全行为管控包括两个方面的任务:第一,如何使从业人员了解什么是不安全行为,或从正面制定标准作业流程;第二,如何使从业人员有动力拒绝不安全行为,能够按照标准作业流程操作。前者主要通过各类培训完成,后者则通过多样化的激励机制等实现。

双重预防机制中不安全行为的管控基本逻辑可以总结为五个环节:从业人员培训、不安全行为现场管控、不安全行为发现、不安全行为矫正、再上岗跟踪,如图 2-9 所示。

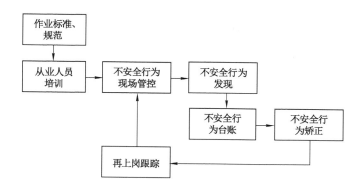

图 2-9　双重预防机制不安全行为管控流程

（1）从业人员培训。在培训之初要制定各项作业的标准和规范,培训的主要内容可以围绕作业的各项标准、规范,如何避免不安全行为及不安全行为管控制度三个方面展开。如何避免不安全行为的培训主要通过企业安全文化等方面的宣贯,使从业人员从内心真正不认可不安全作业行为,在生产经营单位内部营造发生不安全行为可耻的文化氛围。不安全行为管控制度的培训则使从业人员相信自己的任何不安全行为一定会被发现,不再心存侥幸,同时明确不安全行为发生后,即使没有造成事故也会受到其他方面的重大损失,从而改变从业人员的行为动机。

（2）不安全行为现场管控。在具体现场作业中,严格执行生产经营单位制定的各项现场管控措施,如班前会制度、手指口述制度、开工前确认制度、交接班安全交底制度等,通过制度的约束避免从业人员在工作中做出不安全行为。

（3）不安全行为发现。在具体作业过程中,生产经营单位执行各项不安全行为管控制度,如安全检查、隐患/不安全行为排查、不安全行为举报、机器视频识别等管理、技术措施,发现出现的不安全行为。

（4）不安全行为矫正。不安全行为的矫正,一方面,进行有针对性的培训,包括不安全行为内容、后果等内容的培训;另一方面采取一系列奖罚措施改变从业人员对不安全行为后果的预期。典型的奖罚措施包括:批评、做检查、宣誓承诺、罚款、扣积分、停工、更换工作岗位、辞退等一系列方法。不安全行为矫正的措施要考虑到不安全行为产生的原因,不能千篇一律。有意识的不安全行为要改变其对不安全行为的认识,强化不安全行为能够被发现的预期,相信生产经营单位制度的执行力;无意识的不安全行为更侧重培训方法,如常采用加强行为准则教育、职责认知教育、工作方法技能培训、科学安排劳动时间等方式。需要注意的是,不安全行为矫正方法既要体现针对性,还要注意员工的尊严等心理因素,也不能将罚款作为唯一措施,什么事情都一罚了之。

（5）再上岗跟踪。生产经营单位应对经过行为矫正合格后再上岗的员工进行跟踪,以确保相关员工能够不再发生不安全行为,如:不安全行为人员再上岗一周内,所在的科室、区（队）至少对其实施一次行为观察;行为管控主管部门对再上岗人员进行回访,回访应制作回访表格,表格内容要包括不安全行为人领导、同事（下属）不少于3人签署的再上岗人员的评价意见等制度性规定。

上述5个环节中,显然前两个是面向事前的,更加重要。不安全行为管控工作中,不仅要关注从业人员的具体作业行为,还要关心从业人员的心理健康。很多不安全行为与心理健康有密切的联系。新《安全生产法》第四十四条第二款规定:"生产经营单位应当关注从业人员的身体、心理状况和行为习惯,加强对从业人员的心理疏导、精神慰藉,严格落实岗位安全生产责任,防范从业人员行为异常导致事故发生。"关注从业人员心理健康不仅是不安全行为管控的需要,也是生产经营单位应尽的法律责任。

各个行业、生产经营单位的风险分级管控层级要求有所不同,但将风险管控工作落实到生产一线是必然的发展趋势。对基层一线员工进行风险管控面临的情况较管理、技术人员更加复杂,长期有效运行的难度也更大。有些生产经营单位一线员工文化水平较低、劳动强度大、工作环境差、员工流失率高,导致基层单位不安全行为管控难度巨大。结合双重预防机制,研究所与霍州煤电集团李雅庄煤矿共同提出了面向岗位作业流程标准化的"五述"管理模式,即:岗位职责描述、安全风险自述、流程标准阐述、作业环境评述和操作手指口述。

（1）岗位职责描述。

岗位职责描述是指岗位员工对个人所在岗位具体工作内容及安全生产责任制的认知,通过岗位职责描述可使员工全面认知个人岗位的作业内容及岗位安全责任,简言之,让员工知道自己在岗要干哪些事。

（2）安全风险自述。

安全风险自述是指在要求员工了解自己岗位基本工作内容的基础上,结合安全风险辨识工作,通过作业危害分析法对岗位作业流程中存在的风险进行辨识评估,并有针对性地制定相应管控措施。通过对员工培训,让岗位员工认知到自身岗位存在的作业风险及应对措施,实现员工可"自述"本岗位安全风险。简言之,让员工知道自己岗位有哪些危险存在。

（3）流程标准阐述。

在岗位作业风险辨识的基础上,为方便现场操作,降低作业风险水平,结合岗位作业风险管控措施对岗位作业流程进行规范化、标准化,要求岗位作业人员能认知本岗位标准作业流程,以便规范作业,实现岗位安全。简言之,让员工知道如何标准化、规范化作业以实现岗位安全。

（4）作业环境评述。

前面三个环节属于静态的、事前风险辨识,使员工心中有数。作业环境评述则是具体的现场应用,是指在岗位作业前,基于岗位作业标准对岗位作业的外部条件,包括人、机、环、管等因素进行全面排查,并对岗位中存在的隐患进行治理或上报,以确保作业环境的安全。简言之,根据标准对作业现场进行隐患排查。

（5）操作手指口述。

操作手指口述是在岗位作业过程中,根据岗位作业标准对作业过程中的关键环节进行手指口述安全确认,以保证作业流程的规范及完整,同时确认作业活动是否达到既定的作业标准,以保证作业安全。

"五述"管理主要是覆盖了从业人员培训和不安全行为现场管控两个环节的工作,要求岗位作业人员不仅要具备基本操作资质和操作技能,更应该清楚掌握本岗位的岗位职责、岗位危险、岗位标准、作业准备和过程注意等五个基本方面,较好地实现岗位级的安全风险管控。

五、双重预防机制复合 PDCA 模型

双重预防机制涵盖生产经营单位与安全风险管控、隐患排查治理有关的所有安全管理活动,在前文所述的风险-隐患一体化的日常管理流程基础上,从更长的时间周期来看,双重预防机制在逻辑上存在三个闭环,即风险辨识结果的闭环、隐患排查治理的闭环和体系优化的闭环,如图 2-10 所示。

1. 风险闭环逻辑

双重预防机制以风险管控为核心,而风险又是根据生产实际情况、员工的认识能力等而不断变化的,因此风险本身必须形成一个闭环。风险闭环的流程

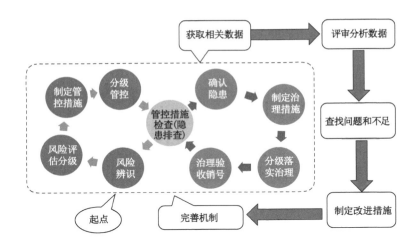

图 2-10 双重预防机制运作基本流程

是：风险辨识、风险评估分级、管控措施制定、分级管控、管控措施检查(隐患排查)，然后根据管控措施检查结果不断修改、完善风险辨识结果。根据对风险管控、隐患排查治理情况的分析，生产经营单位还应在新的周期循环中进一步对风险、管控措施、责任单位等进行修改完善，确保在双重预防机制实践中使用的安全风险数据与企业安全生产实际保持一致。

2．隐患闭环逻辑

隐患不及时治理可能会导致事故发生，为了确保所有隐患能够得到及时、有效的治理，隐患管理一直以来就非常强调闭环管理。隐患被发现后，要明确责任单位、责任人、治理时限、措施等事项，治理完成后，通过验收环节实现闭环。对于一些隐患还需要增加督办环节，确保隐患治理过程符合预期，确保隐患得到真正的闭环。为提升隐患排查质量、发现风险管控薄弱环节，生产经营单位应定期对隐患治理情况进行分析改进，找到下一阶段隐患排查工作的重点，提高隐患排查的针对性。

3．体系优化闭环逻辑

任何一个管理体系都是由一系列要素构成，彼此之间具有各种相互关系，共同完成生产经营单位预期的管理目标、绩效。各要素既要内部之间有效配合、互动，也要与外部要求相适应。生产经营单位面临的内部和外部环境都处于动态变化之中，因此要定期评估安全绩效，评估各要素对外的合规性、对内的一致性，根据新的各种法律法规、标准规范、部门规章的要求，以及对各要素存在问题等的分析结果,对构成管理体系的各要素进行调整优化。一般生产经营单位可每年对本单位双重预防机制运行情况进行分析,结合年度新要求,对双重预防机制中各要素,如组织、人员、职责、制度体系、流程、信息系统、考核等进行调整、落实。通过体系优化闭环,能够保证双重预防机制在生产经营单位的适用性,提高管理体系本身的运行效率和效果。

科学的双重预防机制必须包含上述三个闭环结构(可简称为风险闭环、隐患闭环和机制闭环),要保证能够通过对隐患排查治理情况的分析,补充完善风险辨识结果;通过隐患排查、治理、督办、验收,确保隐患闭环;通过对机制的运行分析,优化各组成要素及其关系,使整个双重预防机制持续改进。这三个闭环是三个不同层次上的持续改进,与某些管理体系仅面向体系持续改进的单一闭环模式有较为明显的区别。生产经营单位常见的企业安全生产责任制、安全内部市场化、安全生产标准化、双基管理、岗位作业流程标准化等管理方法都能够找到与三个闭环有机结合之处,成为具有各自特色的双重预防机制,确保双重预防机制对不同生产经营单位的适应性。

这三个闭环是双重预防机制建设和运行的有机结合,通过运行情况和数据的分析,不断优化、提升建设水平,使下一周期运行能够在一个更高的层面上进行,从而实现生产经营单位管理水平的持续改进。这三种闭环在长期来看,共同构成了一种复合模式的螺旋上升结构。不考虑隐患闭环管理,从长期、自主运行角度,双重预防机制包括两重的闭环逻辑,形成一个大的 PDCA 外循环套若干小的 PDCA 内循环的复合 PDCA 模式。内循环的核心即是前文所述双重预防机制的风险闭环循环,从风险辨识、评估得到风险管控清单即明确各方职责开始,展开风险-隐患一体化的管理工作,通过风险-隐患数据对各项工作的开展情况、责任的履行情况进行分析,最后根据分析的结果,完善风险数据,为下一轮内循环奠定基础。内循环的次数根据实际情况调整,一般可以每季度为一个周期进行持续改进,每轮的完善风险数据环节为下一周期的风险管控清单制定提供依据。内循环持续提升的主要目标是提高安全风险数据的质量,即优化安全风险辨识结果、管控措施、责任划分等内容,通过一轮轮的持续提升确保所有风险得到有效辨识,所有辨识出的风险可以被措施有效管控,所有管控措施能够得到有效落实,从而从根本上对风险进行控制。

外循环的核心是对双重预防机制运行绩效的体系优化闭环,一个外循环中包含若干个内循环。生产经营单位可每年度对体系的运行情况进行总结分析,调整体系各要素,确保体系设定的安全绩效等各项目标的有效达成,从而实现体系的持续改进。以年度体系优化闭环周期、季度风险优化闭环为例,生产经营单位建设完成双重预防机制,确定风险管控清单后,在随后的三个季度周期中,反复进行体系优化闭环的"Do"和"Check"环节,第四个周期虽依然需要开展前期的季度日常工作,但同时将体系优化闭环层面的"Act"作为其重要任务之一。风险变化较小或管理较为稳定的生产经营单位在无特殊要求的情况下,也可将内循环的周期延长到半年。煤矿安全双重预防机制复合 PDCA 模式如图 2-11 所示。

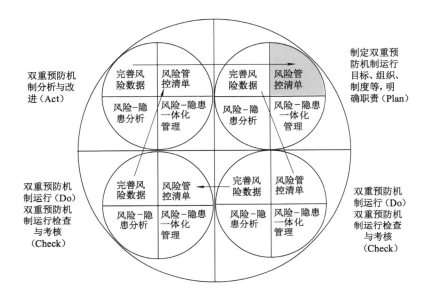

图 2-11   双重预防机制复合 PDCA 模式

由于双重预防机制的特点,内循环中还可分为风险和隐患两个闭环逻辑,且在风险-隐患定期分析环节实现了统一。每个内循环的核心目的是实现风险优化闭环,外循环的目标则是改进双重预防机制本身。

双重预防机制以风险管控为核心,通过两层的复合 PDCA 模式既保证了双重预防机制在日常安全管理工作中的应用,又确保生产经营单位整体安全绩效的不断提升,解决了传统方法不能有效解决事故系统性防范的问题,以及国外安全管理理论水土不服的难题,而且满足国家、行业、各省级政府安全监管监察部门对生产经营单位建设、运行双重预防机制的各项要求,必将成为我国安全管理的未来发展方向。

第四节　双重预防机制与全员安全生产责任制

安全生产无论是工作还是后果,都事关生产经营单位每一位从业人员,必须夯实全员的安全生产责任制。这既是国家近年来对生产经营单位的要求,也是新《安全生产法》修改过程中所强调的问题之一。双重预防机制通过对风险的辨识、评估以及管控措施的制定,将风险管控责任从第一责任人层层分解到每一个岗位,构成全员安全生产责任制的主体内容。

为了有效解决当前安全风险辨识中存在的辨识思路不一、规范不一等问题,研究者在生产经营单位的实践中逐渐完善了以危险因素为桥梁的安全生产责任落实。所有的风险都依赖于危险因素,且具有一定的通用性,因此本书建议生产经营单位先梳理本单位的危险因素,汇总整理后再开展风险辨识评估工作。图 2-12 为生产经营单位风险点划分和危险因素汇总工作流程示意图。

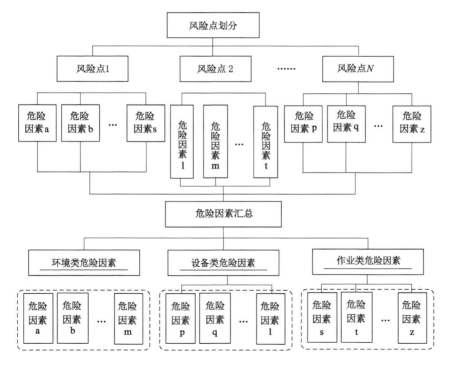

图 2-12　风险点划分和危险因素汇总工作流程示意图

梳理各风险点的危险因素后,生产经营单位应该根据危险因素根据类型不同,将其分为环境类、设备设施类、作业类三大类,交由双重预防机制建设小组或单位对应科室,开展进一步的双重预防机制建设工作。

明确危险因素辨识方法后,可以将各风险点开展辨识的结果交付生产经营单位,根据风险等级和管控措施,制定各部门、岗位的安全风险管控责任清单。安全风险管控责任清单及其落实,为部门、岗位的安全生产责任制定奠定了基础。风险管控责任划分流程如图 2-13 所示。

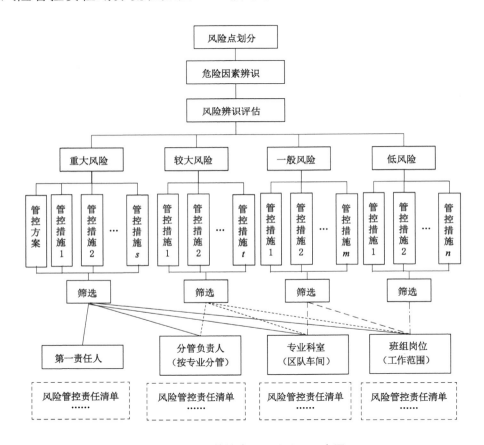

图 2-13　风险管控责任划分流程示意图

通过上述工作,能够实现对生产经营单位各生产区域、作业活动风险的全面覆盖,使每一个风险都得到有效辨识、每一个风险都有相应责任人员管控,使风险管理真正成为安全管理的核心,将其落实到每一个部门、岗位的日常安全管理工作之中。

部门和各岗位对风险管控责任清单中的风险进行的日常管控活动,以及双重预防机制其他环节的要求,如组织机构设立、人员资金保障、制度文件编制、风险辨识评估、重大风险管控、重大风险管控措施落实、各种类型隐患排查治理、培训、总结分析会议等,在很大程度上涵盖了生产经营单位的安全生产主体责任,从而一方面为生产经营单位履行安全主体责任提供了框架,另一方面也为安全监管监察部门面向安全主体责任的监管方式变革提供了依据。

除了日常安全管理责任外,生产经营单位的安全生产主体责任主要包括:物质保障责任(如生产条件、安全设施、劳保用品等)、资金投入责任、机构设置和人员配备责任、规章制度制定责任、教育培训责任、事故报告和应急救援责任,以及法律、法规、规章规定的其他安全生产责任。这些要求都可以被纳入双重预防机制框架之中,通过双重预防机制将其落地实施。

我们通过《煤矿安全生产标准化管理体系基本要求及评分方法(试行)》中"安全风险分级管控"和"事故隐患排查治理"两要素对主要负责人、分管负责人和主要职能部门的要求,可以更加直观地了解双重预防机制对安全生产主体责任的意义。《煤矿安全生产标准化管理体系基本要求及评分方法(试行)》对企业主要负责人提出了21项职责:

(1)提炼形成安全生产理念、宣传贯彻安全生产理念、带头践行安全生产理念。

(2)组织制定符合煤矿安全生产实际的安全生产总体目标、专项目标。

(3)每年向本单位全体职工进行公开承诺,签署承诺书并进行公示,严格兑现安全承诺;将承诺兑现情况纳入年度述职内容和工作报告。

(4)牵头成立分管负责人共同参加的安全办公会议机制,研究安全生产重大事项。

(5)承担安全生产第一责任人职责,完善安全生产管理机构、建立健全安全生产责任制。

(6)组织制定并实施安全生产教育和培训计划,组织制定并推动实施安全技能提升培训计划。

(7)全面负责安全风险分级管控和事故隐患排查治理工作。

(8)每年组织开展年度安全风险辨识评估。

(9)在煤矿停工停产超过1个月时,组织复工复产前专项辨识评估。

(10)负责组织发生事故及重大隐患后的专项辨识评估。

(11)组织实施《煤矿重大安全风险管控方案》。

(12)掌握并落实本矿重大安全风险及主要管控措施。

(13)每年组织对重大安全风险管控措施落实情况和管控效果进行总结分析。

（14）组织将重大安全风险清单及其管控措施报送属地安全监管部门和驻地煤监机构。

（15）每月组织1次事故隐患排查工作。

（16）组织制定重大事故隐患专项治理方案。

（17）每月组织召开事故隐患治理会议。

（18）应急救援预案由煤矿主要负责人签署公布，及时发放。

（19）组织应急救援预案及演练、灾害预防和处理计划的实施。

（20）每年年底组织对标准化管理体系的运行质量进行分析。

（21）自觉接受培训。每年参加1次安全风险辨识评估技术培训；每年参加1次事故隐患排查治理专项培训；接受职业病危害防治培训。

对于分管负责人提出了7项职责：

（1）负责分管范围内的安全风险分级管控工作。

（2）按照分工组织设计前、重大变化前的安全风险专项辨识评估，高危作业前及新技术、新工艺、新设备、新材料试验或推广应用前的专项安全风险辨识评估。

（3）掌握相关范围的重大安全风险及管控措施。

（4）负责分管范围内的事故隐患排查治理工作。

（5）每半月组织对覆盖分管范围的重大安全风险和事故隐患开展1次排查。

（6）负责分管范围内持续改进工作。

（7）自觉参加培训。每年参加1次事故隐患排查治理专项培训。每年参加1次安全风险辨识评估技术培训。

对非专职安全的各职能部门提出了10项职责：

（1）分工负责相关技术管理和业务保安工作。

（2）分工负责安全生产理念目标、安全承诺、行为管控、安全风险分级管控、事故隐患排查治理、绩效考核和持续改进管理职责。

（3）分解、制定完成目标的工作任务和措施，并落实。

（4）分工负责安全风险分级管控工作。

（5）按照职责参加年度和专项辨识评估。

（6）科室负责人掌握相关范围的重大安全风险及管控措施。

（7）分工负责事故隐患排查治理工作。

（8）按照职责参加每月和每半月事故隐患排查治理工作。

（9）安全、采掘、机电运输、通风、地测防治水、冲击地压等科室相关人员每半年至少进行 1 次事故隐患排查治理专项培训。

（10）按照职责开展持续改进工作。

　　显然，从上述要求可知，除了少数要求与双重预防机制不直接相关以外，绝大多数要求都来自于双重预防机制的普遍性要求。正如前文所述，生产经营单位在建立双重预防机制时，应将自身一些被证明有效、持之以恒采取的安全管理方法纳入双重预防机制框架，形成具有该企业特色的双重预防机制。上述主要负责人、分管负责人和职能部门的各项非双重预防机制核心要求完全可以纳入双重预防机制框架之中。如在风险辨识之前，丰富关于安全生产理念、负责人承诺、组织机构等方面的要求；在隐患排查治理后，增加对应急管理方面的考虑等。事实上，生产经营单位一旦发生事故或未遂事故，就说明相应风险严重失控，更加需要分析风险失控的原因，改进现有管控措施、方法、职责安排等，因此这些个性化的安全管理方法完全可以纳入单位的双重预防机制中。

　　新《安全生产法》中对政府及安全监管部门创新安全监管方法提出了明确意见，要督促生产经营单位主体责任落实，要"建立健全相关行业、领域、地区的生产安全事故应急救援信息系统，实现互联互通、信息共享，通过推行网上安全信息采集、安全监管和监测预警，提升监管的精准化、智能化水平"。因此，未来各级安全监管监察部门会进一步推进、规范生产经营单位的双重预防机制和信息化建设、运行，通过双重预防信息系统中的数据来评估生产经营单位主体责任的落实情况，以及当前的风险管控态势，从而实现远程、精准监管。另外，新《安全生产法》中也明确要求强化和落实生产单位主体责任，建立健全全员安全生产责任制，加强安全信息化建设，构建安全风险分级管控和隐患排查治理双重预防机制，健全风险防范化解机制。因此，无论是为了响应安全监管监察部门的要求，还是为了履行安全生产法律职责，未来各生产经营单位都必须要充分重视双重预防机制的建设、运行和持续改进。

第五节　双重预防机制的支撑体系

　　与其他管理体系类似，双重预防机制要能够在生产经营单位中落地、长期运行，就必须要有对应的支撑体系。一般而言，双重预防机制的支撑体系主要包括机制运行基础和机制运行保障两部分内容。

一、双重预防机制运行基础

管理体系的运行基础是双重预防机制能够在生产经营单位运行的前提,至少应该包括安全生产理念及双重预防体系的目标、组织机构、人员配备、责任体系、制度与流程等内容,如果更加细化,还可以将安全文化、安全承诺等内容纳入其中。

1. 安全生产理念

安全生产理念也叫安全价值观,是在安全方面衡量某项决策是对与错、好与坏的最基本的判断规范,它虽然并不针对某项工作,却指导着安全生产各项工作的方向。

生产经营单位的安全生产理念可以体现各单位自身的特点,但一般应满足《安全生产法》所提出的要求:"安全生产工作应当以人为本,坚持人民至上、生命至上,把保护人民生命安全摆在首位,树牢安全发展理念,坚持安全第一、预防为主、综合治理的方针,从源头上防范化解重大安全风险"。

新修改的《安全生产法》将安全发展理念纳入法律条文,成为强制实行的法律规范。应强化法制思维,从守法的角度来树立安全理念。

安全生产理念能够起到约束生产经营单位涉安决策、员工具体行为等作用,但其前提是安全生产理念必须能够进入每个从业人员的内心,成为全体成员共同认可、愿意遵守的规范。如果安全生产理念仅仅停留在宣传层面,而没有落实在从业人员日常安全管理工作中,尤其是领导层决策时不尊重、不遵守其要求,无论什么样的安全生产理念都无法起到其应有的作用。

安全生产理念确定后,要通过各种渠道、各种场合向所有员工进行宣贯,使管理人员和各级从业人员正确理解、认同并践行本单位安全生产理念。这是落实安全理念、促进安全生产工作好转的根本保证。再好的理念,得不到管理人员和各级从业人员的理解、认同,都会沦为形式主义。

2. 双重预防机制目标

双重预防机制目标是生产经营单位建设双重预防机制希望能够达到的效果、状态等。双重预防机制建设的目标有不同的维度:可以从实现时间角度制定短期目标和长期目标——短期目标是时间较短范围内能够实现的一些具体目标,如安全生产水平、事故情况、风险失控情况、隐患数量等,长期目标则往往较为模糊,重点关注整体安全生产水平的提升;也可以从内容角度制定机制建设目标和安全生产目标——机制建设目标是双重预防机制本身要建设到什么水平,取得什么样的标志性成果或效果,安全生产目标则主要是各行业长期以来统计的安全生产方面的指标等。在实际工作中,可以从任何一种角度出发,兼容另外一种角度的目标,形成本单位的双重预防机制目标。双重预防机制的目标应是一个分层次的目标体系,通过上下交互的方式从生产经营单位层面一层层分解到部门、岗位。

双重预防机制的目标并不是一个形式性的内容,对于推动双重预防机制的运行和持续改进非常重要。一方面,它为双重预防机制后续的工作指明了具体的方向,明确了双重预防机制要做什么、要做到什么程度,以及应遵循的原则等。另一方面,它对于定期的双重预防机制考核、评价及年度的机制优化等都提供了评价的基准。此外,制度与流程、信息系统等都是双重预防机制的重要组成部分,双重预防机制目标对于制度与流程设计、信息系统功能设计等,都具有重要的指导意义,尤其是当出现一些没有预想到的情况的时候,这些内容可以指导相关人员进行合理决策,同时完善制度、流程和系统等。

3. 双重预防机制组织机构

组织机构是任何一个管理体系运行的基本依托。如前文所述,双重预防机制的建设和运行任务不同,持续时间也有明显区别,因此可以根据机制建设和运行制定不同的组织机构。

双重预防机制建设组织机构是一个临时性的机构,其设立的目标就是要建立起科学的、可落地的双重预防机制,因此其人员可能来自于各个相关的部门,包括生产经营单位的技术部门、安全部门、生产部门和综合管理部门等。一旦双重预防机制建设完毕,建设组织机构解散,双重预防机制运行管理部门正式开始工作。运行管理部门可以独立设置,也可以在现有部门中明确双重预防机制运行管理职责,如明确规定由安全监管部负责双重预防机制运行工作。需要注意的是,无论是双重预防机制建设阶段的还是运行阶段的组织机构设置,都涉及多个部门的成员。在双重预防机制建设阶段,因建设机构有续存时间,因此可以采用项目部制设立复合型部门。在双重预防机制运行阶段,虽然生产经营单位设置有双重预防机制负责部门或明确了某个部门的双重预防机制运行职责,但其职责更多的是牵头其他相关部门共同确保双重预防机制的运行,包括对其他各部门双重预防机制职责的履行情况等进行监督和考核,以及自身在双重预防机制日常运行、完善等方面的任务。无论是明确双重预防机制职责的部门还是其他所有与双重预防机制运行有关的部门,都应在组织职责、岗位职责中明确双重预防相关职责,其内部的双重预防机制具体组织机构可以是虚拟存在的。

4. 双重预防机制人员配备

智能化建设在诸多行业中的快速发展,逐渐降低了安全管理工作对人的依赖性,但由于安全工作的特殊性,人依然是双重预防机制建设和运行中最重要的因素。双重预防机制在进行人员配备时,对双重预防机制负责部门和各业务、生产部门的要求有较明显的不同。双重预防机制负责部门的人员必须对安全管理、双重预防机制,以及管理信息系统等有较为深入的理解,只有这样才能有效履行相关的职责。而其他业务、生产部门的人员应能够掌握自身风险管控责任清单,熟练掌握风险管控、隐患排查治理方面的各项职能,能够有效使用双重预防机制信息系统。

人员配备方面要注意两个问题:第一,人员配备应和生产经营单位的规模、技术水平相匹配,如果没有足够、满足要求的人员,应适当引入智能化相关技术,通过信息化、智能化减人、换人。第二,管理信息系统是双重预防机制能够持续、有效运行的核心,但很多生产经营单位忽视了维护工作。管理信息系统的维护大致分为软件维护、硬件维护和数据维护三类,其中软件维护、数据维护都与业务紧密相关,传统企业信息中心往往不能够承担,因此人员选择和培养时要注意相关能力的要求。

5. 双重预防机制责任体系

为确保生产经营单位切实履行安全生产主体责任,生产经营单位都建有安全责任制,各部门、岗位履行自身安全生产职责。责任体系应按"党政同责、一岗双责、齐抓共管、失职追责"的总要求来建立。

责任制是明确双重预防机制需要成立什么部门、配备什么人员,各项工作涉及哪些职能部门、岗位、人员等,以及每个职能部门、岗位、人员在不同的具体工作中,应该对什么工作负有什么样的责任等。责任制可以说是双重预防机制建设的顶层设计,可以有效确定机制建设的范围。生产经营单位在进行责任制建设时,务必要明确每一个部门及每一个专业分管负责人、专业科室负责人、区队管理人员、技术人员、安监人员的责任,绝不能将双重预防机制设定成安全部门一个部门的责任。

每一个部门、岗位都要为安全生产目标服务,因此在对安全生产目标进行层层分解的同时,生产经营单位也应对责任体系进行层层分解,夯实每一个部门、人员的安全生产责任,实现安全工作事事有人管,人人管安全,安全工作全覆盖、无死角的工作格局。通过双重预防机制责任体系的建立,解决职责空缺、职责不清、职能交叉等问题。

6. 双重预防机制制度与流程

管理制度的制定是为了确保业务流程的高效运行,包括各类流程的运行规定、运行效果的考核和奖罚约定等。管理制度与各个生产经营单位的管理实际、历史情况等有着极其密切的关系,应务必确保双重预防机制符合本单位的实际情况。

双重预防机制运行的管理制度和流程是整个管理体系的核心和主体。双重预防机制建设的管理制度大致可分为三类:双重预防机制制度建设文件、双重预防机制运行流程和制度文件、双重预防机制保障制度文件。

(1)双重预防机制制度建设文件。

双重预防机制制度建设文件主要是规定了生产经营单位双重预防机制建设的目标、责任人、机构、责任体系,以及对应部分的建立、修改等内容,还包括初始风险辨识、评估方法、安全风险责任清单管理制度等内容。

(2)双重预防机制运行流程和制度文件。

双重预防机制运行流程和制度文件规范了双重预防机制的日常和各种特殊情况下的作业方法,是整个管理制度建设的核心。这部分管理制度数量最多,一般包括:风险日常管控、重大风险管控、隐患排查制度、隐患治理验收制度、重大隐患管理制度、事故管理制度、不安全行为管理制度、隐患分析制度、风险数据持续优化制度、机制持续改进制度等。

(3)双重预防机制保障制度文件。

双重预防机制保障制度文件是保证双重预防机制有效运作的管理制度,主要是双重预防机制考核和评估、信息系统使用与管理、信息管理和培训制度等。

上述管理制度相互支撑,共同构成了双重预防机制的建设、运行和持续改进制度体系,保证了双重预防机制落地的规范性,使得各项工作能够责任明确、工作有依、考核有据,对于双重预防机制是什么样子、能否真正落地,都起着极其关键的作用。

双重预防机制上述六方面的运行基础要素是一个层层递进的体系,共同支撑双重预防机制的运行和持续改进:安全生产理念为管理体系的运行提供了思想指引,解决了领导的重视问题;机制目标明确了整体和各部门、岗位的目标;

双重预防机制组织机构则为相关工作履行、目标的实现提供了抓手；人员配备为各项工作配备足够、符合要求的人员；责任体系明确各部门岗位应该做到哪些事情，做到什么程度；制度和流程则为双重预防机制运行、可持续提升、实现机制目标提供了工作方法，明确了各项工作的边界，确保组织整体科学规范。这六方面都是双重预防机制运行的基础，双重预防机制的各项运行流程只有在这些要素之上才可能逐渐在生产经营单位扎根。

从双重预防机制的研究和实践中可以发现，双重预防机制各流程环节紧密相连，相互之间有各种逻辑关系，因此仅凭事后集中"造"内业材料是非常困难的，漏洞很容易被发现。这六个要素做好了，生产经营单位的双重预防机制就基本上具备了正常落地运行的条件。当双重预防机制在生产经营单位内开始正常运行，各项内业材料就是双重预防机制正常运行的记录和痕迹，完全不需要为应对检查而突击造假。所以，通过对生产经营单位双重预防机制各种内业材料数据的分析，能够比较准确地了解生产经营单位当前安全风险管控现状以及安全生产主体责任履职情况。

二、双重预防机制运行保障

管理体系的长期、高效运行与运行保障体系有直接的关系，一般而言，生产经营单位在双重预防机制建设时，其运行保障部分至少应包括：信息化建设与运行、培训、考核与评价、信息与文件管理等内容。

1. 双重预防信息化建设、运行与维护

由于双重预防机制空间上涉及生产经营单位的每一个部门、风险点和工序等，时间上贯穿风险-隐患的一体化管理，每个事项都是一个完整的流程，尤其是一些整改比较困难的重大隐患和一般隐患中的较大的隐患，其时间管理复杂度更高。当大量人员、大量事项相互交叉时，要对整个工作做好全面、准确管理就必须有一个强大的、符合双重预防机制内涵要求的管理信息系统支撑。

管理信息系统中的数据反映的是企业安全管理的过去和现在，同时也能够从中分析出未来的管理重点，是未来面向数据的安全管理的重要基石，因此也逐渐得到了一些思想意识较为先进的生产经营单位的重视。在很多情况下，管理信息系统的质量和运行好坏，直接决定了双重预防机制的运行效果；管理信息系统中数据的质量和分析能力，直接决定了双重预防机制的管理水平和未来空间。

双重预防信息化建设、运行和维护是管理信息系统的三个阶段,是管理信息系统学科与双重预防理论的结合,因此需要相关人员既懂管理信息系统知识,又非常了解双重预防在本单位中的实际运行流程和要求等。不同阶段的要求和工作应纳入生产经营单位双重预防机制制度文件之中。

（1）双重预防信息化建设阶段。

双重预防信息化建设阶段的目标是建设一个符合本生产经营单位双重预防机制特点的信息系统,使其具备运行的条件。因此,生产经营单位应根据自身的信息化人才的力量,选择自主开发或外包开发、采购商业软件个性化修改。无论是哪一种方案,都需要生产经营单位有一个同时懂业务、了解技术、熟悉理论的人做技术人员与单位之间的桥梁,把控整个工作的方向。这个人员需要提出双重预防信息系统的具体需求,尤其是一些个性化需求,确保开发的系统与生产经营单位的安全管理实际一致,避免系统和管理"两张皮"问题。

系统建设阶段除了系统功能设计外,还要解决系统数据库格式以及数据关系、标准问题,然后按照相关要求,组织人员进行初始化数据准备。当双重预防信息系统完成测试等工作后,需要将准备好的数据导入系统之中,为系统的运行提供数据保障。

（2）双重预防信息化运行阶段。

双重预防信息化运行阶段起始自研发团队交付导入各种数据、完成初始化的信息系统。信息系统运行要保证所有用户会用、愿意用,否则就容易沦为形式主义。因此,双重预防信息化运行阶段要开展对所有用户的使用方法培训,进行账户初始化、各种数据关联。数据关联是与数据初始化既有联系又不一样的一项重要工作。一般而言,除非某些信息系统在设计之初考虑非常深入,在数据初始化的规范中已经考虑到了不同风险点、危险因素、部门和岗位的风险管控责任清单等数据表之间的主键关联,否则需要进行手工调整。相关工作职责应该在制度中有所体现,确保不会出现责任空当。

数据完备、所有用户会使用信息系统后,运行阶段的核心工作就是要保证信息系统能够长期、有效运行。信息系统的长期有效运行取决于两方面因素:第一,信息系统使用应有考核加以保障。双重预防信息系统的逻辑流程与生产经营单位原有流程往往存在一定的不同,如果没有对应的考核机制跟进,很难在从业人员中形成新的习惯,导致新的管理信息系统实际上处于没有人用的状态,甚至沦落到为了应付检查而专门录入假数据的尴尬境地。第二,信息系统要提供对使用情况跟踪分析的功能。与网络安全工具的功能类似,双重预防管理信息系统也宜对各用户的实际使用情况进行统计分析,及时发现存在的问题并予以干预,确保信息系统能够真正成为双重预防机制工作开展的抓手。这两方面因素都应在制度体系中予以体现。

(3)双重预防信息化维护阶段。

双重预防信息系统需要根据生产经营单位安全生产实际情况和需求的变化而不断变化,才能具有足够的生命力。一般而言,作为管理信息系统的一种,双重预防信息系统维护主要包括:硬件与网络维护、信息安全、软件正确性维护和适应性维护、数据维护等几种。

第一,硬件与网络维护主要是确保硬件和网络能够有效支撑信息系统的正常运行,满足系统对响应速度、并发性、网速、存储、显卡、数据采集等的要求。这部分的维护更多侧重于计算机和网络技术。

第二,信息安全主要是确保双重预防信息系统不受外部网络无意或恶意的伤害,避免数据损失、篡改、泄露等问题的发生。当前数据维护,尤其是信息安全已经成为一个日益重要的相对独立领域,虽然也属于信息技术领域,但与硬件和网络维护已经有了较为明显的不同。《信息安全技术 网络安全等级保护基本要求》(GB/T 22239—2019)是信息安全管理的主要标准。

第三,软件的正确性和适应性维护主要是对已经开发完成的管理信息系统中没有发现的错误进行修改,对一些功能进行升级或根据新的情况进行小范围的调整等。这部分的维护工作并不能仅仅依靠技术部门或业务部门完成,往往需要双方进行紧密配合。

第四,数据维护是对双重预防信息系统中相关数据,尤其是随着安全生产工作而不断变化的基础数据如新辨识发现的风险、新增加或减少的风险点、组织机构或人员的变化、安全风险管控清单调整的维护和持续更新等。这些数据是双重预防机制各流程能够高效运行的基础,必须与实际情况始终保持一致。这部分维护一般更加侧重业务层面,需要在双重预防机制的制度体系中所有体现。

由于以管理信息系统为代表的各类信息系统对于生产经营单位安全、生产、经营、管控等各方面的重要作用,IT运维已经成为一个相对独立的学科领域和专业技术岗位。有条件的企业,应将双重预防信息系统的运维纳入其整体 IT运维管理体系之中,实现所有资源和服务的统一管理。

2. 双重预防机制培训

培训对于不断提高员工的各方面素质具有根本性的意义,近年来我国安全管理对于培训的重视程度也在不断提高。双重预防机制的培训制度可从培训对象、培训内容两个角度进行规划,前者思路的出发点是避免某些人员培训不到位,出现缺训、漏训的情况,而后者的思路则是双重预防机制每个环节的培训工作都必须到位,避免出现未经培训即开始工作的情况。

考虑本章关注点是双重预防机制本身,因此这里从培训内容角度对培训工作予以简要说明。与双重预防机制的组成一样,双重预防培训也可大致分为风险分级管控相关培训和隐患排查治理相关培训两部分。

按照工作流程,风险分级管控培训主要解决两个问题:参与风险辨识的人员会进行辨识,即掌握风险辨识的方法、工具和流程;辨识出的风险要确保具有风险管控责任人员了解自身的责任并采取积极的行动。一个是确保"来得科学",一个是确保"管得有效"。

隐患排查治理方面培训则与风险分级管控培训有较明显不同。在隐患排查治理工作中,不同人员所从事的工作有明显不同,所能够负责的隐患排查治理任务在各个部门之间也不是均衡分配,面临的问题也各不相同,因此需要对管理、技术人员等重点开展隐患排查方法等方面的培训,而对基层班组和岗位则应侧重工作中的具体隐患排查方法、岗位上常见隐患的特点等,使其能够胜任在工作岗位上随时开展的隐患排查和治理工作。

由于每个岗位需要管控的风险不同,面临的隐患各异,因此培训工作中尤其要重视培训内容的针对性,应尽可能避免用同样的风险辨识结果对所有从业人员进行大水漫灌式的培训。在条件允许时,生产经营单位宜采用多种形式提升培训效果,如采用信息化手段,尤其是手机移动终端开展相关培训活动。

3. 双重预防机制考核与评价

考核和评价一方面判断管理体系是否达到预期的目标,另一方面对下一周期的运行进行纠偏和督促。此外,考核与评价是生产经营单位的一个有力导向,能够迅速将双重预防机制落实到实际安全生产工作中。

双重预防机制是一个既与原有安全管理制度有重合之处,又有诸多创新的重要工作,目标、流程、方法、责任体系等都有很多的不同。正是因为这些不同,员工必须改变原有的一些工作习惯,采用新的工作方法。显然这会给员工的工作习惯带来一定的挑战。因此,生产经营单位必须制定双重预防机制考核管理办法,通过考核,将双重预防机制在单位全力推行下去。考核制度应根据生产经营单位安全管理的常见或核心管理方法进行,重点梳理考核管理工作的流程、数据计算方式、结果信息公示、信息积累或调整方法等,同时也要明确考核对象、考核责任人、考核频率、考核结果的构成、考核结果的使用等等。考核制度的建立并不是为了处罚员工,而是通过考核制度及多种奖惩手段,将双重预防机制尽快、保质保量在生产经营单位得到有效的落实。

4. 双重预防信息与文件管理

信息与文件管理是管理体系的一个有机组成部分,包括对双重预防机制相关制度文件、资料等的管理,以及双重预防机制运行情况数据的管理。前者通过版本控制,指导生产经营单位各部门、岗位履行自身职责,后者则通过数据积累,为数据分析、挖掘等提供了数据来源。一般而言,在能够溯源、防止作伪的前提下,信息与文件管理部分应允许电子文档具有与纸质文档同等的效力。常见的运行情况数据有:各类风险辨识报告、风险数据库、隐患数据库、风险管控记录、隐患排查台账、不安全行为台账、培训档案、事故台账等。生产经营单位应根据对数据利用的不同要求,制定相关数据的保存期限等制度,并积极采用云平台、数据中台等技术,创新信息管理模式,提高信息管理水平,为后续深入的数据挖掘等工作提供硬件和数据支持。

信息与文件管理既保证了双重预防机制的运行,又体现出其具体运行情况和效果,因此对于生产经营单位和政府监管监察部门都具有重要的意义。2020年12月26日通过、2021年3月1日施行的《刑法(十一)》在第一百三十四条中增加处罚情形:"关闭、破坏直接关系生产安全的监控、报警、防护、救生设备、设施,或者篡改、隐瞒、销毁其相关数据、信息的","具有发生重大伤亡事故或者其他严重后果的现实危险的,处一年以下有期徒刑、拘役或者管制"。2021年6月10日公布、9月1日施行的《安全生产法》中,第三十六条增加要求:"生产经营单位不得关闭、破坏直接关系生产安全的监控、报警、防护、救生设备、设施,或者篡改、隐瞒、销毁其相关数据、信息",并在第九十九条罚则中将"关闭、破坏直接关系生产安全的监控、报警、防护、救生设备、设施,或者篡改、隐瞒、销毁其相关数据、信息"行为纳入处罚范围。《刑法(十一)》和《安全生产法》在保证数据信息真实性方面的相同规定,为生产经营单位的信息和文件管理提供了强大的法律保障。

除了上述几方面的内容外,资金、物资、安全文化等也是生产经营单位建设、运行双重预防机制的重要互补性资产,尤其是安全文化对人员不安全行为管控更具有重要的作用。双重预防机制不是一个封闭的体系,随着对双重预防管理信息系统中积累的数据分析,将不断发现各种问题,双重预防机制的理论研究也在不断完善。因此,生产经营单位应从做好安全工作、守好安全红线意识的角度,主动学习双重预防机制理论,积极在实践中探索,不断发现、解决问题,做到知行合一,推动生产经营单位内部安全治理体系和治理能力的持续完善、提升。

第三章

双重预防机制与企业安全管理的融合

　　任何一个生产经营单位都会有一个明确或不明确的安全管理体系。对安全管理重视程度高或管理水平较高的生产经营单位往往会有意识地建立一个完整的安全管理体系,如 HSE、GB/T 45001、NOSA 等,即使某个生产经营单位没有建立起一个完整的安全管理体系,也会有相应的各种安全管理制度、方法等,形成一个自己的"安全管理体系"。可以说,除了新建立的生产经营单位,没有任何一家单位在安全管理上是一张白纸。因此,在开展双重预防机制建设时,生产经营单位就面临一个如何处理双重预防机制与现有"安全管理体系"之间关系的问题。实践证明,生产经营单位要保证双重预防机制有效落地,就必须实现不同安全管理体系、方法与双重预防机制的有机融合,建立一套完整的、具有该单位特色的双重预防机制。

第一节　作为企业安全管理核心的双重预防机制

一、双重预防机制的内涵

　　作为一个面向安全生产的工作机制,双重预防机制要求企业建立双重预防职责体系,明确负责的组织机构和人员,全面梳理企业的危险因素,辨识评估其存在的安全风险,并按照管控层级、专业业务范围、岗位夯实管控责任。企业应在机制运行过程中,实现风险管控和隐患排查治理工作的有机结合,定期分析隐患产生的根源,补充完善风险辨识结果和管控措施。双重预防机制至少包含以下几方面的内涵:

（1）双重预防机制作为企业安全管理体系核心要素,能够支持其在企业的长期运行。

从管理体系的角度说,企业安全管理体系至少要涵盖安全理念（方针）、安全目标、组织与人员、制度与程序文件、风险分级管控、隐患排查治理、支持资源、考核与评价和持续改进等方面的内容,确保企业安全生产工作能够正常开展。无论企业执行何种管理体系,在企业生产经营过程中都需要运用双重预防机制具有的超期管理的思想和工作模式防控风险、消除隐患,才可以保障企业安全管理体系稳定、持续向好发展。

（2）双重预防机制建设应体现安全生产红线意识,贯彻"安全第一、预防为主、综合治理"的安全生产方针。

双重预防机制建设应符合国家要求的安全理念方针,树立全员风险意识,规范、指引从业人员的安全行为,关口前移、源头治理,强化风险管控,从根本上消除事故隐患。

（3）双重预防机制遵循安全管理"三个闭环",即:风险辨识结果的闭环、隐患排查治理的闭环和机制闭环。

科学的双重预防机制必须要保证安全风险管控措施落实有效,通过排查确认安全风险始终处于受控状态;通过隐患排查、治理、督办、验收,确保隐患排查治理闭环;通过对机制的运行分析,优化各组成要素及其关系,使整个双重预防机制持续改进。

（4）双重预防机制是一种涵盖企业生产运营过程中人、机、环、管的管理模式。

双重预防机制的核心是管控风险,需要不断对安全风险的变化情况进行评估,而风险的动态变化反映在人、机、环、管等方面的变化上,因而须采用物联网、移动互联网、云计算、大数据等信息技术对各危险因素透彻感知、全面互联、智能评估等,使信息技术与双重预防管理要素有机融合。

（5）双重预防机制应能够兼容企业个性化管理方法。

各企业在安全管理上往往会有一些个性化的方法,甚至建有不同的管理体系,如职业健康安全管理体系、健康安全环境管理体系等。为了确保双重预防机制能够在企业落地,企业应以双重预防机制为核心,构建兼容安全生产标准化、HSE 管理体系等方法、体系的企业安全管理体系。企业在运行双重预防机制的同时,也推动了安全生产标准化等管理方法的落地。

二、双重预防机制与企业安全管理体系的关系

按照《质量管理体系 基础和术语》(GB/T 19000—2008)的解释,体系指相互关联或相互作用的一组要素组合而成的整体。安全管理体系,顾名思义是基于安全管理的相互关联或相互作用的一组要素组合而成的整体。结合《职业健康安全管理体系 要求及使用指南》(GB/T 45001—2020)的解释,企业安全管理体系可理解为:企业用于建立安全生产方针和目标,以及实现这些目标的一组相互关联或相互作用的要素,包括组织的结构、角色和职责、策划、体系运行、绩效评价和改进等,侧重于要素要构成一个完整的、持续改进的体系。

当前企业常见的安全方面的管理体系有 OHSAS 18000、GB/T 45001—2020、NOSA 五星安全管理体系以及 HSE 管理体系等。

从企业安全管理体系遵循 PDCA 循环的角度看,企业安全管理体系运行需要经历策划(P)、实施(D)、检查(C)和改进(A)四个环节。而双重预防机制建设运行过程从策划方面来讲,需要成立负责双防工作的组织机构,制定相关管理考核制度,全面辨识企业安全风险,编制企业安全风险管控方案;从实施方面来讲,需要企业投入安全风险管控方案要求的人员、技术、资金保障,落实实施安全风险各项管控措施,进而防控风险;从检查方面来说,企业定期、日常开展隐患排查治理,确认风险各项管控措施是否落实到位,评审风险管控是否有效,堵住安全风险防控过程中出现的漏洞;从持续改进方面来说,双重预防机制需要从人、机、环、管各方面不断改进机制运行过程存在的问题和不足,提高机制工作效能。显然,双重预防机制具备了管理体系的所有特征,是一个重要的安全管理体系。在各个要素及关系上,双重预防机制有其个性化之处,也有与其他安全管理体系相似、同构之处。

从双重预防机制核心逻辑在企业安全管理体系中的作用来说,企业安全管理体系安全生产目标制定是否合理,组织机构和人员配备是否健全,制度是否存在不足和漏洞,体系运行是否正常,持续改进是否有效,这些都需要运用到风险识别、超前防控的方法手段,防止在体系建设运行过程中出现"认不清、想不到、管不了"的问题,未雨绸缪、超前应对企业面临的各种风险和挑战,但即使如此,也要依据国家有关安全生产的法律、法规、标准和规范等文件持续开展各类

检查,排查企业安全管理体系存在的隐患,对存在的问题和缺陷进行评审,调整体系各要素影响因素,提高体系运行质量,从而提升企业安全管理水平。因此,双重预防的核心逻辑其实代表了各安全管理体系的核心逻辑,而且由于其风险和隐患两概念之间既有重要区别又有相互联系,与我国生产经营单位的安全管理实际更加吻合,因而较其他安全方面的管理体系而言,更易于与我国的安全管理工作相结合。

三、双重预防机制作为企业安全管理核心的可行性

双重预防机制,其思想内涵是从整个管理体系角度建立起双重屏障,为企业实现安全生产目标保驾护航。具体来说,以实现安全生产目标为最终落脚点,企业结合自身实际建立起整套安全管理体系,体系内各要素的落实、执行是风险分级管控的基本要求和依据,而运行过程中各要素、各环节存在的不足和漏洞,则需要采用隐患排查治理及时堵漏。双重预防机制从风险辨识、管控落实,到隐患排查、评审和改进,贯穿了企业安全管理体系整个运行过程,且切合了安全管理体系 PDCA 动态循环的思路,只有这样才能不断稳固提升企业安全管理体系的运行水平。

从流程的角度看,双重预防机制可以包含企业与安全生产有关的各种管理方法、技术措施等,是面向整个安全工作的管理机制。如双重预防组织与制度中,就可以包含安全生产责任制、岗位责任制、安全文化等;双重预防保障措施则可以包含安全内部市场化、安全积分管理、安全培训体系等诸多个性化管理内容。作为企业安全管理体系的核心机制,为了提升企业各业务流程的效率,可以把双重预防机制与企业现有管理流程有机结合,如风险辨识环节可以与安全质量要求结合,将安全质量的相关要求作为风险辨识与措施制定的依据。通过开展风险评估工作,实施作业前安全确认等,企业与安全有关的管理方法都可以在流程上找到可以融合的节点。通过对风险、管控、隐患数据的全面分析,最终实现全员、全过程、全方位能够持续改进的企业安全管理体系。

无论是安全生产标准化管理体系、HSE 管理体系,还是企业个性化管理模式,其本质都是围绕风险防控的体系,在一定程度上与双重预防机制同构,或是双重预防机制的一部分,或是双重预防机制在某个方面的应用,因此,生产经营单位能够以双重预防机制为核心管理体系,整合其他管理体系的要求,以及生产经营单位个性化的安全管理方法,形成具有自身特色的双重预防机制。

第二节　双重预防机制与安全生产标准化

一、安全生产标准化提出和发展

（一）安全生产标准化的提出

20 世纪 60 年代，原煤炭工业部首次提出"煤矿质量标准化"概念和"严把毫米关"要求。经过探索实践，全国煤矿对质量标准化内涵的认识不断深化，形成了"质量标准化、安全创水平"理念。2003 年，国家煤矿安全监察局将质量标准化拓展为"安全质量标准化"，在全国所有生产煤矿及新建、技改煤矿（包括重组整合煤矿）中大力推行煤矿安全质量标准化建设。2004 年后，工矿、商贸、交通、建筑施工等企业逐步开展安全质量标准化建设工作。2010 年，《企业安全生产标准化基本规范》发布，对开展安全生产标准化建设的核心思想、基本内容、考评办法等进行规范，成为各行业企业制定安全生产标准化评定标准、实施安全生产标准化建设的基本要求和核心依据。《企业安全生产标准化基本规范》的发布，使安全生产标准化建设工作进入了新的发展时期。

（二）安全生产标准化的发展

2006 年 6 月 27 日，全国安全生产标准化技术委员会成立大会暨第一次工作会议在北京召开。

2010 年 4 月 15 日，国家安全生产监督管理总局发布了《企业安全生产标准化基本规范》，标准编号为 AQ/T 9006—2010，自 2010 年 6 月 1 日起实施。

2011 年 5 月 6 日，国务院安委会下发了《国务院安委会关于深入开展企业安全生产标准化建设的指导意见》（安委〔2011〕4 号），要求全面推进企业安全生产标准化建设，进一步规范企业安全生产行为，改善安全生产条件，强化安全基础管理，有效防范和坚决遏制重特大事故发生。

新版《企业安全生产标准化基本规范》（GB/T 33000—2016）（以下简称新版《基本规范》）于 2017 年 4 月 1 日起正式实施。该标准由国家安全生产监督管理总局提出，全国安全生产标准化技术委员会归口，中国安全生产协会负责起草。该标准实施后，原《企业安全生产标准化基本规范》（AQ/T 9006—2010）废止。

在 2010 年后,国家安全生产监督管理总局在冶金、有色、建材、机械、纺织、轻工、商贸、烟草八个行业,全面推进企业安全生产标准化建设,先后制订并颁布多个行业的评审管理办法、基本规范评分细则和 40 余项行业专业评定标准及小微企业评定标准,规范企业安全生产标准化建设和评审工作,在政策法规层面上为全面推进并深入开展安全生产标准化建设工作奠定了基础。2014 年、2021 年两次《安全生产法》修改中分别要求"推进"和"加强"安全生产标准化建设,将其纳入生产经营单位法律职责。目前,各地大多成立了由地方政府领导牵头、各部门共管的工作领导组织机构,引导企业安全生产标准化建设。安全生产标准化工作逐渐成为企业管理精细化、提高核心竞争力的基础保障,也逐渐得到企业广泛认可,吸引了企业的积极参与。

二、安全生产标准化定义、基本要素和建设原则

(一)安全生产标准化定义

安全生产标准化是指通过建立安全生产责任制,制定安全管理制度和操作规程,排查治理隐患和监控重大危险源,建立预防机制,规范生产行为,使各生产环节符合有关安全生产法律法规和标准规范的要求,人(人员)、机(机械)、料(材料)、法(工法)、环(环境)、测(测量)处于良好的生产状态,并持续改进,不断加强企业安全生产规范化建设。

(二)安全生产标准化基本要素

《企业安全生产标准化基本规范》(GB/T 33000—2016)规定了企业安全生产标准化管理体系建立、保持与评定的原则和一般要求,以及目标职责、制度化管理、教育培训、现场管理、安全风险管控及隐患排查治理、应急管理、事故管理和持续改进 8 个要素的核心技术要求,本节按照策划(P,Plan)、实施(D,Do)、检查(C,Check)和改进(A,Act)4 个环节介绍以上 8 个要素的主要内容和作用。

1. 策划

依据法律法规、标准规范以及安全生产标准化要求,分析企业基本信息,提出安全生产目标,确定创建安全生产标准化的具体指标和实施方案,包括工作过程、进度、资源配置、分工等。配备相应的组织机构,并对职责提出要求。识别和获取适用的安全生产法律法规、标准及其他要求,将相关要求融入安全生产规章制度、安全操作规程中去。建立安全投入保障制度,确保安全投入到位。

2. 实施

实施是指将策划中所制定的目标、组织机构、职责、制度等实施的过程。根据制度规定,做好全员的安全教育培训工作,保证从业人员具备必要的安全生产知识和技能,保障各项安全生产规章制度和操作规程顺利实施;通过生产设施设备管理、作业现场安全管理等,将各项制度落实到位,实现安全生产标准化工作有效实施,实现安全生产目标。通过应急救援,事故报告、调查和处理,及时采取有效措施应对、处置实施过程中可能发生的事故,将损失降到最低。

3. 检查

检查是指对照策划的要求,检查实施的情况和效果,判断是否达到了预期的效果,及时总结实施过程中的经验和教训,通过风险分级管控和隐患排查治理等方式,将实施的效果与预定目标进行对比,对发现的问题,采取相应措施及时进行整改;同时做好职业健康管理工作,这是从人员健康角度检查各项安全法律法规、制度规程是否落实到位的方法和手段。

4. 改进

企业每年应对本单位安全生产标准化的实施情况至少开展一次评审分析,根据安全生产标准化的评定结果、内部检查和外部检查所反映的问题等情况,发现问题,找出差距,提出改进措施,对安全生产目标、指标、组织机构、规章制度、操作规程等环节调整、完善。通过这种自我检查、自我纠正和自我完善的方式,实现持续改进的目标,不断提高企业安全管理水平和安全生产绩效。

(三)安全生产标准化建设原则

1. 突出理念引领

贯彻落实"安全第一、预防为主、综合治理"的安全生产方针,牢固树立安全生产红线意识,开展安全文化建设,确立本企业的安全生产和职业病危害防治理念及行为准则,用先进的安全生产理念、职业病危害防治理念指导企业开展安全生产和职业病危害防治工作,规范从业人员生产操作行为,提高企业安全生产管理水平和绩效。

2. 注重过程控制

过程控制是生产经营单位安全管理的核心。通过建立安全生产经营目标,落实各职能部门和从业人员安全生产责任制,强化现场管理,加强监督检查和不安全行为纠偏,实施安全生产各环节过程控制。

3.加强现场管理

加强岗位安全生产责任制落实,强化现场作业人员安全知识与技能的培养和应用,上标准岗、干标准活,实现岗位达标;作业现场落实标准规范、规程措施和灾害治理要求,使之具备专业达标条件;现场质量、环境和作业活动符合文明生产、安全生产要求,使之具备企业达标条件。

4.注重体系融合

安全生产标准化建设应遵循"安全第一、预防为主、综合治理"和以人为本的方针,以问题为导向,抓住风险管理这个手段,以目标为导向,抓住隐患排查治理这个手段,充分体现安全与健康、安全与环保、安全与生产之间的关系。结合企业自身实际,积极开展安全生产标准化创建工作,探索具有本单位管理特色的标准化管理模式。

5.推动持续改进

根据安全生产实际效果,强化目标导向、问题导向和结果导向,不断调整完善安全生产标准化管理体系和运行机制,推动安全管理水平持续提升。

三、安全生产标准化建设存在的问题

安全生产标准化的推行受到了生产经营单位的积极响应和参与,但在具体建设过程中也存在一些突出问题。

1.领导重视程度不一,支持力度不够

一些生产经营单位主要负责人对安全生产标准化创建工作认识不到位、重视不足,把标准化创建工作交给安全分管负责人和安全管理部门负责,创建工作停留在表面形式,应付上级检查、验收。一旦验收通过,标准化工作就被打回"原形",不能够真正实现静态达标和动态达标相统一、内容达标和形式达标相统一、过程达标和结果达标相统一。

2.目标指标不合理,安全责任难有效落实

一些生产经营单位重效益轻安全,生产经营目标制定过高,导致安全生产目标在制定和执行过程中只能"将就",在目标分解为具体指标和工作任务执行过程中难免会出现安全措施落实不到位的现象,标准规范、规章制度、规程措施等文件成为摆设,这就为生产安全事故的发生埋下了隐患。

3．风险防控落实难，重复隐患酿事故

一些生产经营单位对风险分级管控工作认识不到位，工作停留在喊口号、造材料阶段，不能够真正有效识别风险、落实风险防控措施，导致企业事故隐患频繁出现。在隐患排查治理以后，又不能够真正分析隐患产生的根源去落实整改，导致隐患排查治理进入死循环，时间一长，从业人员和管理层领导对待隐患熟视无睹、不以为然，思想上的麻痹也为事故发生埋下了伏笔。

4．重视现场轻管理，标准验收靠突击

一些行业重视现场质量标准化，对管理体系创建工作不重视，错误认为管理体系创建就是做做内业资料，没有意识到管理对现场质量标准的促进和改善的重要作用，导致现场质量标准化在检查验收前搞临时突击，不能实现持久动态达标，这就失去了标准化创建的意义。

四、双重预防机制与安全生产标准化之间的关系

安全生产标准化体现了"安全第一、预防为主、综合治理"的方针和"以人为本"的科学发展观，强调企业安全生产工作的规范化、科学化、系统化和法制化，强化风险管理和过程控制，注重绩效管理和持续改进，符合安全管理的基本规律，代表了现代安全管理的发展方向，是先进安全管理思想与我国传统安全管理方法、企业具体实际的有机结合，有效提高企业安全生产水平，从而推动我国安全生产状况的根本好转。

该体系遵循"策划—实施—检查—改进"PDCA 循环，通过全员参与、自查自纠，实现安全管理系统化、设备设施本质安全化、作业环境标准化、员工操作行为规范化，并且不断提升、持续改进，不断提高企业安全生产绩效。

双重预防机制作为新时代安全管理领域的一项理论创新，相较于之前传统的隐患排查治理模式，把安全管理的关口前移一步，实现源头治理、标本兼治，侧重于风险管理。双重预防机制以开展企业安全固有风险全面辨识、分析评价为前提，以编制安全风险清单、绘制四色安全风险空间分布图、制定安全风险管控方案为基础，综合运用工程技术措施、管理措施、教育培训措施、应急处置措施、个体防护措施等消除、降低或控制相关安全风险；使用信息化管理手段跟踪风险管控措施落实情况和管控效果，同步排查隐患，以隐患治理措施和原因分析验证安全风险管控效果，补充危险有害因素辨识，完善风险管控措施。

安全生产标准化的核心是为了实现生产现场的标准化。为了持续有效落

实安全生产标准化建设和运行质量控制的要求,标准化管理体系中引入了双重预防机制作为其核心逻辑,是安全生产标准化落地运行的重要工具和有力抓手。这里以井工煤矿安全生产标准化管理体系为例进行说明,如图 3-1 所示。

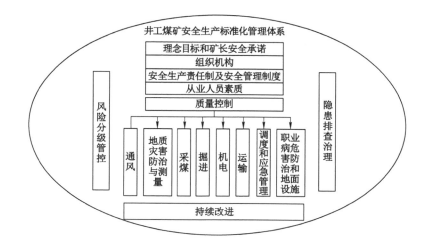

图 3-1 井工煤矿安全生产标准化管理体系框架

理念目标和矿长安全承诺、组织机构、安全生产责任制及安全管理制度、从业人员素质是管理体系运行的基础和前提,安全风险分级管控和事故隐患排查治理是整个管理体系的程序核心。通过安全风险管控措施夯实质量控制各部分在日常安全生产工作中的管控责任,通过事故隐患排查治理确保质量控制各部分的要求能够切实实现。在运行过程中,不断衡量管理体系运行的绩效,定期调整各要素的内容,使整个管理体系运行绩效能够不断提升,使安全生产现场始终处于"达标"水平。安全生产标准化是通过双重预防机制落实安全质量控制要求的途径,是双重预防机制在安全质量控制方面的应用。通过双重预防机制使安全生产标准化真正能够实现静态达标与动态达标、硬件达标和软件达标、内容达标和形式达标、过程达标和结果达标、制度设计和现场管理、考核检查和信息化建设的有机统一。

双重预防机制能够应用的范围更大,可以通过双重预防机制将很多与安全有关的管理方法、要求等落地,如安全监测监控、安全考核、岗位流程标准化等,从而构成一个完整的煤矿安全双重预防管理体系,实现对煤矿安全工作的全面集成。

双重预防机制以复合闭环逻辑为核心,能够兼容企业各种个性化安全管理方法、落实企业安全生产标准化的各项要求,实现对风险的预判和防控,是具有中国特色的安全管理体系创新。

五、双重预防机制与安全生产标准化的融合

（一）国家政策要求

2016 年，国务院安委办印发《国务院安委会办公室关于实施遏制重特大事故工作指南构建双重预防机制的意见》（安委办〔2016〕11 号）要求："要引导企业将安全生产标准化创建工作与安全风险辨识、评估、管控，以及隐患排查治理工作有机结合起来，在安全生产标准化体系的创建、运行过程中开展安全风险辨识、评估、管控和隐患排查治理。要督促企业强化安全生产标准化创建和年度自评，根据人员、设备、环境和管理等因素变化，持续进行风险辨识、评估、管控与更新完善，持续开展隐患排查治理，实现双重预防机制的持续改进。"

2021 年 6 月 10 日公布的新《安全生产法》中将双重预防机制建设列为生产经营单位和主要责任人的重要安全生产法律职责，而且具有强制性要求。因此，为符合法律要求，生产经营单位必须要建立双重预防机制，从而就面临着如何将双重预防机制与安全生产标准化融合，同步建设、运行的问题。

（二）融合方式方法

根据国家政策要求，以及双重预防机制与安全生产标准化之间的联系，双重预防机制与标准化各要素的融合可参考以下方式方法。

1. 目标职责

依据企业安全风险管控目标，尤其是重大安全风险管控目标，可以更合理地制定企业安全生产目标；把安全生产目标进行任务分解，把风险管控职责融入各级人员安全生产责任制，从而落实各层级人员安全生产责任。

2. 制度化管理

安全生产标准化要求企业建立的制度多达十数项，其中安全风险分级管控、隐患排查治理、安全生产奖惩制度和教育培训制度是标准化不可或缺的重要制度。制度文件编制不是标准化搞一套、双重预防搞一套，必须要融合统一，内容要求上不能自相矛盾，例如：教育培训制度可以把安全风险辨识评估培训、安全风险辨识结果培训和隐患排查技术培训融入其中，提高从业人员现场评估风险、排查隐患方面的安全技能；可以把双重预防机制运行考核制度融入安全生产奖惩制度，从而细化安全奖惩制度要求。

3. 教育培训

目前，企业教育培训工作特别是基层人员教育培训主要以安全意识、安全技能和操作技能为主,一方面,需要企业加强职工风险辨识评估和隐患排查治理技术培训,提高职工现场风险辨识评估能力和隐患排查能力;另一方面,企业应把本单位工作场所和岗位上存在的安全风险和防范措施通过培训告知职工,提高职工在作业现场的风险防控能力。

4. 现场管理

现场管理应以问题为导向执行、落实安全风险管控措施,以目标为导向开展检查,确认安全风险管控措施落实情况,评审安全风险管控效果,排查安全风险管控过程中是否存在安全隐患,运用双重预防性工作机制将安全标准化中对现场管理的各项要求有效落地,防止体系要求和现场管理出现"两张皮"现象。

5. 应急管理

为做好事故防范和处置,应急管理工作本身就要求针对企业行业生产属性特点开展安全风险辨识分析与评价分级,根据辨识结果制定应急预案,建立应急管理组织机构,配齐应急物资装备,开展定期应急演练。可以说,应急管理本身即是围绕风险管理的一项工作。

6. 事故管理

企业应依据事故调查处理报告中提出的整改和防范措施来完善企业安全风险分级管控工作中的不足,加强安全风险防控,减少事故发生的概率和事故损失程度。事故防范重点在于执行落实,事故调查处理不能走过场,一定要让从业人员受到教育,把整改和防范措施真正落实到位,安全风险才能得到有效管控。

7. 持续改进

持续改进是以分析总结体系运行质量为基础,以调整完善相关制度文件和过程控制为手段,不断提高企业安全生产绩效,因此,持续改进工作的关键是评审体系运行质量。企业安全生产活动是动态变化的,安全风险也不是一成不变的,安全风险分级管控和隐患排查治理需要闭环改进,实现"三个闭环",通过双重预防机制的闭环运行可以更好地发现安全生产现场和管理中存在的缺陷和不足,在"风险管理"思想的指导下做好安全生产标准化体系"顶层设计",更有效地落实和运行安全生产标准化。

两者有机融合后,生产经营单位的双重预防机制建设既能够满足《安全生产法》的相关要求,同时也能够满足行业安全生产标准化的要求。

第三节　双重预防机制与 HSE

一、HSE 管理体系的提出和发展

（一）HSE 管理体系的提出

在工业发展初期由于生产技术落后，人类只考虑对自然资源的盲目索取和破坏性开采，而没有从深层次意识到这种生产方式对人类所造成的负面影响。国际上的重大事故对安全工作的深化发展与完善起到了巨大的推动作用，引起了工业界的普遍关注，人们逐渐认识到石油、石化、化工等高风险行业，必须更进一步采取有效措施和建立完善的安全、环境与健康管理系统，以减少或避免重大事故和重大环境污染事件的发生。

由于对安全、环境与健康的管理在原则和效果上彼此相似，在实际过程中，三者之间又有着密不可分的联系，因此有必要把安全、环境和健康纳入一个完整的管理体系。1991 年，壳牌公司颁布健康、安全、环境（HSE）方针指南。同年，在荷兰海牙召开了第一届油气勘探、开发的健康、安全、环境（HSE）国际会议。1994 年在印度尼西亚的雅加达召开了油气开发专业的安全、环境与健康国际会议，HSE 活动在全球范围内迅速展开。HSE 管理体系是现代工业发展到一定阶段的必然产物，它的形成和发展是现代工业多年工作经验积累的成果。HSE 作为一个新型的安全、环境与健康管理体系，得到了世界上许多现代大公司的共同认可，从而成为现代公司共同遵守的行为准则。

二、HSE 管理体系的含义、要素和理念

（一）HSE 管理体系的含义

HSE 管理是指企业运用科学系统的研究分析方法，对企业生产经营过程中涉及健康、安全与环境相关的各项工作进行全过程的风险分析，并采取多种有效的防范措施和控制手段，最大限度、最大可能地消除各类事故隐患，将潜在的人员健康损害、安全生产损失、环境污染破坏等风险降到最低的一种管理方法。

HSE 管理体系是指将健康、安全与环境管理的各要素有机地组合，有效地

配置,使其相互关联、相互促进、相辅相成地发挥作用,形成一个涉及风险防范、应急处置、安全评估、系统管理等全方位、立体式的动态管理体系。在 HSE 管理体系中,健康、安全、环境并不是三个相互独立的子系统,而是互相依存、互相制约、互相影响、密不可分的整体,三者中任一部分的缺失都会导致整个管理体系的失衡和变化,从而影响整体的实施效果。

健康是指企业员工在身体、精神等方面没有疾病或伤害,处于较为良好的状态,是企业正常运营的基础和前提;做好安全和环境工作的最终落脚点都是为了保障企业员工的健康。

安全是指在企业日常生产经营过程中没有风险或事故发生,安全问题一旦产生既会影响员工健康,又会影响周边环境,因此,必须将企业运营中可能对员工生命、公司财产等方面造成的损害严格控制在可接受的水平之下。

环境既包括自然环境也包括社会环境,因此,保护环境既是考虑各类自然因素推进企业可持续快速发展的必由之路,也是考虑各类社会因素推进企业自觉履行社会责任的必然要求。

(二)HSE 管理体系的要素

体系要素及相关部分分为三大块:核心和条件部分、循环链部分、辅助方法和工具部分。

1. 核心和条件部分

(1)领导和承诺:承诺是 HSE 管理的基本要求和动力,是 HSE 管理体系的核心,自上而下的承诺和企业 HSE 文化的培育是体系成功实施的基础。

(2)组织机构、资源和文件:良好的 HSE 表现所需的人员组织、资源和文件是体系实施和不断改进的支持条件。它有 7 个二级要素。这一部分虽然也参与循环,但通常具有相对的稳定性,是做好 HSE 工作必不可少的重要条件,通常由高层管理者或相关管理人员制定和决定。

2. 循环链部分

(1)方针和目标:对 HSE 管理的意向和原则的公开声明,体现了企业对 HSE 的共同意图、行动原则和追求。

(2)规划:具体的 HSE 行动计划,包括了计划变更和应急反应计划。该要素有 5 个二级要素。

(3)评价和风险管理:对 HSE 关键活动、过程和设施的风险的确定和评价,及风险控制措施的制定。该要素有 6 个二级要素。

（4）实施和监测：对 HSE 责任和活动的实施和监测，及必要时所采取的纠正措施。该要素有 6 个二级要素。

（5）评审和审核：对体系、过程、程序的表现、效果及适应性的定期评价。该要素有 2 个二级要素。

（6）纠正与改进：不作为单独要素列出，而是贯穿于循环过程的各要素中。

循环链是戴明循环模式的体现，企业的安全、健康和环境方针、目标通过这一过程来实现。除 HSE 方针和战略目标由高层领导制定外，其他内容通常由企业的作业单位或生产单位为主体来制定和运行。

3．辅助方法和工具部分

辅助方法和工具是为有效实施管理体系而设计的一些分析、统计方法。由以上分析可以看出：

（1）各要素有一定的相对独立性，分别构成了核心、基础条件、循环链的各个环节；

（2）各要素又是密切相关的，任何一个要素的改变必须考虑到对其他要素的影响，以保证体系的一致性；

（3）各要素都有深刻的内涵，大部分有多个二级要素。

（三）HSE 管理体系的理念

HSE 管理体系所体现的管理理念是先进的，这也正是它值得在企业的管理中进行深入推行的原因，它主要体现了以下管理思想和理念。

1．注重领导承诺的理念

企业对社会的承诺、对员工的承诺，领导对资源保证和法律责任的承诺，是 HSE 管理体系顺利实施的前提。领导承诺由以前的被动方式转变为主动方式，是管理思想的转变。承诺由企业最高管理者在体系建立前提出，在广泛征求意见的基础上，以正式文件（手册）的方式对外公开发布，以利于相关方面的监督。承诺要传递到企业内部和外部相关各方，并逐渐形成一种自主承诺、改善条件、提高管理水平的企业思维方式和文化。

2．体现以人为本的理念

企业在开展各项工作和管理活动过程中，始终贯穿着以人为本的思想，在保护人的生命的角度和前提下，使企业的各项工作得以顺利进行。人的生命和健康是无价的，工业生产过程中不能以牺牲人的生命和健康为代价来换取产品。

3. 体现预防为主、事故是可以预防的理念

我国安全生产的方针是"安全第一、预防为主、综合治理"。一些企业在贯彻这一方针的过程中并没有规范化和落实,而 HSE 管理体系始终贯穿了对各项工作事前预防的理念,贯穿了所有事故都是可以预防的理念。美国杜邦公司的成功经验是:"所有的工伤和职业病都是可以预防的";"所有的事件及小事故或未遂事故均应进行详细调查,最重要的是通过有效的分析,找出真正的起因,指导今后的工作"。事故往往由人的不安全行为、机械设备的不良状态、环境因素和管理上的缺陷等引起。企业中虽然沿袭了一些好的做法,但没有系统化和规范化,缺乏连续性,而 HSE 管理体系系统地建立起了预防的机制,如果能切实推行,就能建立起长效机制。

4. 贯穿持续改进可持续发展的理念

HSE 管理体系贯穿了持续改进和可持续发展的理念。也就是人们常说的,没有最好,只有更好。体系建立了定期审核和评审的机制。每次审核要对不符合项目实施改进,不断完善。这样,使体系始终处于持续改进的趋势,不断改正不足,坚持和发扬好的做法,按 PDCA 循环模式运行,实现企业的可持续发展。

5. 体现全员参与的理念

安全工作是全员的工作,是全社会的工作。HSE 管理体系中就充分体现了全员参与的理念。在确定各岗位的职责时要求全员参与;在进行危害辨识时要求全员参与;在进行人员培训时要求全员参与;在进行审核时要求全员参与。通过广泛的参与,形成企业的 HSE 文化,使 HSE 理念深入每一个员工的思想深处,并转化为每一个员工的日常行为。

三、HSE 管理体系发展现状及存在的问题

HSE 管理体系在国外经历了从以"物"为管理重点到以"人"为管理重点的转变,管理方式也相应地由"传统监督"转变为"参与监管"。时至今日,HSE 管理已成为强调人与环境和谐共处的一门系统化的管理科学,尤其是国外石油企业已经形成了相对成熟又各具特点的 HSE 管理体系。

经广泛调查研究,发现目前国内企业构建 HSE 管理体系的相关研究并不充分:一是相较国外,我国的 HSE 管理体系起步晚、领域窄、影响力小。直到2011 年,《石油天然气工业健康、安全与环境管理体系》(SY/T 6276—2010)标准才正式出台,HSE 管理体系在石油天然气领域得到初步推广。二是国内企业

在健康、安全与环境管理的思维模式和管理方法上与国外先进企业存在较大差距，如普遍缺乏零事故思维模式、拘泥于传统行政管理等。三是部分企业的现代企业制度尚不健全，未能形成科学、系统、持续改进的管理体系，导致对健康、安全和环境的管理缺位、错位。国内企业在 HSE 建设过程中存在问题具体如下：

1. 安全发展理念不牢

新形势下，HSE 工作作为企业第一位的安全理念已经逐步深入人心，企业 HSE 管理部门对应承担了国家应急管理、生态环境保护、职业卫生健康等部门的职责下沉和延伸。随着国家应急管理部门逐步承担起安全综合监管的职能，HSE 管理部门的综合监管职能相应扩大，但企业发展是以赢利为目标的，发展过程中会遇到诸多与 HSE 相关的问题，如 HSE 会与企业效益追求、人的心理追求及精神追求等出现摩擦和影响。如疫情形势下，受隔离、交通管制、封闭等防控措施影响，复工复产的 HSE 管理显得尤为重要，既要抗击疫情又要做好复工复产，同时考虑安全、环保、职业健康等保障条件，对 HSE 部门的工作开展产生压力。

2. 岗位责任制协调性差

目前企业虽然建立健全了各层级组织机构，各部门在开展业务工作时逐步开始考虑"管业务必须管安全生产"，承担起相应 HSE 职责。但工作任务过度集中放在 HSE 管理部门，专业职能部门的 HSE 职责还是存在交叉或不合理的现象，本位主义也以不同形式存在于日常工作中，如企业内部安排工作有责任单位具体落实的，其他部门参与度就不高；隐患排查治理，查出问题在什么部门，其他部门不会主动去举一反三，不会针对问题做细致的排查；部门之间的协作沟通尚不到位等现象。

3. 管理提升存在瓶颈

企业 HSE 体系、双重预防机制建设尚未真正落地，很多情况下停留在职能部门及部门材料上，精力放在日常的政府部门安全环保检查迎检工作上，疏忽了真正在运营上的 HSE 管理巩固提升；在员工参与 HSE 的主动性、风险辨识能力提升、隐患排查治理等方面存在管理瓶颈，导致 HSE 管理形式化、风险辨识效果差；日常检查工作停留在基础的隐患排查上，专业技术和操作人员也不能熟练掌握风险管控理念和方法，并结合岗位特点去熟练运用。

4.管理体系难以推进

多数企业全力推行 HSE 管理体系,旨在通过体系的建立、运行,不断提升安全环保管理水平,遏制事故的发生。但从 HSE 体系推广以来,企业少数部门还对 HSE 体系存在很多认识上的误区,在 HSE 体系外审的访谈中可以看出,部分管理人员、基层员工对体系认知存在偏差,认为抓体系建设会影响日常工作。企业过多精力放在职业安全管理,关注个人行为活动,侧重现场查隐患、查"三违",在引入体系化思路通过要素管风险、管过程安全等方面,存在一定的难度。

四、双重预防机制与 HSE 管理体系之间的关系

HSE 管理体系是采用一套标准化的思想和方法对组织或企业的人员健康、安全管理和环境保护进行持续改进。该体系从整体和全过程来考虑系统的安全管理问题,注重职工健康,提高安全系数,是一种事前进行风险分析,确定人(组织)的活动可能发生的危害和后果,从而采取防范手段和控制措施,以减少可能引起的人员伤害、财产损失和环境污染的有效管理方式。HSE 管理体系与双重预防机制作为两种不同的管理体系,其不同点主要体现在以下几方面:

（1）作用不同

HSE 管理体系是建立安全、环境、健康管理体系,面向范围广;双重预防机制是建立风险分级管控和隐患排查治理体系,面向安全生产。

（2）试用范围不同

HSE 管理体系主要实施用于对员工的身心有影响的活动,侧重于化工、石油行业;双重预防机制强调风险和管理管控并重,适用于所有行业。

（3）体系侧重点不同

HSE 管理体系侧重于应该做哪些事情;双重预防机制则明确风险和隐患应如何处理,侧重于具体流程。

（4）实施依据不同

HSE 管理体系有相关标准,有内审、外审环节;双重预防机制目前在各个行业中的标准不同,各行业暂无统一的标准。

当然,作为一种管理体系,HSE 和双重预防机制有着很多的相似点:

（1）核心要素同构

双重预防机制体系、HSE 管理体系有相同的核心要素,即都采用风险评估

和风险控制为前提,实现以风险管理、安全生产为主要目的的管理体系。企业应积极地进行风险辨识和风险评估,并通过管理体系的运行预防事故,风险管理是两个体系实施的基础,也是体系绩效改进的重要依据。

（2）运行原理相同

企业在实施体系的过程中,持续改进是管理体系的主要要求,这样才能完善体系,所以必须建立自我发现、自我纠正、自我完善的体制。双重预防机制、HSE 管理体系采用的原理基本是一样的,都是戴明模型,即为企业建立一个动态循环（PDCA）的管理模式,不断改善企业的安全绩效,实现安全生产目标。

（3）执行方式相似

双重预防机制、HSE 管理体系执行都强调企业领导人的关注与支持;管理者的承诺是安全生产的关键,也是双重预防机制、HSE 管理体系成功实施的关键;所有管理者应该有明确的责任并要求其履行承诺,只有这样才能真正发挥作用,保证安全。同时两者在实施过程中,都强调发挥全体员工的作用,员工参与是成功实施管理体系的重要基础,调动员工的积极性,同时也起到监督管理者的责任,企业必须将要求充分传达到每个员工。正是这些相似点,使得双重预防机制和 HSE 管理体系在实践中能够有效融合。

五、双重预防机制与 HSE 管理体系的融合

HSE 管理体系强调事前风险的识别与评价,与双重预防机制倡导的风险辨识评估内在逻辑一致,都是以风险辨识、风险评价、风险管控为基础,都强调过程控制和持续改进,因此双重预防机制可以实现与 HSE 管理体系的深度融合。

HSE 管理体系在建设与运行中,包括领导承诺和决策、健康安全与环境方针、策划、组织机构、资源和文件、实施与运行、检查和纠正、管理评审等方面。这些方面虽然与双重预防机制有所区别,但是在企业处理健康、安全和环境方面的风险、隐患时是相通的。

（一）策划

在前期策划阶段,基于风险分级管控的要求,可以细化风险辨识评估环节,从而明确企业在健康、安全和环境管理方面的风险控制目标,确定企业目标和具体指标,结合企业生产经营具体活动围绕目标制定详细的实施方案。

（二）组织机构

双重预防机制对组织和资源的要求与 HSE 管理体系可以保持一致。在现有安全生产组织架构基础上,专门或合署成立双重预防机制建设的领导与工作机构,设置专职或兼职管理部门,配备专职管理人员,以企业正式文件形式明确规定机构和相关成员工作职责,纳入安全绩效考核指标,并定期对其履职情况进行评估和监督考核。另外,HSE 管理体系中的能力、培训和意识,以及沟通、参与、协商等二级要素均可以融入企业在健康、安全和环境方面的风险防控和隐患排查治理的要求,提高企业各级从业人员、承包方、供应方风险防范意识和能力水平。

（三）资源和文件

在文件方面,明确开展风险点划分、风险辨识分析、风险评价分级的工作内容、程序、方法及工具等,针对不同等级的风险制定相应的管控措施,明确管控层级、责任部门及责任人等,有利于企业有针对性地进行安全投入;明确隐患排查治理的工作程序、方法和工具,明确排查范围、排查内容、排查频次及治理、督办、验收的要求等;明确双重预防机制在人员培训、过程控制、安全生产奖惩考核、公开公示、持续改进等各环节的时间节点和具体要求。

（四）实施与运行

在具体的实施运行过程中,引入双重预防的风险辨识评估、风险分级管控流程等方法作为体系运行的指引,以隐患排查驱动不符合项目纠正,落实该要素下的各项要求,确保主体目标达成。

（五）检查和纠正

在检查和纠正环节,纳入风险管控效果来作为评判的标准之一,用隐患排查治理方式对企业健康、安全和环境目标、指标的满足程度或绩效影响因素进行监测和纠正。

（六）管理评审

最后是管理评审。时代在前进,万事万物都是在矛盾中发展的,同样,企业生产经营活动也是动态变化的。双重预防机制可应对防控企业固有风险和动态风险,在运行中用隐患排查治理手段验证风险管控的有效性,补充辨识变化风险。双重预防机制本身这种闭环改进的要求可检验 HSE 管理体系运行质量,及时发现体系运行过程中存在的缺陷和不足,帮助企业做出合理决策,及时调整体系,确保体系持续具有适宜性、充分性和有效性。

生产经营单位可以将两个管理体系的要素按照运行逻辑进行对比,以双重预防机制为基础,用 HSE 的个性化要素、流程等补充、完善本单位的双重预防机制,形成一个能够同时满足两个管理体系要求的管理体系。

第四节　双重预防机制与个性化安全管理方法的融合

双重预防机制作为一种安全管理方法,对安全管理工作提出了基本要求,但各行各业生产工艺、装备技术、从业人员、现场环境等方面具有独特的属性,乃至同行业内不同企业之间由于所有制性质、生产规模和工艺设备等有所差异,企业安全管理模式亦有所不同。如何把双重预防机制建设的基本要求与企业个性化安全管理方法进行融合,发挥双重预防机制应有的作用和效果,是所有生产经营单位都面临的问题。本部分以煤炭行业为例,系统介绍煤炭行业双重预防机制建设历程、现状、特点和存在的问题,以及煤矿双重预防机制建设如何与企业个性化安全管理方法融合,列举案例供读者参考。

一、煤矿双重预防机制建设的特点和问题

我国煤炭行业在双重预防机制建设过程中,由于行业自身特殊性和历史原因,建设过程存在以下几方面的特点。

1. 起步较早,但对风险认识不足

煤炭行业虽然在双重预防机制建设方面起步较早,但接触风险管理思想相较化工、工贸等行业要晚很多,加之从业人员学历、素质等方面相对较低,对双重预防机制核心概念理解认识不到位,分不清危害因素、风险、隐患等概念间的关系,造成双重预防工作执行落实过程中和标准规范要求有偏差,没有起到应有的事故预防作用。

2. 重检查轻落实,安全关口未前移

在2017年《煤矿安全生产标准化基本要求与评分方法(试行)》颁布之前,煤矿安全检查方式主要是隐患排查治理。新版标准化实施以后,要求煤矿要把风险分级管控挺在隐患前面,把隐患排查治理挺在事故前面,通过标本兼治、双重预防工作机制预防事故发生。但是,通过调研了解到,一些煤矿在执行过程中,在现场检查并不是先排查重大安全风险管控措施落实情况,仍是直接开展隐患排查,把排查发现的问题上井后与重大安全风险管控措施对照,从而判断

重大安全风险管控措施是否落实到位,这种做法与双重预防机制工作思路相悖。

另外一个关键问题是,一些煤矿企业错误地认为风险分级管控就是在现场检查管控措施落实有效性,忽视了管控措施执行和落实过程。尤其是《煤矿重大安全风险管控方案》的落实要求,在文件制定以后,一些煤矿对执行过程和管控效果没有制定相应的监督、考核制度,导致重大风险管控停留在检查阶段,并且对检查结果和风险管控效果分析出来的问题没有深入、认真地解决,风险分级管控效果大打折扣。

3. 重大风险以自然灾害为主

煤炭生产作为高危行业之一,其生产活动是不断和大自然做斗争的过程,煤炭开采破坏了煤岩层原有的应力结构,且很多井工煤矿开采深度大,由此带来一系列的自然灾害问题:高温、冲击地压、水害、煤与瓦斯突出、自然发火等,构成了煤炭行业主要的重大安全风险。在煤矿,自然灾害治理是系统性的工程,必须用"风险管理"思想站在顶层设计的高度,才能有效应对自然灾害风险带来的生产安全问题。

4. 安全风险变化频繁,风险态势实时变化

煤矿井下采掘生产接续频繁,风险点不像地面厂矿企业那么固定,经常有新的工作面产生,由此带来新的安全风险。而且,在井下采掘过程中,由于地质和水文条件变化,自然灾害风险态势也是实时变化的,治理控制不当,则可能发生灾害事故,造成人员伤亡、设备设施损坏,影响矿井正常生产。

中国矿业大学安全科学与应急管理研究院对我国煤矿当前在双重预防机制建设和运行过程中存在的问题进行了广泛的调查、研究,将其归结为"三个不统一"和"三个两张皮"。

1. 双防机制理解不统一

双重预防机制虽然机理并不复杂,但对数十年来习惯了现有安全管理方式的煤炭行业来说,仍然是个新鲜事物,大家的理解各不相同,有人认为要建两套体系,风险和隐患独立开来,这显然和双重预防机制的要求是背道而驰的。

2. 口头和行动不统一

一些煤矿企业一谈起双重预防机制就表示非常重视,但是聊起具体开展了哪些工作却又讲不出来。口头和行动的不统一,严重地影响了双重预防机制的建设质量,使其有沦为形象工程的危险。

3. 长期和短期运行不统一

有些煤矿企业花费了大量的精力,好不容易初步建立了双重预防机制,却因为没有和日常的安全管理结合起来,不能根据实际情况与时俱进,难以在实际工作中持续运行,逐渐失去生命力。这其中最典型的就是风险辨识结果和管控措施,很多煤矿没有针对动态变化的风险建立持续改进机制,导致风险辨识结果和管控措施逐渐与实际脱节。

4. 风险和隐患两张皮

许多煤矿企业认为,过去我们只需开展隐患排查,现在增加了风险管控,大大增加了煤矿企业的工作量。双重预防机制建设和运行,应当把过去在企业运行的隐患排查治理工作与风险分级管控结合起来,实现安全管理关口前移。基于此,风险和隐患是相互关联的,不能简单地指定两批人各做各的。企业应通过风险管控清单来指导开展隐患排查,同时通过隐患排查治理结果来补充、完善风险管控清单,实现双重预防机制的持续提升。

5. 系统和管理两张皮

信息化建设是双重预防机制有效运行的关键之一。双重预防机制运行过程中会产生大量的风险和隐患数据,通过信息化手段,提高业务流程效率,并不断完善风险和隐患数据库以实现双重预防机制的正常运行和持续改进。然而,许多煤矿的双重预防管理信息系统与企业安全管理工作实际脱节,导致其在企业中难以有效运行。

6. 建设和应用两张皮

双重预防机制建设的目标应着眼于应用,而不能将其视为一项应付检查的形象工程。有些煤矿对于双重预防的理解不够深入,只追求形式上的完备性,将大量精力花费在建立双重预防机制的各种内业材料上,却并不在日常安全管理工作中使用。

二、煤矿双重预防机制建设原则

为了解决上述问题,双重预防机制建设应针对煤炭行业特点,充分融合煤矿企业个性化安全管理模式,在建设和运行过程中坚持以下几点原则:

(一)风险优先原则

以风险管控为主线,把全面辨识评估风险和严格管控风险作为安全生产的第一道防线,构建基于风险的双重预防机制。

（二）系统性原则

通过辨识风险、排查隐患,落实风险管控和隐患治理责任,实现安全风险辨识、评估、分级、管控和事故隐患排查、整改、消除的闭环管理。

（三）全员参与原则

将双重预防机制建设各项工作责任分解落实到各层级领导、业务科室和每个具体工作岗位,确保责任明确。

（四）持续改进原则

持续进行风险分级管控与隐患排查治理更新完善,实现双重预防机制不断深入、深化,促使机制水平不断上升。

三、煤矿双重预防机制与个性化安全管理的融合做法

（一）与煤矿组织机构上的融合

双重预防机制要求煤矿建立相应的职责体系,明确各层级人员双重预防工作职责,如兖州煤业股份有限公司所属煤矿则要求把双重预防职责与煤矿安全生产责任制进行融合,把相关双防职责要求加入安全生产责任制里,以责任制形式加强双重预防工作要求,提高从业人员重视程度。

（二）与煤矿制度流程上的融合

1. 安全风险评估与作业前安全确认、手指口述工作的融合

兖州煤业股份有限公司所属煤矿针对井上、下存在的安全风险,推行实施了"四级"安全风险评估,明确了安全风险评估范围和责任主体,把区队、班组和岗位作业前安全确认、手指口述与安全风险评估进行融合,要求区队、班组管理人员在生产现场每班开（停）工前,要对作业现场的人员、环境、系统、设备设施等,是否具备安全条件进行分析评估;要求岗位人员作业前,利用"五分钟"时间,按照"停、评、除、做"四个步骤,对个人安全状况、岗点的安全作业环境、存在的潜在危险进行风险评估,明确整改任务,达到安全条件方可开工。保证职工在开工前能够有效识别风险、规避风险,确保作业过程无伤害、无事故。

2. 风险管控与现场安全管理工作的融合

陕西陕煤韩城矿业有限公司所属煤矿井下现场安全工作执行"四员两长"

精细化管理。"四员两长"是指技术员、安检员、瓦检员、质量验收员、带班副队长、班组长,这些人是现场管理的兵头将尾,也是现场管理的主要群体,承担着现场生产组织、安全监督、规章制度和质量标准的落实等职责,是杜绝事故的安全屏障。

陕西陕煤韩城矿业有限公司下峪口煤矿从 2017 年开始建设双重预防机制,为了把双重预防机制切实应用到现场,下峪口煤矿对"四员两长"精细化管理现状进行分析、总结,适时提炼出了"双防四环六控":"双防"就是双重预防;"四环"就是"四员两长"从聘任、培训、履职到考核每个环节要闭环;"六控"就是要让这六类人重点管控风险、治理隐患,从而实现把双重预防机制与"四员两长"精细化管理有机融合。具体手段方法是在"四员两长"精细化管理过程中充分运用本矿双重预防管理信息系统,实现安全风险管控无盲区、无遗漏。

为了最大化发挥双重预防信息化管理手段的作用,下峪口煤矿对矿井人员定位系统进行了升级,提高了人员定位精度和井下网络覆盖范围。"四员两长"开展现场安全管理工作期间,双重预防管理信息系统以风险点内人员定位分站为单元,自动向手机 App 内推送安全风险清单,检查人员只需照单检查管控措施落实情况,对措施落实不到位形成的隐患录入手机及时下达到责任单位进行闭环治理。在双重预防机制做法上,下峪口煤矿始终把风险分级管控挺在隐患前面,同时管控风险、排查隐患,做到了风险、隐患"一体化"管理,而且借助矿井人员定位和网络通信设施实现了"信息找人",让"信息多跑路,人员少跑腿",并使用智能语音提醒让检查人员时刻知晓自己所处位置存在哪些安全风险。

在风险自动推送功能的基础上,为进一步落实"四员两长"精细化管理工作要求,下峪口煤矿双重预防管理信息系统功能进行了升级、完善,现已具备开工安全确认、交接班、"三违"和隐患分类、分级统计分析等功能,把双重预防机制与现场管理深度融合。并且,通过深度挖掘以上安全管理数据,系统实现了对矿井安全状况精准、实时评估,为领导层安全决策提供数据支撑,确保矿井安全风险始终处于可防可控状态。

3. 双重预防保障措施与个性化安全管理方法的融合

双重预防机制在建设和运行过程中,其保障措施可包含安全内部市场化管理、网格化管理、安全积分管理、安全培训体系等诸多个性化管理内容。例如,宁夏宝丰能源集团马莲台煤矿实现隐患内部市场化管理,给管理人员定每月隐患排查指标,每发现一条隐患奖励检查人员 10 元,考核责任单位 50 元,通过这种方式一方面落实管理层人员隐患排查责任,另一方面倒逼责任单位加强自主管理,主动进行隐患自查自改,减少隐患数量。晋能控股集团在所属煤矿实行网格化管理,完善"网、格、线、点"四级安全包保网络,形成了全方位、全覆盖、全过程、全天候的四级安全包保体系;下属煤矿对各作业队组、作业头面分片划区,通过矿领导"一人一组"、部室干部"一人一队"、区队干部"一人一班"的全覆盖安全包保模式,逐级逐层压实责任、传递压力,对发现的安全隐患要严格按照"五定五落实"(定项目、定内容、定时间、定要求、定人员,落实整改目标、落实整改措施、落实整改时限、落实整改责任、落实整改资金)要求整改,确保特殊时段、关键区域的安全生产。在安全教育培训方面,淮北矿业集团在集团实操培训基地内设有 VR 沉浸式体验区,培训人员带上 VR 眼镜可身临其境感受安全生产事故发生过程,了解事故发生原因,掌握事故防范措施,提高安全风险意识和操作技能,规范从业人员作业行为,实现安全生产。

（三）与集团安全管理体系的融合

华阳新材料科技集团有限公司(原阳煤集团)下属矿井多为煤与瓦斯突出矿井,自然灾害治理难度大,在防突工作中,个别矿井不能严格落实区域和局部防突工作规定,"抽、采、掘"不平衡,导致工作面回采期间瓦斯涌出量异常,通过集团原有检查手段和方式已不能满足安全监管需要。

集团在 2017 年开展了局矿一体化双重预防机制及信息化建设工作,把双重预防机制工作原理与集团"166"(秉持一个安全理念,切实用好"六个抓手",全面实现"六个新提升")安全管理体系有机融合,以"控大风险、除大隐患、防大事故"为工作导向,进行系统性灾害风险治理。集团要求下属煤与瓦斯突出煤矿辨识本矿重大安全风险,制定管控方案,从人员、技术、资金等方面提供防突治理保障;通过信息系统上报煤与瓦斯突出风险管控落实情况,以时间轴展示煤与瓦斯风险从辨识到治理措施落实的详细进展和管控效果,结合集团每次到矿现场检查情况,研判煤矿重大灾害风险是否管控有效,集团在灾害治理上真正做到了源头管控、治理有效。

双重预防机制提供了一种超前管理的思想和方法,侧重点在于风险预控,从"人、机、环、管"各个方面确保各项管控措施的执行和落实,保证风险始终处于可控可防状态;而风险是否处于受控状态,需要用检查评审的手段去验证,这就要求企业开展隐患排查治理,及时堵住风险防控过程中的漏洞。可以说无论

是从流程角度还是从要素角度,双重预防机制都实现了全覆盖,具有与各种管理体系、个性化管理方法融合的潜力。为了保证双重预防机制的长期、有效运行,生产经营单位必须将现有的个性安全管理方式与双重预防机制融为一体,用超前管理的思想主动应对生产经营过程中的各种风险和挑战,实现企业安全管理体系保安全、争高效的最终目标。

第四章

双重预防机制建设与运行基础

安全管理体系的运行必须要具备基本的条件。一般而言,管理体系都要具备目标、人员、组织机构、责任和制度等几方面的要素。目标给定了管理体系建立和运行的方向,也是未来考核的依据;人员是对管理体系运行人力资源配置方面的要求;组织机构是管理体系建立和运行的实体依托;责任和制度则为组织、人员的具体行为提供了规范。上述四方面是任何一个管理体系运行的基本前提。

第一节　理念与目标

一、理论解析

(一)建设必要性

机制的运行离不开理念与目标的指引,双重预防机制作为多部门分工协作、共同参与的安全管理模式,生产经营单位必须制定统一的、明确的、先进的理念和目标,指导生产经营单位开展双重预防机制建设和运行。

(二)理念与目标解析

理念是指生产经营单位树立的双重预防机制基本思想;目标是指生产经营单位制定的风险和隐患具体的控制指标。理念与目标体现了生产经营单位安全生产的原则和方向,用于引领和指导生产经营单位安全生产工作。

（三）理念与目标特性

理念应体现以人为本,坚持人民至上、生命至上,把保护人民生命安全摆在思想的首位,坚持安全第一、预防为主、综合治理的方针。

目标应符合生产经营单位安全生产实际,将目标纳入企业的总体生产经营考核指标,目标应可量化、可考核、可分解,意图通过双重预防机制目标建设,将生产经营单位安全目标贯彻到日常的风险管控和隐患排查治理工作中去。

二、建设实操

（一）理念与目标制定

生产经营单位可按照内部工作分工,以专业或部门为分类标准,制定对应专业或部门的双重预防机制理念和目标,用于指导和约束专业或部门年度双重预防机制工作。

双重预防机制理念可结合生产经营单位安全生产理念制定,涵盖企业风险预判防控、隐患排查治理相关的引领性要求,培养全员研判管控风险、排查治理隐患的氛围,提高职工风险意识,确保隐患闭环管理。

双重预防机制目标应结合企业安全生产目标进行分解,制定涵盖风险辨识、风险管控、隐患排查、隐患治理方面的详细指标。

（二）理念与目标管理

生产经营单位可建立理念与目标管理制度,涵盖对双重预防机制理念的建立、公示、宣贯和修订等要求,包含对双重预防机制目标和任务及措施的制定、责任分解、考核等工作作出规定。

（三）理念与目标宣贯

生产经营单位应对双重预防机制理念和目标进行充分的宣贯,可采用但不局限于集体会议（班前会）、知识竞赛、安全生产月活动等形式,创建双重预防理念和目标的宣传氛围,目的是让生产活动管理者和参与者尽可能地将理念和目标入脑入心,理解、认同并践行本单位双重预防理念和目标,将双重预防理念和目标融会贯穿于安全生产实际工作中,实现安全生产源头管控,不断推动关口前移。

（四）理念与目标落实

双重预防理念和目标的落实,应和安全生产实际工作充分融合,作为指导和约束安全生产工作的方向,在重大安全决策、重大高危作业、重大系统调整等活动中充分遵循双重预防理念,在日常的安全管理工作中,要和双重预防目标深度绑定,通过动态的安全管理任务来达成年度的双重预防目标。

案例示意　→→→→

（一）双重预防理念示例

示例1:风险超前管控、隐患闭环治理

示例2:风险全辨识、隐患全闭环

示例3:有作业必风险辨识、有隐患必整改到位

示例4:风险全面辨识管控、隐患全面排查治理

示例5:树牢风险意识、强化隐患闭环

（二）双重预防目标示例

示例1:重大风险管控措施落实率100%、隐患整改完成率100%

示例2:重大风险全员掌握率100%

示例3:年度风险失控次数降低10%

示例4:零重大隐患,一般隐患按期闭合率不低于98%

→→→→　□

第二节　领导作用与全员参与

一、理论解析

双重预防机制的建设和运行离不开领导作用和全员参与,这两者是双重预防机制建设和运行的核心基础。

领导作用是双重预防机制建设和运行的关键。生产经营单位主要负责人应发挥领导表率作用,具有风险意识,贯彻双重预防理念,执行双重预防目标,落实双重预防责任,提供必要的机构、人员、制度、资金等保障,有效推动双重预防机制运行,实现安全风险分级管控和隐患排查治理全员参与。

全员参与是双重预防机制达到预期目标的核心。生产经营单位的各环节

均涉及风险的辨识和管控,因此应该全员参与到双重预防机制建设和运行中来,不能将其变为只有管理层和技术层开展的工作,只有培养全员风险意识,在日常工作的各环节开展风险辨识和管控工作,实施全员隐患排查、分级治理,将双重预防机制贯彻和落实到安全生产的各专业、机构,才能将双重预防机制落到实处,达到促进安全管理水平提升的目标。

二、建设实操

(一)领导作用

生产经营单位主要负责人应发挥其在双重预防机制建设和运行过程中的领导作用,并公开做出推动生产经营单位双重预防机制建设与运行的承诺。领导作用包括以下方面:

(1)全面负责双重预防机制建设和运行工作;

(2)组织建立双重预防机制理念和目标,并确保其与生产经营单位安全管理方向相一致;

(3)负责将双重预防机制的过程和要求落实在生产经营单位的日常安全、生产和经营业务过程中;

(4)落实建立、实施、保持和改进生产经营单位双重预防机制正常运行的资源;

(5)组织员工积极参与双重预防机制工作;

(6)保持与员工就双重预防机制工作的顺畅沟通;

(7)在生产经营单位内培养、引导和宣传安全风险分级管控和隐患排查治理文化;

(8)确保双重预防机制实现其预期结果。

(二)全员参与

生产经营单位应确保员工在双重预防机制建设和运行过程中充分得到参与,具体内容包含作用、职责和权限,能力、培训和意识,沟通、参与和协商。

1. 作用、职责和权限

生产经营单位应明确各层级员工在双重预防机制中发挥的作用和承担的职责,并赋予监督和检举的权利,具体表现为以下内容:

(1)员工在双重预防机制建设和运行中应发挥主体作用,包含参与风险辨识、管控和隐患排查工作;

（2）职责的划分应确保双重预防机制的全部工作得到落实；

（3）赋予员工发现新增风险、举报事故隐患的权利，接受全员监督。

2. 能力、培训和意识

生产经营单位应为全体员工参与双重预防机制建设和运行提供必要的能力培养和培训支持，培养全体员工的风险辨识、管控意识和隐患识别、整改能力。

生产经营单位应制定与双重预防机制相关的培训计划，采取内外部培训的形式来提升员工的参与能力。

生产经营单位应建立、实施并持续开展培训工作，让全体员工充分认识到双重预防机制的重要性，以及自身的参与对机制运行带来的帮助和提升，使全体员工意识到：

（1）员工的工作活动和行为对风险辨识管控和隐患排查治理的影响；

（2）员工个人工作与整个双重预防机制运行的关联性；

（3）员工违反双重预防机制要求的行为对生产经营单位的危害性。

3. 沟通、参与和协商

生产经营单位应建立沟通机制，确保员工能够参与双重预防机制的管理，与员工就双重预防机制运行过程中的需求进行协商，使员工的安全诉求得到落实。

第三节　组织机构和职责

一、理论解析

组织机构和职责是机制运行的基本基础，生产经营单位应按照双重预防机制运行的需求，明确负责安全风险分级管控、事故隐患排查治理工作职责的部门及职责，并配齐相关人员。

二、建设实操

（一）组织机构

双重预防机制组织机构的建立一般分为两个层级，首先是双重预防机制领导工作组,下设双重预防办公室,配备相关管理和技术人员。

按照双重预防机制建设和运行的要求,一般还应设置专业组,由人员兼职承担安全风险分级管控和事故隐患排查治理的相关工作职能。

(二)机构职责

领导工作组全面负责双重预防机制建设和运行的管理工作,由生产经营单位主要领导及高层级管理人员担任,起到对机制总体把控的作用,从整个生产经营单位及专业分工的角度开展双重预防工作。

双重预防办公室具体负责日常管理工作,组织风险辨识、管控及隐患排查治理活动,搜集及编写机制运行过程中的相关材料,一般可独立建立也可以下设在安全监督管理部门。

双重预防专业组一般为具体工作的落实部门,负责组织专业技术人员及生产单位开展具体的双重预防工作,如年度风险辨识、专项风险辨识、专项安全检查等工作,定期输出相关的内业资料。

案例示意 ➡ ➡ ➡ ➡

以某煤矿组织机构和职责为例说明。

(一)××煤矿双重预防机制组织机构

1. 双重预防机制领导组

组　长:矿　　　　长　×××　　党委书记　×××

副组长:生产副矿长　×××　　总工程师　×××

　　　　机电副矿长　×××　　安全副矿长　×××

　　　　党委副书记　×××　　经营副矿长　×××

　　　　后勤副矿长　×××　　纪委书记　×××

　　　　工会主席　×××

成　员:安全监察处处长、安全生产指挥中心主任、生产技术科科长、地测科科长、通防科科长、抽采区区长、机电科科长、供应科科长、运输区区长、机运科科长、综安区区长、工程区区长、劳资科科长、组干科科长、计划科科长、财务科科长、宣传部部长、保卫科科长、环保科科长、卫计科科长、党政办主任、企管科科长、科教中心主任、多经公司经理、生活公司经理、检修公司经理、工会主席、基建科科长。

2. 双重预防机制工作管理机构

领导组下设双重预防机制管理办公室,办公室设在安全监察处,安全监察处处长担任办公室主任,双重预防机制办公室为负责安全风险分级管控和事故隐患排查治理工作的日常管理部门。

3. 双重预防机制专业工作组

按照双重预防机制建设和运行需求,设置专业工作组,用于指导各专业开展双重预防机制工作。

a. 通防专业组

分管领导:×××

牵头科室:通防科

b. 地质灾害防治与测量专业组

分管领导:×××

牵头科室:地测科、生产技术科

c. 采煤专业组

分管领导:×××

牵头科室:生产技术科

d. 掘进专业组

分管领导:×××

牵头科室:生产技术科

e. 机电专业组

分管领导:×××

牵头科室:机电科、环保科

f. 运输专业组

分管领导:×××

牵头科室:生产技术科、机电科、环保科

g. 职业卫生专业组

分管领导:×××

牵头科室:安全监察处

h. 安全培训和应急管理专业组

分管领导:×××

牵头科室:安全监察处、安全生产指挥中心

i. 调度和地面设施专业组

分管领导:×××

牵头科室:安全监察处、安全生产指挥中心

(二)××煤矿双重预防机制机构职责

1. 双重预防机制领导组职责

a. 全面负责安全风险辨识评估、分级管控工作,领导、组织制定安全风险辨识评估、分级管控管理制度及考核办法。

b. 负责全面落实年度、专项及各系统安全风险辨识评估工作。

c. 负责为辨识评估出的重大安全风险问题的整改和落实,提供必要的人力、物资、技术、时间支持和资金投入保障。

d. 定期召开领导小组会议,落实双重预防工作进展,对存在问题及时进行纠正,对新增风险点、危险源、风险管控措施变化进行审核动态完善数据库。

e. 落实治理安全生产事故隐患责任,制定隐患治理方案、措施,落实治理资金并对治理过程进行监督考核,对各专业部门安全生产事故隐患排查与治理进行指导和监督。

2. 双重预防管理办公室职责

a. 负责检查、督促安全风险分级管控及隐患排查治理工作的实施情况。

b. 制定企业双重预防机制建设的各类相关文件,要求明确工作涉及的安全风险辨识的范围、方法和安全风险的辨识、评估、管控工作流程,隐患的排查周期、方式、隐患闭合的工作流程。

c. 对双重预防实施责任单位和相关责任人员的工作责任进行分解。

d. 汇总年度及专项安全风险辨识评估成果,发布年度及专项安全风险辨识报告。

e. 指导、督促各业务部室、区队开展安全风险分级管控工作。

f. 及时更新双重预防管理信息系统,完善安全风险与隐患的记录、跟踪、统计、分析和上报流程。

g. 承办上级部门和双重预防领导小组交办的其他工作任务。

h. 负责建立和完善矿井重大安全风险清单、安全风险数据库。

i. 负责开展双重预防相关的教育培训、监督、考核、追责等工作。

j. 负责建立、保存、分析、汇总双重预防工作各类的档案。

第四节　责任体系与管理制度

一、责任体系

（一）理论解析

双重预防机制是一个涵盖各层级生产管理人员的一套安全管理方法，倡导全员辨识、全员管控、全员排查、全员参与，通过建立责任体系，明确员工在双重预防机制建设和运行过程中的职责，为机制的常态化运行提供保障。

（二）建设实操

生产经营单位应建立安全风险分级管控和事故隐患排查治理工作分层级责任体系，切不可全员职责都相同或者差别很小。双重预防机制提供的安全管理思路和方法，各层级管理人员负责的工作是不相同的，因此需要按照实际分工和工作特点制定责任体系。

生产经营单位双重预防工作责任体系应明确：

（1）主要负责人全面负责本单位双重预防工作；

（2）分管负责人负责分管范围内的双重预防工作；

（3）科室（部门）、区队（车间）参与相关风险辨识、评估工作，负责职责范围内的风险管控、隐患排查和分析总结工作；

（4）班组、岗位人员负责作业过程中的双重预防工作。

案例示意　➡➡➡➡

以某煤矿责任体系为例说明。

1. 主要负责人职责

（1）主要负责人全面负责矿井的双重预防机制运行的领导工作。

负责组织制定安全风险辨识、评估、管控的工作流程，隐患的排查周期、方式，隐患闭合的工作流程工作方法，职责任务以及检查考核办法，并监督落实。

（2）指导、监督、管理、协调、考核分管矿长（总工程师）工作，确保双重预防工作扎实推进。

（3）负责组织编制矿井年度安全风险辨识评估报告，建立重大安全风险清单，并制定相应的管控措施。

（4）亲自组织实施重大安全风险管控措施，有具体工作方案和人员、技术、资金等保障措施。

（5）每月依据工作计划，组织相关业务部室、区队人员，对范围内的双重预防工作进行评价分析，对风险管控措施进行确认，对措施失效出现的问题进行隐患治理。

（6）每月对井田周边和因开采深入、采掘推进、季节交替变化而可能存在的新增的风险组织一次辨识评估，并制定具有针对性的防控措施。

（7）全省范围内煤矿发生较大以上生产安全事故或集团公司所属煤矿发生生产安全事故、涉险事故、重大非伤亡事故，必须亲自组织一次具有针对性的专项安全风险辨识评估，亲自组织研究完善重大安全风险管控措施。

（8）每月组织召开双重预防工作专题会议布置下月安全风险管控重点，明确责任分工，听取安全隐患的排查、处理及整改落实情况，研究解决问题必需的人、财、物。

（9）连续停工停产一周以上必须亲自组织一次全矿井安全风险辨识评估。

（10）组织建立安全风险数据库、建立重大安全风险清单、绘制"红、橙、黄、蓝"四色安全风险空间分布图，并适时更新。

（11）建立健全双重预防管理信息系统运行管理制度，对年度辨识数据库进行审核，对新增风险点、危险源、风险组织进行审核完善。

（12）严格按照《煤矿领导带班下井及安全监督检查规定》，跟踪重大安全风险管控措施落实情况，留存记录。

2. 总工程师职责

（1）负责地质、通风等分管业务范围的安全风险分级管控与隐患排查治理工作。

（2）明确通风区、地质科、探水队等分管业务科室安全风险的辨识、评估、管控工作流程、任务，并及时更新完善、监督落实。

（3）编制井下通风、防治水、瓦斯防治、监测监控、消防、洒水等分管系统安全风险辨识评估标准。

（4）每月对通风区、地质科、探水队等分管业务科室安全风险辨识评估管控实施情况进行考核。

（5）完善安全风险档案，明确级别、责任人、管控措施等基本情况，绘制本业务系统四色安全风险空间分布图。

（6）每月上旬对防治水、通风、瓦斯防治、监测监控、井下消防、洒水系统开展一次全覆盖的安全风险辨识和管控措施排查。

（7）每月要根据上旬对分管系统全覆盖检查的结果，针对性地更新完善本系统重大安全风险清单和管控措施，防止管控措施失效，引发生产安全事故。

（8）每月上旬要组织召开专题会议，明确至少10项月度安全风险管控重点，明确业务科室责任分工，跟踪落实。

（9）每旬组织双重预防管控排查分析，对本专业系统的重大安全风险管控措施实施情况和月度安全风险管控重点的管控措施实施情况进行一次检查分析。

（10）要根据每旬检查分析结果，落实管控措施实施执行效果，改进完善管控措施，实时动态调整安全风险管控等级。

（11）新水平、新采区、新工作面设计前，必须亲自组织一次专项辨识评估。

（12）分管业务科室每月根据煤矿月度安全风险管控重点和重大安全风险变化情况及时对本专业系统四色安全风险空间分布图补充更新，必须由总工程师审核确认。

（13）在本系统重大安全风险影响区域，公告重大安全风险情况、管控措施、管控责任人，并视情形，设置警示以及禁入等标识。

（14）设定本专业系统划定的月度安全风险重点管控区域作业人数上限，并监督落实。

（15）负责安全生产事故隐患的分级分类，隐患治理工作技术措施和整改方案的制定与审查，"一通三防"和防治水等系统事故隐患的排查、治理、监督及验收工作。每旬组织相关人员对分管领域进行一次全面的事故隐患排查。

（16）严格按照《煤矿领导带班下井及安全监督检查规定》，跟踪重大安全风险管控措施落实情况，留存记录。

3．采掘专业组职责

此处以采掘专业组职责为例介绍专业工作组职责。

（1）负责采煤专业（顶板管理、生产技术）双重预防管控排查工作。

（2）负责协助分管副组长完成本专业《专项安全风险辨识评估报告》，报送评估资料，并建档管理，落实专业管理范围内安全风险分级管控与事故隐患排查工作，对发现的隐患进行治理、跟踪、监督、验收并及时下达《事故隐患治理通知书》，对新增的风险及时补充辨识。

（3）每月协助组长开展双重预防管控排查分析,对采煤专业重大安全风险管控措施落实情况和管控效果进行一次检查分析,识别安全风险辨识评估结果及管控措施是否存在漏洞、盲区,及时协助更新风险数据库、完善管控措施。针对发现的隐患提出整改治理措施。

（4）每旬协助分管副组长开展双重预防管控排查分析,对采煤专业月度安全风险管控重点实施情况进行一次检查分析,检查管控措施落实情况,改进完善管控措施。针对管控措施失效产生的隐患,通过信息平台进行记录,并进行隐患的治理。

（5）生产技术部负责顶板管理、矿井防治水、爆破、井上下开采地质灾害方面的事故隐患排查;并对顶板管理、矿井防治水、爆破、井上下开采地质灾害方面的事故隐患治理单位进行监督、验收。

（6）负责协助分管副组长在新水平、新采（盘）区、新工作面设计前,新技术、新材料试验或推广应用前,对地质条件和重大灾害因素等方面存在的安全风险进行一次专项辨识评估,补充完善重大安全风险清单并制定相应管控措施,辨识评估结果用于完善设计方案,指导生产工艺选择、生产系统布置、设备选型、劳动组织确定、安全技术措施编制等。

（7）负责建立本专业安全风险数据库、重大安全风险清单,绘制"红、橙、黄、蓝"四色安全风险空间分布图。

→ → → → □

二、管理制度

（一）理论解析

管理制度作为机制运行的重要保障,必须符合相关的法律、法规、政策、标准,内容应具体,符合生产经营单位实际,有针对性,责任清晰,能够对照执行和检查。

（二）建设实操

生产经营单位应建立双重预防工作管理制度,明确安全风险辨识评估范围、方法和安全风险的辨识、评估、管控、公告、报告工作流程;对重大安全风险管控措施落实及管控效果标准,事故隐患分级标准,以及事故隐患（含措施不落实情况）排查、登记、治理、督办、验收、销号、分析总结、检查考核工作作出规定。

生产经营单位一般应建设以下制度：

（1）安全风险分级管控工作管理制度；

（2）事故隐患排查治理工作管理制度；

（3）双重预防机制教育培训管理制度；

（4）双重预防机制运行考核制度；

（5）双重预防信息化管理制度。

案例示意 ➡➡➡

案例1：××矿安全风险分级管控工作管理制度

1. 安全风险分级管控工作总则

全面体现"安全第一、预防为主、综合治理"的基本原则，通过全方位、全过程对事故多发的重点区域、重点部位、重点环节以及生产工艺、设备设施、作业环境、人员行为和管理体系等方面存在的安全风险进行排查、分级和评估，建立安全风险数据库，制定相应的管控措施，提升全体员工的风险意识，强化各级管理人员对风险的管控能力，从而确保安全生产，有效防控生产事故发生。

2. 安全风险分级管控工作流程

工作流程：针对年度或专项辨识评估，成立安全风险辨识评估小组→开展安全风险辨识→对辨识出的安全风险进行评估并形成安全风险清单→制定管控措施和重大安全风险管控方案→编制安全风险辨识评估报告→落实管控措施→分级管控（包括定期管控、现场检查和公告警示）。工作流程图见图1。

3. 安全风险辨识评估

（1）辨识组织

1）年度辨识

每年年底由矿长组织分管领导、各单位开展一次全面、系统的安全风险辨识。

年度辨识时，由各专业小组分管负责人组织相关业务科室、单位开展，排查风险点，形成风险点台账。根据排查的风险点，识别各风险点内的辨识对象，评估确定风险等级，形成专业的风险管控清单。

根据各小组辨识结果，由双重预防机制管理办公室汇总形成年度安全风险管控清单，并编制年度风险辨识报告。

2）专项辨识

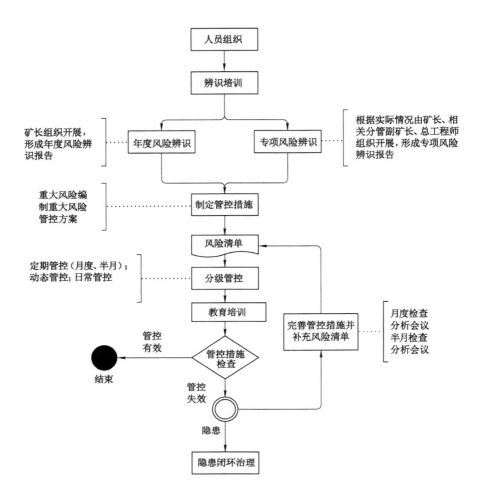

图 1　安全风险分级管控工作流程

根据《安全风险分级管控责任体系》要求,各专业分管负责人每年视实际情况组织各专业及安全、生产技术人员开展专项风险辨识,形成专项风险辨识报告并报送安监处存档。

(2) 辨识依据

安全风险辨识依据:《煤矿安全生产标准化管理体系基本要求及评分方法(试行)》(煤安监行管〔2020〕16 号);国家相关法律、法规、标准和其他要求;集团公司和矿相关规章制度、作业规程、操作规程、安全技术措施。

(3) 辨识范围

安全风险辨识范围包括矿井所有系统及生产经营活动的区域和地点,重点开展以下辨识:

1）年度安全风险辨识范围

风险辨识评估范围包括矿井作业活动区域及作业环境、各大生产系统：井下作业地点、地测防治水、通风、瓦斯、煤尘、防灭火、顶板、辅助运输、提升运输、机电系统，爆破及地面作业场所、设备设施等风险点。

2）专项安全风险辨识范围

a. 新水平、新采（盘）区、新工作面设计前由总工程师组织相关业务部室，重点对地质条件和隐蔽致灾因素等方面存在的安全风险进行一次专项辨识。

b. 生产系统、生产工艺、主要设施设备、重大灾害因素等发生重大变化时由分管负责人组织相关业务部室人员重点对作业环境、生产过程和设施设备运行等方面存在的安全风险进行一次专项辨识。

c. 启封密闭、排放瓦斯、反风演习、工作面通过空巷（采空区）、更换大型设备、采煤工作面初采和收尾、强制放顶前、掘进工作面贯通前、老空区探放水、煤仓疏通作业、突出矿井过构造带及石门揭煤等高危作业实施前，新技术、新材料试验或推广应用前，由分管负责人组织相关业务部室、区队，重点对作业环境、工程技术、设备设施、现场操作等方面存在的安全风险进行一次专项辨识；连续停工停产 1 个月以上的作业地点复工复产前，由矿长组织专项辨识。

d. 本矿发生死亡事故或涉险事故、出现重大事故隐患，全国煤矿发生重特大事故，本省或所属集团其他煤矿发生较大事故后，由矿长组织分管负责人和业务部室、区队，从汲取事故教训和消除事故隐患的角度，开展一次针对性的专项辨识。

（4）辨识流程

1）风险点划分

首先按照具体的地点和区域划分矿井风险点，包括地面场所和井下区域，风险点应满足功能独立、易于管理、大小适中、责任明确的原则，并按类型进行整理，最终建立全矿井的风险点台账。

2）辨识对象排查

在确定一个风险点进行风险辨识后，需要对具体的辨识对象进行逐一排查。根据矿井生产作业特点，辨识对象可分为设备设施、作业环境、岗位作业活动三个类型。不同类型的辨识对象应采用相应的风险辨识方法。

3）风险辨识方法

采用安全检查表法对各类设备设施进行风险辨识；采用经验分析法对作业环境进行风险辨识，其中作业环境主要包括顶板、煤层、瓦斯、水、火等方面；采用作业危害分析法对岗位常规和临时作业活动进行风险辨识。

4）风险评估方法

安全风险评估方法主要采用作业条件危险性评价法（LEC 评价法），对辨识出的安全风险进行逐项评估。

作业条件危险性评价法采用与安全风险有关的三种因素指标值的乘积来评价风险大小，这三种因素分别是：事故发生的可能性（用 L 值表示）；人员暴露于危险环境中的频繁程度（用 E 值表示）；一旦发生事故可能造成的后果（用 C 值表示）。

风险评估按危险程度、控制能力和管理层次将安全风险划分为重大风险、较大风险、一般风险、低风险，分别用红、橙、黄、蓝四种颜色标识。

安全风险评估参数表见表1。

表 1　安全风险评估参数表

发生事故的可能性（L）		暴露于危险环境中的频繁程度（E）		产生的后果（C）		风险等级划分（D）		四色标识
分数	可能程度	分数	频繁程度	分数	后果严重程度	分数值	危险程度	颜色
10	完全可能预料	10	连续暴露	100	大灾难，许多人死亡	≥320	重大风险	红
6	相当可能	6	每天工作时间暴露	40	灾难，数人死亡	[160,320)	中等风险	橙
3	可能、但不经常	3	每周一次	15	非常严重，一人死亡	[70,160)	一般风险	黄
1	可能性小，完全意外	2	每月一次	7	严重，重伤			
0.5	很不可能，可以设想	1	每年几次暴露	3	重大、伤残	<70	低风险	蓝
0.2	极不可能	0.5	非常罕见暴露	1	引人注意			
0.1	实际不可能							

5）管控措施制定

安全风险分级管控措施制定应遵循以下原则：

① 按照消除、限制和减少、隔离、个体防护、安全警示、应急处置的顺序控制；

② 分类、分级、分层、分专业，逐一明确科室、区队、班组和岗位的管控重点、管控责任和管控措施；

③ 安全风险控制资源投入如安全专项资金、升级改造、监测监控等应根据安全风险等级确定优先等级;

④ 重大安全风险应由决策层组织进行专项管控。

结合安全风险特点和安全生产法律、法规、规章、标准、规程,风险控制措施一般包括但不限于以下方面的内容:工程技术措施;管理措施;个体防护措施;教育培训措施;应急控制措施。

4. 风险辨识结果应用

(1) 年度安全风险辨识评估结果的应用

年度安全风险辨识评估完成后,要由安监处印制成册下发至各相关单位,并形成各部门的管控清单。各部室要根据辨识评估结果确定年度安全生产工作重点,完善次年度生产衔接计划、灾害预防和处理计划、应急救援预案等。

(2) 专项安全风险辨识评估结果的应用

专项安全风险辨识评估完成后,专项评估牵头部门要将辨识评估结果下发各相关单位。各部室要根据辨识结果做好下列工作:一是完善设计方案,指导生产工艺选择、生产系统布置、设备选型、劳动组织确定等;二是编制安全技术措施;三是指导重新编制或修订完善作业规程、操作规程;四是识别之前的安全风险辨识结果及管控措施是否存在漏洞、盲区,并根据检查识别结果修订完善设计方案、作业规程、操作规程、安全技术措施等。

5. 安全风险管控

(1) 管控层级确定

对安全风险分级、分区域、分系统、分专业进行管理,逐一分解落实管控责任。上一级负责管控的风险,下一级必须同时负责管控,并逐级分解落实。

1) 分层级管控

① 重大风险由矿长负责组织管控;

② 较大风险由分管负责人和相关业务部室负责管控;

③ 一般风险由区队负责管控;

④ 低风险由班组负责管控。

2) 分区域、系统、专业管控

① 分区域管控:矿井各生产(服务)区域(场所)的风险由该区域风险点的责任单位管控;

② 分系统管控:矿井各系统的风险由该系统分管负责人和相关业务部室、区队管控;

③ 分专业管控：矿井各专业的风险由该专业分管负责人和相关业务部室管控。

（2）风险管控活动组织（与隐患排查共同开展）

1）月检查分析

① 负责人：矿长。

② 频次：每月一次。

③ 形式：现场检查，可与矿井综合大检查一并开展。

④ 职责分工：矿长组织，分管负责人参与，安监处牵头组织，各有关科室、区队负责人具体落实，分专业对重大安全风险管控措施落实情况和管控效果进行一次检查分析。针对管控过程中出现的问题调整完善管控措施，并结合年度和专项安全风险辨识评估结果，布置月度安全风险管控重点。

⑤ 其他要求：安监处负责根据会议内容形成月度检查分析报告，并留存月检记录和报告。

2）半月检查分析

① 负责人：各分管负责人（各分管副矿长）。

② 频次：每半月一次。

③ 形式：现场检查，可与各专业旬度事故隐患排查一并开展。

④ 半月检职责分工：分管负责人组织，分管专业科室负责，各有关科室、区队参与，对分管范围内月度安全风险管控重点实施情况进行一次检查分析，检查管控措施落实情况，改进完善管控措施。

半月检其他要求：各专业部室、业务负责人根据会议内容形成半月检报告或者在专业事故隐患排查会议中添加该项分析内容，并留存半月检记录、报告。

3）动态管控

分管负责人及以上的矿级领导跟、带班上岗过程中，严格按照《煤矿领导带班下井及安全监督检查规定》，跟踪重大安全风险管控措施落实情况，发现问题及时督促整改。

4）日常管控

① 区队级领导跟、带班及班组长上岗时，对当班所属作业区域内安全风险管控落实情况进行巡查，发现问题及时处理；

② 现场作业人员在开工前及工序转换时，针对岗位风险告知卡内容进行安全确认。

6. 安全风险持续改进

矿长每季度至少开展 1 次风险分析总结会议（可与月度会议合并），对风险辨识的全面性、管控的有效性进行总结分析，并结合国家、省、市、县或主体企业出台或修订的法律、法规、政策、规定和办法，补充辨识新风险、完善相应的风险管控措施，更新安全风险管控清单，并在该月度分析总结报告中予以体现。对风险的分析总结应包括：

有风险管控措施，现场未落实；

风险管控措施已落实，但没有达到管控要求；

风险辨识不全面或未制定管控措施。

矿长每年组织对重大安全风险管控措施落实情况和管控效果进行总结分析，指导下一年度安全风险管控工作。

7．安全风险公告警示

（1）公告警示

完善安全风险公告制度，安监处牵头，各系统科室（区队）配合，在井口或存在重大安全风险区域的显著位置，公告存在的重大安全风险、风险类别、风险等级、管控措施、管控责任人、管控负责人，让每名职工都了解风险点的基本情况及防范、应急对策。对存在安全生产风险的岗位设置风险告知卡，标明本岗位存在的主要风险因素、风险后果、事故预防及应急措施、报告电话等内容。对存在重大安全风险的工作场所和设置明显警示标志的重点岗位，强化监测和预警。

（2）风险上报

每年 1 月 31 日前，矿长组织将本矿年度辨识评估得出的重大安全风险清单及其管控措施报送属地安全监管部门和驻地煤监机构。

8．安全风险教育培训

加强风险教育和技能培训，由职教中心负责、安监处配合，每年至少组织一次安全风险辨识评估技术专项学习，培训对象为参与安全风险辨识评估工作的人员；职教中心每年及时组织对全矿所有入井人员的教育培训，内容以年度、专项安全风险辨识评估结果、与本岗位相关的重大安全风险管控措施为主，确保每名员工都能熟练掌握本岗位安全风险的基本特征及防范、应急措施。

9．工作考核办法

（1）各专业按规定要求及时开展重大安全风险专项辨识评估，建立重大安全风险清单，奖励专业负责人、技术主管各×××元，专管员×××元。没有完成（或没有按要求完成）的，对责任人对等处罚。

（2）每半月各专业未按时按要求交回对重大安全风险管控措施落实情况与管控效果的检查分析，处罚专业负责人、技术主管各×××元，专管员×××元。

（3）各专业半月检查分析未按规定内容、格式等要求进行的，有一次对专管员处罚×××元。

（4）在上级部门的检查中发现的问题，视问题轻重给予专业负责人、技术主管各×××元的罚款。

（5）无故未按时参加安监处通知的各类会议，处罚专业负责人、技术主管各×××元。

（6）各专业未按规定在存在重大安全风险区域的显著位置，公示存在的重大安全风险、管控责任人和主要管控措施的，处罚专业负责人、技术主管各×××元。

（7）相关单位须对职工组织培训学习矿井年度和专项的重大风险辨识评估结果、与本岗位相关的重大安全风险管控措施，培训记录符合要求，有考试卷且考试成绩在90分以上，否则对专业负责人处罚×××元。

（8）各相关单位按规定时间和要求做好各岗位工的风险告知卡，工作时随身携带，熟知告知卡内容，严格遵照执行，本项工作对单位负责人以×××元的对等奖罚。

（9）每月按规定完成安全风险分级管控各项工作的专业，奖励专业负责人、技术主管各×××元，专管员×××元。

（10）季度三个月都按要求完成安全风险分级管控各项工作的专业，奖励专业负责人、技术主管各×××元，专管员×××元。

10. 安全风险档案管理

应完整保存双重预防机制运行的纸质资料或电子资料的记录，并分类建档管理。应包括：

（1）风险点台账、安全风险管控清单、年度和专项辨识评估文件等；

（2）重大隐患排查计划、排查记录、治理方案、治理记录等；

（3）月度、半月检查记录；

（4）隐患台账；

（5）月度分析总结会议记录和报告；

（6）双重预防机制年度运行分析报告。

年度和专项风险辨识报告、重大事故隐患信息档案至少保存3年，其他风险辨识后和隐患销号后保存1年,其余相关性文件保存1年。

案例2:××矿事故隐患排查治理工作管理制度

为认真贯彻落实"安全第一、预防为主、综合治理"的方针,不断夯实安全基础管理工作,全面强化事故隐患的排查与整改,逐步完善安全管理预控体系,积极推动本矿安全管理由控制事故向控制隐患转变,努力构建安全生产长效机制,有效保障安全生产持续稳定健康发展,全力打造本质安全型企业,特制定××矿事故隐患排查治理工作管理制度。

一、事故隐患分级分类

(一)隐患分级

按事故隐患严重程度分为重大事故隐患和一般事故隐患。

重大事故隐患依据《煤矿重大事故隐患判定标准》(应急管理部令第4号)判定。

一般事故隐患是指除重大隐患之外的危害不大,发现后能够立即整改或经过一定时间方能整改处理的隐患。

在重大事故隐患的范围之外,结合集团公司要求及我矿实际情况,按事故隐患解决的难易程度将一般隐患分为A、B、C三级。

A级隐患:整改难度大,矿井(厂、公司)解决不了,须由集团公司解决的隐患。

B级隐患:整改难度较大,区(科)、车间、队(组)解决不了,须由矿(厂、公司)解决的隐患。

C级隐患:整改难度不大,由区(科)、车间、队(组)解决的隐患。

(二)隐患专业

在隐患治理过程中,按照管理范围划分隐患专业如下:采煤、掘进、机电、运输、通风、地测防治水(雨季"三防")、调度和应急管理、职业病危害防治等专业。

二、事故隐患排查

(一)事故隐患排查周期

1. 矿长每月至少组织分管负责人及各生产业务科室、队组单位开展一次覆盖生产各系统和各岗位的事故隐患排查(包含重大风险管控措施落实情况检查),排查前要制定工作方案,明确排查时间、方式、范围、内容和参加人员。

2. 矿各分管负责人每半月组织分管科室、队组等相关人员对分管范围进行一次全面的事故隐患排查,排查前要制定排查方案,明确排查时间、方式、范围、内容和参加人员。

3．生产期间,每天由矿带班领导、生产业务科室管理人员、技术管理人员和安监部门管理人员下井巡查,对安全重点区域、薄弱环节、作业区域开展事故隐患排查。

4．各队组每天要有计划地安排队长、书记、副队长、技术员、班组长深入现场,对作业环境、生产工序、安全设施、人员工作情况等开展事故隐患排查,落实措施执行情况,发现问题及时整改。

5．班组和岗位作业人员作业过程中随时排查事故隐患,各班组每班负责本班的事故隐患的排查治理,当班能够治理整改的,要积极组织整改治理,治理难度较大或者短时间内无法治理的,要及时反馈给区(科)队,并做好隐患排查记录,队组要确保隐患"五定"(定人员、定时间、定责任、定标准、定措施)处理。岗位作业人员在作业过程中要执行"安全确认"随时排查事故隐患,对于现场不能治理的事故隐患要及时反馈给区(科)队,并做好隐患排查记录,队组确保隐患及时处理。

事故隐患排查,还包括特殊时期的各类安全大检查,上级不定期检查(包括上级各种检查的隐患、专项检查的隐患)等。

(二)事故隐患排查治理报告

对照《煤矿重大生产安全事故隐患检查方法》排查发现重大隐患后,要及时上报集团公司和当地煤矿安全管理部门(书面报告),同时向矿职工代表大会或其常务机构报告。并及时制定整改方案及安全防范措施,建立重大事故隐患信息档案。

1．上报的重大事故隐患信息应当包括以下内容:

(1)隐患产生的基本情况和产生原因;

(2)隐患危害程度、波及范围和治理难易程度;

(3)需要停产治理的区域;

(4)发现隐患后采取的安全措施。

2．整改方案应当包括以下内容:

(1)治理的目标和任务;

(2)采取的治理方法和措施;

(3)经费和物资;

(4)机构和人员的责任;

(5)治理的时限;

（6）治理过程中的风险管控措施（含应急处置）。

3. 一般隐患报告形式和内容：

井下各单位、生产、地测、调度、安监、通风、运输、抽采等业务科室在每月 20 日前必须及时将本单位存在的重大隐患、AB 级隐患排查治理情况及 C 级隐患排查整改条数汇总后上报安监处。

报告形式和内容：C 级隐患报告排查隐患的整改条数、整改情况；AB 级隐患必须提交书面报告，包括隐患内容、危害程度、整改方案、安全措施以及工程项目、资金落实、整改单位、整改时间和整改负责人等情况。

三、事故隐患登记

（一）矿排查事故隐患登记

排查出的隐患，由各级事故隐患排查办公室负责整理，建立事故隐患排查台账、清单，逐项登记排查出的事故隐患及整改情况。实行信息化管理，严格按照《××集团公司"三位一体"信息系统管理办法》要求，将相关信息录入平台，做到警示提示，预警通知。

对收集到的事故隐患按照隐患的严重程度、级别、专业进行分级分类，各单位事故隐患排查办公室将 AB 级隐患汇总后及时反馈给单位行政正职，行政正职负责组织领导组成员进行及时排查、辨识、"五定"落实；C 级隐患以"五定"方式及时反馈给区（队）。

所有经过识别、筛选、认定的事故隐患必须在建立的"事故隐患排查治理清单"、"未整改隐患清单"中及时更新，并于每月及时上报到安监处事故隐患排查办公室。

（二）上级各项安全监督检查隐患登记

各项安全监督检查中所查出的隐患问题，必须填写"五定表"，严格落实"五定"规定，按期整改。

对于发现的重大事故隐患要及时报告矿主要领导及分管领导，必要时提请隐患排查治理领导组督办。

四、事故隐患治理

1. 针对已经排查确定的事故隐患，必须编制事故隐患治理方案（措施），其中：

重大事故隐患评估报告书和治理方案由矿长组织编制，并由矿长组织实施。

A 级事故隐患治理方案（措施）由矿总工程师负责组织编制，集团公司总工程师或副总工程师负责组织审批,并由矿长组织实施。

B级事故隐患治理方案(措施)由矿业务科室负责编制,矿总工程师、分管矿领导、分管副总工程师组织审批,并由矿分管矿领导组织实施。

C级事故隐患治理方案(措施)由区队技术人员负责编制,单位分管总工程师组织审批,由区(科、队)主要负责人组织实施治理,并由安监处监督检查落实。

2. 事故隐患治理相关要求:

(1)各单位应加强对事故隐患的预防,对于因自然灾害或其他可能导致事故灾难的隐患,应当按照有关法律、法规、标准和本规定的要求排查治理,采取有效可靠的预防措施,制定应急预案。在接到有关隐患、灾害预报时,应当及时向下属单位发出预警通知;发生隐患、灾害可能危及矿井和作业人员安全的情况时,应当采取撤离人员、停止作业、加强监测等安全措施,并及时在规定时限内逐级向上级有关部门报告。

(2)对整改难度和工程量较大的事故隐患治理,由隐患单位在制定切实可行的安全防范措施的前提下,做到责任到人、整改期限明确、整改措施有效、专项资金到位、应急预案适宜、监控措施"六落实"(危害和整改难度大的事故隐患,必须编制专项应急预案)。

(3)对治理过程中危险性较大的事故隐患,现场必须有专人指挥,并设置警示标识,安监员必须现场监督。

五、事故隐患的督办、复查验收、销号

重大事故隐患整改完成后,按规定要求上报上级相关管理部门,并由当地煤矿安全管理部门明确单位(或部门、人员)进行督办、复查验收、销号。重大事故隐患销号必须按照上级要求填写《煤矿重大事故隐患挂牌督办台账》《煤矿重大事故隐患验收销号情况表》和《重大事故隐患治理督办工作联络名单》并报送集团公司安监局存档。

A级事故隐患治理完成后,上报两级集团公司相关部门(安监局或各相关处室等),由集团公司主要领导按照制度要求组织相关处室主要负责人签字确认,督办、复查验收、销号。

B级事故隐患治理,由矿长督办,隐患治理完成后,由各分管领导组织相关专业科室主要负责人验收后,报由集团公司对口相关处室负责人签字确认,复查验收、销号。

对于重大隐患、集团公司挂牌督办的AB级隐患,治理责任单位要及时将治理情况和工作进展情况报至安监处，隐患销号必须填写《事故隐患验收销项卡》，报集团公司对口部门办理销项手续后，交回安监处备案。

C级事故隐患的督办、验收销号按以下几种不同的检查方式分别执行：

1. 对集团公司和上级部门排查出的隐患、矿长组织的月度安全大检查排查出的隐患、分管领导及各级业务科室领导干部每天下井排查出并筛选填写在信息表上的隐患、安监处日常动态检查排查出的隐患，在隐患整改完成治理后，由安监处事故隐患排查治理办公室按照隐患"五定"期限，指派现场安监人员进行复查、验收、销号，安监处人员进行督办，隐患闭环管理。

2. 对分管矿领导组织检查及各分管业务职能科室日常排查的隐患，由各分管业务科室负责组织内部相关专业人员及时"五定"落实处理，并复查闭合、验收销号，由各分管业务科室负责人督办，安监处人员每月监督检查隐患落实整改情况。

3. 对（区）队领导日常自检排查的隐患，由队组日常建立隐患排查治理台账，由现场跟班副队长每日复查闭合，各队队长督办，安监处相关人员每月监督检查隐患落实整改情况。

4. 各队班组排查的日常隐患，由本班组组长负责事故隐患排查治理登记工作，每班登记；由队组相关领导负责复查、验收、闭合；单各队队长亲自督办，安监处每月监督检查隐患落实整改情况。

5. 各工种岗位作业人员在作业过程中随时排查的事故隐患，要建立隐患排查台账；由队组相关领导负责复查、验收、闭合；各队队长亲自督办，安监处每月监督检查隐患落实整改情况。

六、隐患持续改进

1. 由矿长牵头，组织矿分管副职、各专业副总，生产、机电、运输、通风、地测、调度、地面、安监等相关部门主要负责人参加，每月至少组织召开一次事故隐患排查整改例会，对一般事故隐患、重大事故隐患的治理情况进行通报，分析事故隐患产生的原因，提出加强事故隐患排查治理的措施，并组织编制月度《事故隐患统计分析报告》。

2. 各生产、技术等业务科室、生产组织单位（区队）部门要将专业范围内每月的事故隐患排查治理情况，编制月度隐患统计分析报告以纸质版报送安监处事故隐患排查办公室。

3. 发现可能危及矿井与职工生命安全的重大事故隐患时，矿长必须及时组织有关部门人员召开事故隐患排查整改专题会，根据隐患程度进行分级分类，制定防范措施,编写事故应急救援预案,采取针对性的措施。

4. 严格按照《煤矿重大事故隐患判定标准》《国务院办公厅关于开展重大基础设施事故隐患排查工作的通知》规定,对所属单位存在的隐患进行全面排查治理,落实措施、工程项目、资金、整改单位和负责人。

七、隐患公示监督

1. 依据《企业安全生产风险公告六条规定》及《煤矿安全生产标准化管理体系基本要求及评分办法(试行)》要求,在井口显著位置大屏幕公示重大事故隐患的地点、主要内容、治理时限、责任人、停产停工范围。

2. 安监处每月通过矿 OA 办公系统、井口大屏幕、事故隐患信息化管理系统(微信群平台)等媒介向从业人员通报一般事故隐患分布、治理进展情况。做到"时间及时、位置显著、内容全面、重点突出"。

3. 矿建立事故隐患排查治理举报奖励制度,对所举报内容经核实情况属实的,隐患情节严重可能造成危害的,对举报人给予一定奖励。

4. 事故隐患的举报电话:略。

5. 重大隐患举报箱:在井口候车室门口走廊设立举报信箱。

八、隐患教育培训

由职教中心负责,安监处配合,每年至少组织矿长、分管负责人、副总工程师及生产、技术、安全科室(部门)相关人员和区队管理人员进行 1 次事故隐患排查治理专项培训,且不少于 4 学时;每年至少对入井(坑)岗位人员进行 1 次事故隐患排查治理基本技能培训,包括事故隐患排查方法、治理流程和要求,所在区(队)作业区域常见事故隐患的识别等内容,且不少于 2 学时。

九、隐患排查治理考核

(一)事故隐患追责问责

对涉及《煤矿安全规程》《安全生产法》《煤矿重大事故隐患判定标准》等法律法规规定的严重隐患,上级政府部门检查发现的较大隐患,责令停产、停面、罚款的隐患问题以及集团公司依据《生产矿井安全监察处罚条例》下达执法文书的隐患问题,具有典型性、危害性的一般隐患、重复出现的隐患以及逾期未整改的所有隐患都必须进行问责。

(二)考核管理

每月事故隐患排查办公室对各单位事故隐患排查治理工作开展情况进行检查考核,并将考核结果纳入月度安全生产绩效考核中。对事故隐患排查治理组织得力,排查严细,整改到位,上报及时、准确,工作认真的单位和个人给予一定奖励。具体考核内容按《××矿事故隐患排查治理日常检查及工作绩效考核制度》《××矿生产安全事故隐患问责制度》执行。

十、保障措施

（一）信息化管理

由安监处牵头，其他相关部门配合，逐步建立、完善事故隐患排查治理信息化管理系统，利用计算机、网络等手段管理隐患，实现对事故隐患排查治理记录统计、过程跟踪、逾期报警、信息上报的信息化管理。

（二）资金保障

财务科负责完善安全生产费用提取、使用制度，为事故隐患排查治理工作提供资金保障，编制矿年度安全费用预算及月度统计报表、台账等资料。安监处对安全费用的提取和使用监督管理。

（三）资料建档

各单位应完整保存事故隐患排查治理运行的纸质资料或电子资料的记录，并分类建档管理。至少应包括：重大隐患治理方案、治理记录，日常检查隐患台账、清单，未整改隐患清单，月分析总结会议记录和报告，双重预防机制年度运行分析报告等。

重大事故隐患信息档案至少保存 3 年，其他隐患销号后保存 1 年，其余相关性文件保存 1 年。

（四）其他

1. 事故隐患的治理期限原则上最长不能超过 90 个工作日。

2. 对未按规定期限完成治理的事故隐患，隐患治理单位必须在规定期限内向安监处提交隐患延期说明并向上级备案。延期说明主要内容：申请延期的原因、已完成的治理工作情况、申请延期期限及采取的安全措施，并由上一层级单位（部门）和人员实施督办，明确督办单位、责任人。

3. 对主动将重大隐患上报到集团公司，并按规定进行"五定五落实"的单位，集团公司将不再作为检查考核处罚依据。

本制度从 2021 年 1 月 1 日起执行。

附表 1：重大事故隐患验收销号卡

附表 2：事故隐患排查治理日常检查考核表

附表1　重大事故隐患验收销号卡（　级）

单　　位		安全隐患名　称			
立项时间	年月日	上报销号时　间	年月日	确认销号时　间	年月日
安全隐患主要内容简述					
矿井（厂、公司）销号验收签字确认	有关科室参加验收领导（签名）： 　　　　　　　年　月　日			单位负责人 签字： 单位公章： 　　　　年　月　日	
集团公司分管系统复核验收确认	复核意见： 参加复核人员签名： 　　　　　　　　　年　月　日				

附表2　事故隐患排查治理日常检查考核表

序号	考核项目	标准分	考核内容与要求	考核与评分方法
一	制度建立	30	1. 建立健全安全隐患排查治理制度，明确责任体系，按规定组织召开好每月一次的事故隐患排查治理专题会议	制度未建立扣10分，不健全扣5分；责任体系不明确的扣5分，一次未召开隐患排查治理专题会议扣5分；缺一次会议记录扣3分，一次会议记录内容不全、不认真扣2分
			2. 完善各类安全隐患排查台账（安全隐患排查时间、组织部门及负责人、隐患内容、隐患地点、隐患性质和级别、整改方案、预防措施、上报时间及整改部门负责人、整改期限、整改结果等），建档建卡，按时上报公司安全隐患排查治理情况，并实现信息化管理	① 队组未建立隐患排查台账扣20分；缺一项内容扣1分； ② 科（队）有一次未按时将隐患上报安监处的扣5分； ③ 未实行一档一卡、信息化管理的分别扣5分；缺一项内容扣1分；有一次未及时更新内容扣5分

附表 2(续)

序号	考核项目	标准分	考核内容与要求	考核与评分方法
二	过程控制	40	1.认真开展好日常性的安全隐患排查治理工作。严格过程控制管理,职能部门、责任单位对全过程的隐患排查治理监管情况做好详细记录,且相关记录要有可追溯性	① 形成安全隐患后,未及时制定防范与整改措施,有一条扣 20 分; ② 未按规定程序开展好有效的排查治理工作,有一项次扣 5 分; ③ 缺少对隐患排查全过程控制监管记录或记录不清,有一项(处)次扣 2 分; ④ 上级部门、集团公司检查中发现的重大事故隐患而本单位未能排查发现,有一条次扣 20 分
			2. 对已经存在的事故隐患,在严格防范措施的前提下,按计划落实整改措施	① 未严格执行隐患治理措施,有一项次扣5 分; ② 非不可抗拒的因素,重大隐患整改进度滞后于规划时间,或未在矿要求的时间内消除事故隐患,有一条次扣 5 分; ③ 上级部门、集团公司安全督查下达限期整改、停产整顿通知书,有一次(份)分别扣 3 分、5 分; ④ C 级隐患整改措施不力而形成 A、B 级重大事故隐患,发生一条次扣 20 分
三	目标管理	30	1.认真执行安全隐患预防与整改措施,严格隐患排查治理闭合管理程序	① 对落实事故隐患预防措施、整改方案不到位,造成事故发生:每有一起 1 人次死亡、重伤、轻伤,分别扣 30 分、20 分、5 分;每有一起一、二、三级非伤亡事故,分别扣 30 分、20 分、10 分; ② 无特殊原因,隐患整改完毕后未能及时组织有关职能部门人员现场验收签字,有一项扣 5 分,缺 1 人签字扣 1 分;一条次未及时销号扣 5 分
			2. 杜绝弄虚作假、隐瞒不报行为	对弄虚作假、形不成闭合管理的重大安全隐患,有一条次扣 10 分;存在重大安全隐患而隐瞒不报,有一条次扣 30 分

→ → → → □

第五章

安全风险分级管控

安全风险分级管控作为避免风险向隐患演变的防火墙,是双重预防机制的重要组成部分,指通过对生产经营过程中存在的风险进行辨识评估,提前掌握存在的风险,并按照风险等级、所需管控资源、管控能力、管控措施复杂及难易程度等因素,确定不同管控层级、方式和频率的管控方式,将风险管控责任逐一落实,确保风险处于受控状态的一种针对风险的管理办法。其工作流程如图 5-1 所示。

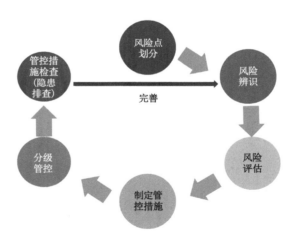

图 5-1　安全风险分级管控工作流程

第一节　风险点及其划分

一、理论解析

风险点指风险伴随的系统、场所和区域。风险点是风险辨识、风险管控、隐患排查等活动开展的基本单元。

本书认为风险应与位置概念结合，因此在本书不将作业活动作为风险点，而将作业活动作为危险因素的一部分，即作业活动应出现在具体的位置（风险点）下，即使出现一些临时性特殊作业活动，如果无固定活动地点，在风险清单内风险点一列也可空白不填写。

二、建设实操

生产经营单位应按照功能独立、大小适中、责任明确的原则对所有生产系统、场所、区域进行风险点划分。功能独立指不宜将一个具有完整功能的系统、场所、区域进行拆分；大小适中即风险点区域大小应适中，便于管理，不宜过大或过小；责任明确即风险点的管理责任应清晰，避免责任划分不清，相互推脱。

在风险点划分完成后，生产经营单位应建立风险点台账，风险点台账内容应包含风险点名称、排查日期、开始管控日期、解除管控日期等信息。同时，风险点台账应根据生产组织、作业场所性质和名称等变化情况及时更新，包括增删风险点、更新风险点相关信息等，确保台账内容与实际相符。

案例示意　➜➜➜

下面以 A 煤矿和 B 火电厂为例，具体说明如何开展风险点划分。

（一）A 煤矿风险点划分

煤矿风险点多，且多处风险点类型相同，比如 1×× 采煤工作面、2×× 采煤工作面等同为采煤工作面，且作业环境、设备设施及作业活动相似，A 煤矿将同类型的风险点统一划分为一种类型，如采煤工作面。针对采煤工作面进行风险辨识评估，辨识完成后再将辨识结果关联到具体的 ××× 采煤工作面中，最后针对具体的风险点采取删减、补充风险,调整风险等级、管控措施等操作。A 煤矿梳理的风险点台账见表1。

表1　A 煤矿风险点台账示例

序号	风险点	排查日期	开始日期	解除日期
1	主斜井	2021/6/1		
2	副斜井	2021/6/1		
3	1# 回风立井	2021/6/1		
4	1# 进风立井	2021/6/1		
5	南总回风巷	2021/6/1		
6	355 胶带轨道大巷	2021/6/1		
7	副斜井井底车场	2021/6/1		
8	六区轨道巷下山	2021/6/1		
9	八区轨道巷下山	2021/6/1		
10	六区胶带巷	2021/6/1		
11	八区胶带巷	2021/6/1		
12	2-616 综采工作面	2021/6/1		
13	2-607 综采工作面	2021/6/1		
14	2-618 综采工作面	2021/6/1		
15	……			

（二）B 火电厂风险点划分

火力发电厂以煤为燃料,通过锅炉将化学能转化为热能,产生高温高压的蒸汽,蒸汽在汽轮机中膨胀做功,使热能产生机械能,驱动汽轮机转动,汽轮机带动发电机,再将机械能转变成电能。生产原料包括煤、水、石灰石等,产品为电和蒸汽。锅炉燃烧产生的烟气经过除尘、脱硫、脱硝后从烟囱排出,除尘器下的灰和锅炉排出的渣可进行综合利用或送灰渣场贮存。火电厂生产系统包括:输煤系统、燃烧系统、汽水循环系统、发电输电系统、循环冷却水系统、供排水系统、点火油系统、除灰系统、除渣系统、化水系统、供氢系统、工业废水系统、脱硫系统、脱硝系统等。

火电厂厂区面积大、环境复杂、大型设备多、带电设备多、压力容器多、高温高压管道多、检修作业多,因此在风险点划分的时候要注意覆盖整个生产厂区、系统。B 电厂的风险点台账见表2。

表 2 B 电厂风险点台账示例

序号	风险点	排查日期	开始日期	解除日期
1	汽机房	2021/6/1		
2	锅炉房	2021/6/1		
3	除氧煤仓间	2021/6/1		
4	贮煤场	2021/6/1		
5	主变压器	2021/6/1		
6	化学水处理室	2021/6/1		
7	灰库	2021/6/1		
8	油库	2021/6/1		
9	贮氢站	2021/6/1		
10	……			

第二节 安全风险辨识

一、理论解析

(一)危险因素

危险因素指风险点内存在安全风险的主体,一般是指生产过程中存在的可能发生意外释放的能量(能源或能量载体)或危险物质,以及导致能量或危险物质约束或限制措施破坏或失效的各种因素。

(二)风险

风险在安全管理中指生产安全事故或健康损害事件发生的可能性和后果严重性的组合,是一种抽象的概念,同时也是客观存在的。

(三)安全风险辨识

安全风险辨识指识别危险因素所存在或伴随风险的过程。

二、建设实操

生产经营单位安全风险辨识类型一般包括年度风险辨识和专项风险辨识,

年度风险辨识指每年度针对所有风险点开展一次全面的辨识,专项风险辨识视具体情况开展,对年度风险辨识进行补充或加深,如生产系统变化的专项辨识、高危作业前的专项辨识等。安全风险辨识工作主要包含辨识评估技术培训、危险因素识别、安全风险辨识、安全风险分析四个工作步骤。

（一）辨识评估技术培训

年度风险辨识评估前生产经营单位应组织对主要负责人和分管负责人等参与安全风险辨识评估工作的人员开展安全风险辨识评估技术培训,使参与风险辨识评估的人员掌握辨识评估技术,保障风险辨识评估质量,同时参与专项辨识评估的人员也应参加此次培训。

（二）危险因素识别

为全面辨识风险点内的风险,同时方便对风险点内的风险进行归类、管控和分析,生产经营单位在开展风险辨识时首先应根据风险点台账,识别各风险点中的危险因素,危险因素主要分为四种类型:设备设施类、作业活动类、作业环境类及其他类。

1. 设备设施类

设备设施类危险因素指风险点内有毒有害物质或能量的载体。在识别风险点内的危险因素时,首先要列出该风险点内日常安全管理中需要检查的设备设施,如某变电所风险点,其设备设施类危险因素包含:馈电开关、变压器、供电线路、高低压开关柜等。识别危险因素,应涵盖风险点内主要的设备设施,可以进行归类管理。

2. 作业活动类

作业活动类危险因素包含常规作业活动和非常规作业活动。由于生产经营单位经常会根据生产实际需要在不同地点进行作业活动,因此在作业活动类危险因素识别时,不宜在具体风险点下开展。针对作业活动类危险因素,生产经营单位可以先单独列举出主要作业活动,然后在不同风险点下关联使用。在识别作业活动时,不宜过大,如"大修机器",也不能过细,如"拆除外壳"。

3. 作业环境类

除设备设施类和作业活动类危险因素外,作业环境类危险因素也是重要的危险因素,如高温、有害气体等。环境类危险因素的识别需要安全、管理、技术人员共同讨论,根据现场工作经验进行识别。

4. 其他类

其他类是对危险因素的补充,除以上列举的三种类型外,生产经营单位可根据实际情况进行补充。

(三)安全风险辨识

生产经营单位应从人、物、环、管四个方面对各个风险点内的危险因素开展辨识,全面识别危险因素存在或伴随的风险:

(1)人的因素:心理性、生理性、行为性危险,有害因素。

(2)物的因素:物理性、化学性、生物性危险,有害因素。

(3)环境因素:室内、室外、地下(含水下)及其他作业环境不良。

(4)管理因素:包括组织机构不健全、责任制未落实、管理规章制度不完善、安全投入不足以及其他管理因素缺陷。

常见的风险辨识方法有安全检查表法、作业危害分析法和经验分析法。

1. 安全检查表法

安全检查表法适用于设备设施类危险因素辨识。它是依据相关的标准、规范,对工程、系统中已知的危险类别、设计缺陷以及与一般工艺设备、操作、管理有关的潜在危险性和有害性进行判别检查;运用安全系统工程的方法,发现系统以及设备、机器装置和操作管理、工艺、组织措施中的各种不安全因素,列成表格进行分析。安全检查表法力求系统完整、不漏掉任何可能引发事故的关键因素。

2. 作业危害分析法

作业危害分析法适用于作业活动类危险因素辨识。它是将作业活动分解为若干连续的工作步骤,识别每个工作步骤潜在风险的过程。主要步骤包含确定(或选择)待分析的作业、将作业划分为一系列的步骤、辨识每一步骤的潜在危害,其中作业划分的步骤不能太笼统,否则会遗漏一些步骤以及与之相关的危害,另外,步骤划分也不宜太细,以致出现许多的步骤,增加工作量,一般一项作业活动的步骤不超过 10 个。

3. 经验分析法

经验分析法适用于作业环境类危险因素辨识。它与理论分析方法相对,是指主要以经验知识为依据和手段而分析认识危险因素的一种科学分析方法。该方法需重视发挥集体智慧的作用,依靠安全、技术人员的实际工作经验分析风险点存在的危险因素。

（四）安全风险分析

针对辨识出的风险，生产经营单位应结合风险产生的原因、伴随的状况以及具体的状态对风险进行分析并进行描述。如分析供电线路触电风险，产生的原因是变电所供电线路电压高，伴随的状况是线路老化、未定期检修更换，具体的状态是人员接触，最终造成触电伤人。

案例示意 ➡ ➡ ➡ ➡

（一）危险因素识别

1. A煤矿危险因素识别

A煤矿在辨识过程中针对划分出的风险点类型，梳理风险点下的危险因素。危险因素包括设备设施类、作业环境类、作业活动类和其他因素。针对作业活动类，A煤矿辨识小组单独将煤矿生产过程中的作业活动列举出来，包括常规作业活动和非常规作业活动。常规作业活动以岗位作业活动为主；非常规作业活动以专项辨识要求中列举的作业活动为主，如启封密闭、煤仓疏通、石门揭煤等。A煤矿梳理的危险因素部分示例见表1。

表1 综掘工作面作业环境类和设备设施类危险因素台账

序号	风险点	危险因素	辨识单位	辨识人员	备注
1	××综掘工作面	煤尘	通风科	李某某	
2	××综掘工作面	顶板	生产科	张某	
3	××综掘工作面	瓦斯	通风科	赵某某	
4	××综掘工作面	水	地测科	王某某	
5	××综掘工作面	火	通风科	赵某某	
6	××综掘工作面	甲烷	通风科	李某	
7	××综掘工作面	局部通风机	机电科	李某	
8	××综掘工作面	带式输送机	机电科	李某	
9	××综掘工作面	刮板输送机	机电科	李某	
10	××综掘工作面	综掘机	机电科	李某	
11	××综掘工作面	移动变压器	机电科	李某	
12	××综掘工作面	隔爆开关	机电科	李某	
13	××综掘工作面	…	…	…	

2. B电厂危险因素识别

B电厂根据划分好的风险点,排查风险点下包含的所有危险因素。安全风险辨识台账见表2。

表2　B电厂安全风险辨识台账示例

序号	风险点	危险因素	辨识单位	责任人	备注
1	汽机房	汽轮机	运行中心	张某某	
2	汽机房	低压电动机检修	检修中心	李某某	
3	汽机房	电缆检修	检修中心	李某某	
4	汽机房	临时电源拆接	检修中心	李某某	
5	锅炉房	受热面检修	检修中心	李某某	
6	……				

（二）安全风险辨识

C煤矿分别采用安全检查表法、作业危害分析法、经验分析法进行风险辨识,示例分别见表3～表5。

表3　安全检查表法示例

序号	风险点	危险因素	检查项目	风险类型	风险描述
1		采煤机	滚筒	物体打击	采煤机滚筒存在物体打击伤人的风险
2			电缆	触电	采煤机电缆存在触电伤人的风险
3	××采煤工作面		……	……	……
4		刮板输送机	链条	机械伤害	刮板输送机运行期间存在飘链、断链机械伤人的风险
5			溜尾	火灾	刮板输送机运行期间存在回煤,导致高温发生火灾的风险
6			……	……	……
7	……	……	……	……	……

表 4　作业危害分析法示例

序号	风险点	危险因素	检查项目（作业步骤）	风险类型	风险描述
1	综采工作面（或空着）	割煤作业	开机前检查	物体打击	开机前检查不到位导致运行期间物体打击伤人的风险
2			试运转	机械伤害	采煤机试运转期间各部件运转不正常存在机械伤人的风险
3			截割	物体打击	割煤作业在割煤过程中，存在物体打击方面的风险
4			截割	冒顶片帮	割煤作业在割煤过程中，存在冒顶片帮方面的风险
5			停机	机械伤害	停机确认不到位，设备误启动存在机械伤人的风险
6		移架作业	移架前检查确认	……	……
7			移架	……	……
8			……	……	……
9	……	……	……	……	……

表 5　经验分析法示例

序号	风险点	危险因素	检查项目	风险类型	风险描述
1	2305采煤工作面	瓦斯	回风隅角	瓦斯爆炸、中毒和窒息	回风隅角存在瓦斯积聚导致瓦斯爆炸及人员中毒和窒息的风险
2					
3			进风隅角	瓦斯爆炸、中毒和窒息	进风隅角存在瓦斯积聚导致瓦斯爆炸及人员中毒和窒息的风险
4			回风巷	瓦斯爆炸	人员作业期间存在瓦抽管被挤压变形导致瓦斯泄露爆炸的风险
5			……	……	……
6		顶板	煤壁	冒顶片帮	煤壁存在冒顶片帮的风险
7			回风隅角	冒顶片帮	顶板悬顶面积大容易出现冒顶片帮的风险
8			……	……	……
9	……	……	……	……	……

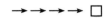

第三节　安全风险评估

一、理论解析

安全风险评估指针对辨识出的风险,评估其导致事故发生的可能性及危害程度,确定风险等级的过程。风险等级一般划分为重大风险、较大风险、一般风险和低风险。

二、建设实操

生产经营单位在对辨识出的风险进行评估时,应选择合适的评估方法开展评估,确保评估结果的准确性。常用的辨识方法有风险矩阵评价法(LS 评价法)和作业条件危险性评价法(LEC 评价法)。

(一)风险矩阵评价法(LS 评价法)

风险矩阵评价法按照风险发生的概率、特征、损害程度等技术指标,由风险发生的可能性和可能造成的损失评定分数,进而确定相应的风险等级,其计算公式是:

$$R = L \times S$$

式中　L——危险事件发生可能性;

　　　S——危险事件可能造成的损失;

　　　R——危险事件的风险值大小。

生产经营单位采用风险矩阵评价法进行风险评估时,对照风险矩阵图,按照风险发生可能性为 L 赋值,按照风险造成的损失为 S 赋值,两者乘积即为风险值 R,依据 R 值确定风险等级。

(二)作业条件危险性评价法(LEC 评价法)

作业条件危险性评价法相对于风险矩阵评价法增加一种因素即人员暴露于危险环境中的频繁程度,用与系统风险有关的三种因素指标值的乘积来评价风险大小,其计算公式为:

$$D = L \times E \times C$$

式中　L——事故发生的可能性（likelihood）；

　　　E——人员暴露于危险环境中的频繁程度（exposure）；

　　　C——发生事故可能造成的后果（consequence）；

　　　D——风险大小。

生产经营单位在采用 LEC 评价法进行风险辨识时，应针对风险的三种因素的不同等级分别确定不同的分值，再以三个分值的乘积 D 来确定风险等级，见表 5-1～表 5-4。

表 5-1　事故发生的可能性（L）

分数值	事故发生的可能性
10	完全可以预料
6	相当可能
3	可能，但不经常
1	可能性小，完全意外
0.5	很不可能，可以设想
0.2	极不可能
0.1	实际不可能

表 5-2　人员暴露于危险环境中的频繁程度（E）

分数值	暴露于危险环境的频繁程度
10	连续暴露
6	每天工作时间内暴露
3	每周一次或偶然暴露
2	每月一次暴露
1	每年几次暴露
0.5	非常罕见暴露

表 5-3　发生事故可能造成的后果（C）

分数值	发生事故产生的后果
100	10 人以上死亡
40	3～9 人死亡
15	1～2 人死亡
7	严重
3	重大，伤残
1	引人注意

表 5-4　风险大小(D)

D 值	危险程度
≥320	重大风险
[160,320)	较大风险
[70,160)	一般风险
<70	低风险

风险矩阵图见图 5-2 所示。

风险矩阵	一般风险(Ⅲ级)		较大风险(Ⅱ级)		重大风险(Ⅰ级)		有效类别	赋值	损失	
									人员伤害程度及范围	由于伤害估算的损失
低风险(Ⅳ级)	6	12	18	24	30	36	A	6	多人伤亡	500万以上
	5	10	15	20	25	30	B	5	一人死亡	100万到500万之间
	4	8	12	16	20	24	C	4	多人受严重伤害	4万到100万
	3	6	9	12	15	18	D	3	一人受严重伤害	1万到4万
	2	4	6	8	10	12	E	2	一人受到伤害,需急救;或多人受轻微伤害	2 000到1万
	1	2	3	4	5	6	F	1	一人受轻微伤害	0到2 000
	L	K	J	I	H	G	有效类别			
	1	2	3	4	5	6	赋值			
	不可能	很少	低可能	可能发生	能发生	有时发生	发生的可能性			
	估计从不发生	10年以上可能发生一次	10年内可能发生一次	5年内可能发生一次	每年可能发生一次	1年内能发生10次或以上	发生可能性的衡量(发生频率)			
	1/100年	1/40年	1/10年	1/5年	1/1年	≥10/1年	发生频率量化			

风险值	风险等级	说明
30—36	Ⅰ级	重大风险
18—25	Ⅱ级	较大风险
9—16	Ⅲ级	一般风险
1—8	Ⅳ级	低风险

图 5-2　风险矩阵图

案例示意 ➡ ➡ ➡

（一）A 煤矿安全风险评估

A 煤矿辨识小组首先根据规程规范中重大风险认定情形进行确认,若有符合重大风险认定情形的风险,则直接认定为重大安全风险;若没有,则利用风险矩阵评价法或作业条件危险性评价法进行风险等级评估。A 煤矿风险评估过程及形成的安全风险评估台账见表 1。

A 煤矿用作业条件危险性分析法评估"主斜井存在煤尘含量超限导致煤尘

爆炸的风险"风险等级:

L:可能性,即煤尘爆炸的可能性,取值 0.1(实际不可能);

E:暴露频度,取值 6(每天工作时间内暴露);

C:后果,取值 40(3～9 人死亡);

D:风险大小,0.1×6×40＝24。

查表,D 值在"＜70"区间,即低风险。

则:"主斜井存在煤尘含量超限导致煤尘爆炸的风险"风险等级为:低风险。

表 1　A 煤矿风险辨识评估结果示例

风险点	危险因素	检查项目	风险类型	风险描述	风险等级
主斜井	煤尘	煤尘含量	煤尘爆炸	主斜井存在煤尘含量超限导致煤尘爆炸的风险	低风险
	火	消防器材	火灾	主斜井存在消防器材失效导致火灾事故扩大的风险	低风险
		防火铁门	火灾	主斜井存在防火铁门失效导致火灾事故扩大的风险	低风险
		一氧化碳	中毒和窒息	主斜井存在产生一氧化碳超限导致人员中毒和窒息风险	低风险
	带式输送机	胶带保护	机械伤害	胶带保护存在失效导致机械伤害致人伤亡的风险	一般风险
		滚筒	机械伤害	胶带滚筒存在运输机械伤害致人伤亡的风险	一般风险
	架空人车装置	胶带接头	运输	胶带接头存在断裂导致运输事故的风险	一般风险
		沿线护栏	物体打击	胶带沿线护栏失效存在物体打击伤人的风险	一般风险
		架空人车装置保护	机械伤害	架空人车装置存在保护失效导致机械伤害致人伤亡的风险	一般风险
		钢丝绳	运输	架空人车装置存在钢丝绳不符合标准导致运输事故的风险	一般风险

（二）B 电厂安全风险评估

B 电厂辨识小组首先根据行业规范中重大风险认定情形进行确认,若有符合重大风险认定情形的风险,则直接认定为重大安全风险;若没有,则利用风险矩阵评价法或作业条件危险性评价法进行风险等级评估。B 电厂形成的安全风险评估台账见表 2。

表 2　B 电厂安全风险评估结果示例

序号	风险点	危险因素	检查项目/作业步骤	风险等级
1	汽机房	低压电动机检修	清扫检查紧固	一般风险
2	汽机房	低压电动机检修	解体检修	低风险
3	汽机房	电缆检修	检查紧固	一般风险
4	汽机房	电缆检修	敷设吊挂	一般风险
5	汽机房	临时电源拆接	拆接线	一般风险
6	汽机房	照明设施检修	照明更换,故障处理	一般风险
7	集控室	集控室屏柜检修	清扫检查紧固	一般风险
8	锅炉房	膨胀指示器检修	膨胀指示器校对、调整	重大风险
9	锅炉房	电缆检修	检查紧固	一般风险

第四节　安全风险管控措施

一、理论解析

安全风险管控措施指为管控风险所采取的消除、隔离、控制或个人防护等方法和手段。

二、建设实操

(一)管控措施制定

风险辨识评估以后,要根据安全生产法律、法规、标准及规程、安全生产标准化各专业要求等,并结合实际情况,制定安全风险管控措施。管控措施制定必须遵循安全、可行、可靠的原则,即一定要保证措施的可操作性和安全性,说明应采用怎样的方法和手段(监督、检查、培训检修、维护)才能让风险的状态或行为符合标准要求,明确应该做什么、怎么做以及何时何地做。同时应避免出现"按操作规程执行"或"按××文件执行"这种管控措施,无实际意义。

管控措施的制定应从工程技术措施、安全管理、人员培训、个体防护和应急处理等方面考虑,并按照消除风险、降低风险、个体防护的顺序选择,如图 5-3 所示。

图 5-3　管控措施选择顺序

（二）辨识结果审查

风险辨识、评估、管控措施制定完成后，须由生产经营单位主要负责人组织各级管理及技术人员对风险进行审查，尤其是重大和较大等级的风险，确保风险辨识、评估符合生产经营单位实际，风险管控措施有效且具备实施条件。

（三）辨识评估结果培训

年度辨识完成后 1 个月内，生产经营单位应对员工进行与本岗位相关的安全风险培训，内容包括重大安全风险清单以及与本岗位相关的安全风险及管控措施；专项辨识评估完成后 1 周内，应对相关作业人员进行培训，培训内容为专项辨识出的安全风险清单和管控措施。

（四）辨识评估结果上报

生产经营单位完成风险辨识评估，制定管控措施方案后，应根据相关要求将风险辨识结果上报安全监管部门和上级单位，对重大风险一般应制定重大风险管控方案。

重大隐患与重大危险源不同，各有其判定标准，生产经营单位还应将本单位重大危险源及有关安全措施、应急措施报地方人民政府应急管理部门和有关部门备案。

案例示意 ➜ ➜ ➜

（一）A 煤矿安全风险管控措施制定

A 煤矿针对辨识出的每一条风险制定了相应的管控措施，形成的部分台账见表 1。

表1　A煤矿风险辨识评估结果示例

风险点	危险因素	检查项目	风险类型	风险描述	风险等级	管控措施	责任岗位
主斜井	煤尘	煤尘含量	煤尘爆炸	主斜井存在煤尘含量超限导致煤尘爆炸的风险	低风险	1. 必须及时清除巷道中的浮煤,清扫、冲洗沉积煤尘或者定期撒布岩粉;应当定期对主要大巷刷浆	矿井防尘工
						2. 煤尘中游离 SiO_2 含量<10%,粉尘监测应当采用定点监测、个体监测方法	通风工
	火	消防器材	火灾	主斜井存在消防器材失效导致火灾事故扩大的风险	低风险	1. 消防材料和工具的品种和数量应符合有关规定,并定期检查和更换;消防材料和工具不得挪作他用	区队长
		防火铁门	火灾	主斜井存在防火铁门失效导致火灾事故扩大的风险	低风险	1. 进风井口应当装设防火铁门,防火铁门必须严密并易于关闭,打开时不妨碍提升、运输和人员通行,并定期维修;如果不设防火铁门,必须有防止烟火进入矿井的安全措施	安全检查工
		一氧化碳	中毒和窒息	主斜井存在产生一氧化碳超限导致人员中毒和窒息风险	低风险	1. 有自然发火危险的矿井,必须定期检查一氧化碳浓度、气体温度等的变化情况;一氧化碳最高允许浓度为:0.002 4%	瓦斯检查工
						2. 抢救人员和灭火过程中,必须指定专人检查甲烷、一氧化碳、煤尘、其他有害气体浓度和风向、风量的变化,并采取防止瓦斯、煤尘爆炸和人员中毒的安全措施	矿山救护队

（二）B电厂安全风险管控措施制定

B电厂针对辨识出的每一条风险从工程技术、管理、教育培训、个体防护和应急处置五个方面制定了相应的管控措施,形成的台账部分见表2。

表2　B电厂安全风险评估台账示例

序号	风险点	危险因素	检查项目	风险描述	风险等级	工程技术措施	管理措施	培训教育措施	个体防护措施	应急处置措施
1	汽机房	低压电动机检修	清扫检查紧固	低压电动机检修作业时,有造成人员触电的风险	一般风险	拉开待检修电动机电源开关,拉开开关控制电源,在开关上悬挂"禁止合闸,有人工作"标示牌,拆接线前验电、放电、接除三相短路并可靠接地。工作前进行危险点分析、安全风险评估前确认	严格执行电力安全工作规程,电气检修规程,工作票制度,"五步工作法","特殊作业""三无一不准"规定,设专责监护,加强现场反违章自查自纠	学习掌握触电急救措施,加强员工技能培训;学习安全技术措施,工作任务、工作地点及进行安全技术交底,提高安全意识	戴安全帽、穿绝缘鞋,高压验电及摇测绝缘,戴动发电电源,配发绝缘手套,万用表	保持安全通道畅通;当发现有人触电,首无妄使脱离电源,者迅速进行抢救,然后进行急救,迅速拨打急救电话,请求救援
2	汽机房	低压电动机检修	解体检修	低压电动机检修作业时,有造成人员机械伤害的风险	低风险	使用手持工具检查各部位完好,安全防护设施齐全;拆装搬运设备系统,做好自保、互保,工作前进行危险点分析、安全风险评估确认	严格执行电力安全工作规程,电气检修规程,工作票制度,"特殊作业"规定,"三无一不准"规定,设专人监护,加强现场反违章自查自纠	学习掌握机械伤害急救措施,交待工作任务、工作地及设备安装搬运项及安全注意事项,进行安全技术交底,提高安全意识	戴安全帽、穿劳动保护用品;使用合格的工器具	保持安全通道畅通;当发生人身机械伤害事故,现场其他人员应立即采取防止受伤人员失血、休克、昏迷等防护措施;迅速拨打急救电话,请求救援

表2（续）

序号	风险点	危险因素	检查项目	风险描述	风险等级	工程技术措施	管理措施	培训教育措施	个体防护措施	应急处置措施
3	锅炉房	膨胀指示器检修	膨胀指示器校对、调整	膨胀指示器检修时，检修人员有高处坠落的风险	重大风险	高空作业，站稳抓牢，戴好安全带，并系在牢固部件上，高挂低用；工作前进行危险点分析、安全风险评估确认	严格执行电力安全工作规程、锅炉检修规程，工作票制度，"特殊作业""三无一不准"规定，增设专责监护人，加强现场反违章自查自纠	学习掌握高空坠落应急救措施；学习安全技术措施，交待工作任务、工作地点及高空作业注意事项，进行安全技术交底，提高安全意识	戴安全帽，穿防滑鞋；戴好安全带	保持安全通道畅通；当发生高空落、人身伤害事故后，现场其他人员应立即采取防止受伤人员失血、昏迷等措施的紧急救护措施，迅速拨打急救电话，请求救援
4	锅炉房	受热面检修	受热面测厚	受热面检修作业时，检修人员有高处坠落伤亡的风险	一般风险	高空作业，站稳抓牢，戴好安全带，并系在牢固部件上，高挂低用；工作前进行危险点分析、安全风险评估确认	严格执行电力安全工作规程、锅炉检修规程，工作票制度，"特殊作业""三无一不准"规定，增设专责监护人，加强现场反违章自查自纠	学习掌握高空坠落应急救措施；学习安全技术措施，交待工作任务、工作地点及高空作业注意事项，进行安全技术交底，提高安全意识	戴安全帽，穿防滑鞋；戴好安全带	保持安全通道畅通；当发生高空落、人身伤害事故后，现场其他人员应立即采取防止受伤人员失血、昏迷等措施的紧急救护措施，迅速拨打急救电话，请求救援
5	……	……	……	……	……	……	……	……	……	……

第五节　安全风险管控责任

一、理论解析

风险分级管控指按照评估的风险等级、所需管控资源、管控能力、管控措施复杂及难易程度等因素,确定不同管控层级、方式或频率等的管控方式,同时应满足上一级负责管控的风险,下一级必须同时负责管控的原则。

二、建设实操

(一)管控层级

生产经营单位在风险辨识评估的基础上,应按照单位管理层级,逐一分解落实安全风险管控责任:重大风险由生产经营单位主要负责人管控、较大风险由分管负责人和科室/部门管控、一般风险由车间/区队管控、低风险由班组长和岗位人员管控,如图 5-4 所示。

重大风险:	主要负责人
较大风险:	分管负责人、科室/部门
一般风险:	车间/区队
低风险:	组长、岗位人员

图 5-4　管控层级划分

同时上级管控的风险,在下级所属的责任范围内,下级也要同时管控。比如,厂长管控全厂的重大风险,而分管机电的副厂长、机电科/部也要管控机电相关的重大风险,同时该重大风险在哪一个车间/区队的作业范围内,该车间/区队和涉及的班组和岗位人员也要管控。其他等级风险以此类推。

(二)管控单元

在满足管控层级的基础上,生产经营单位应对安全风险按照分专业、分区域、分系统的原则进行管控。

分专业:各专业的风险由该专业分管负责人和分管科室(部门)管控;

分区域：各生产（服务）区域（场所）的风险由该风险点的责任单位管控；

分系统：各系统存在的风险由该系统分管负责人和分管科室（部门）管控。

（三）管控清单

生产经营单位应根据风险辨识评估结果，按照管控层级、管控单元形成各层级人员的安全风险管控清单，落实风险管控责任，为后续风险管控打好基础。安全风险管控清单的主要内容需包含风险点、危险因素、风险描述、风险等级、管控措施、责任岗位等信息，并且要根据风险辨识和实际生产情况及时更新。

案例示意 ➡ ➡ ➡

（一）A煤矿安全风险管控责任制定

A煤矿在风险辨识完成后，结合相关标准规范制定了相应的风险管控清单，包括：矿长风险管控清单、分管负责人风险管控清单、副总工程师风险管控清单、各部门风险管控清单、各区队风险管控清单、班组风险管控清单和岗位风险告知卡。

矿长是煤矿双重预防工作的第一责任人，负责组织和落实全矿重大风险管控方案。矿长风险管控清单即为煤矿的重大风险管控清单（详见表1）。

表1　A煤矿矿长管控清单示例

风险点	危险因素	检查项目	风险类型	风险描述	风险等级	管控措施	责任岗位
综采工作面	瓦斯	上隅角	瓦斯爆炸	综采工作面上隅角易产生瓦斯积聚，存在瓦斯爆炸事故的风险	重大风险	1. 按规定在采煤工作面上隅角、其他工作面、回风流巷等地安设瓦斯传感器，通过监控系统平台实时关注工作面瓦斯变化情况	安全仪器监测工
综采工作面	煤体	采空区	火灾	2#煤层具有自燃性，采空区遗煤存在自然发火事故的风险	重大风险	1. 严格落实注氮泵日常检查维护，每周进行试验，确保注氮泵时刻处于完好状态	注氮泵司机
						2. 工作面配备喷洒阻化剂设备，根据自然发火观测情况采取相应措施	防尘工

表1(续)

风险点	危险因素	检查项目	风险类型	风险描述	风险等级	管控措施	责任岗位
综采工作面	煤体	采空区	火灾	2#煤层具有自燃性,采空区遗煤存在自然发火事故的风险	重大风险	3. 组织开展采空区自然发火观测工作,利用采空区布置的束管每天采样分析,每周对地面抽采管路内的气体进行采样分析	束管监测工
						4. 发现CO等自然发火标志性气体浓度有明显变化升高等现象,及时采取相应措施停止地面钻孔抽采,对采空区进行注氮	束管监测工
综采工作面	煤尘	煤尘	煤尘爆炸	2#煤层具有爆炸性,采煤作业产生大量煤尘,存在煤尘爆炸事故的风险	重大风险	1. 定期清扫设备和冲洗巷道煤尘。防尘工定期对巷道进行洒水灭尘,清扫设备积尘	防尘工
						2. 工作面必须设置净化水幕,同时各转载点设置转载喷雾,并做到使用正常	防尘工
综采工作面	煤尘	煤尘	煤尘爆炸	2#煤层具有爆炸性,采煤作业产生大量煤尘,存在煤尘爆炸事故的风险	重大风险	3. 加强机组内外喷雾的使用管理。综采队必须保证机组内外喷雾完好且压力符合规定要求,同时使用机组喷雾加压泵等辅助除尘设备	采煤机司机
						4. 严格按照规定安设隔爆设施。通风区负责在采煤工作面运输巷按照规定设置隔爆设施	防尘工
综采工作面	顶板	构造段	冒顶(片帮)	综采工作面揭露构造期间,顶板稳定性差,存在冒顶(片帮)导致顶板事故的风险	重大风险	1. 采煤机割煤要慢行,割煤后及时拉架,并伸出液压支架伸缩梁,打紧护帮板,严禁空顶	采煤机司机、支架工
						2. 采煤机割煤,顶底板要割平。防止支架出现台阶状,造成架间漏矸(煤)	采煤机司机
						3. 过断层期间,采高必须根据工作面煤厚调整,最低采高不低于3.0 m,保证煤机正常过机,支架正常拉架	采煤机司机

各分管负责人和副总工程师负责分管范围内的双重预防工作,同时负责管控分管范围内的重大和较大风险。分管负责人和副总工程师风险管控清单即为分管范围的重大风险和较大风险管控清单(详见表2)。

表2 A煤矿总工程师管控清单示例

风险点	危险因素	检查项目	风险类型	风险描述	风险等级	管控措施	责任岗位
综采工作面	煤尘	煤尘	煤尘爆炸	2#煤具有爆炸性,采煤作业产生大量煤尘,存在煤尘爆炸事故的风险	重大风险	1. 定期清扫设备和冲洗巷道煤尘。防尘工定期对巷道进行洒水灭尘,清扫设备积尘	防尘工
						2. 工作面必须设置净化水幕,同时各转载点设置转载喷雾,并做到使用正常	防尘工
						3. 加强机组内外喷雾的使用管理。综采队必须保证机组内外喷雾完好且压力符合规定要求,同时使用机组喷雾加压泵等辅助除尘设备	采煤机司机
						4. 严格按照规定安设隔爆设施。通风区负责在采煤工作面运输巷按照规定设置隔爆设施	防尘工
六采区末端	水	六采区末端水仓	水灾	末端水仓小井持续出水,当前涌水量稳定在 150~170 m³/h,存在六采区末端被淹的风险	较大	1. 六采区末端水仓低水位排水,四台水泵交替运行,保证水泵台完好,排水设备运行可靠	水泵司机
						2. 及时对六采区中部水仓、2#风井底水仓清仓,确保有效仓容	清仓工
						3. 定期对六采区末端各系统巷的排水管路、通风系统、供电系统进行检查,发现问题及时维护修缮	机电检修工

各部门、区队的风险管控清单即为各自负责的生产区域内的重大、较大和一般风险管控清单(详见表3)。

表 3　A 煤矿综采一队风险管控清单示例

风险点	危险因素	检查项目	风险类型	风险描述	风险等级	管控措施	责任岗位
综采工作面	瓦斯	上隅角	瓦斯爆炸	综采工作面上隅角易产生瓦斯积聚，存在瓦斯爆炸事故的风险	重大风险	1. 加强上、下隅角顶板管理，确保上、下隅角顶板充分垮落。严格执行超前脱锚、施工切顶眼等管控措施	支护工
综采工作面	瓦斯	上隅角	瓦斯爆炸	综采工作面上隅角易产生瓦斯积聚，存在瓦斯爆炸事故的风险	重大风险	2. 监督落实好上隅角瓦斯相关管理规定在现场的执行，发现问题及时汇报、处理	瓦检员
						3. 每班由通风队瓦检员负责检查上隅角瓦斯浓度，检查次数不得少于 3 次	瓦检员
						4. 加强工作面抽放管理，重点落实好上隅角埋管抽放、裂隙钻孔抽放以及本煤层抽采，确保抽采效果	瓦斯抽放工
						5. 按规定在采煤工作面上隅角、工作面、回风流等地安设瓦斯传感器，通过监控系统平台实时关注工作面瓦斯变化情况	安全仪器监测工
综采工作面	煤体	采空区	火灾	2# 煤具有自燃性，采空区遗煤存在自然发火事故的风险	重大风险	1. 严格落实注氮泵日常检查维护，每周进行试验，确保注氮泵时刻处于完好状态	注氮泵司机

表 3(续)

风险点	危险因素	检查项目	风险类型	风险描述	风险等级	管控措施	责任岗位
综采工作面	煤体	采空区	火灾	2#煤具有自然性,采空区遗煤存在自然发火事故的风险	重大风险	2.工作面配备喷洒阻化剂设备,根据自然发火观测情况采取相应措施	防尘工
						3.组织开展采空区自然发火观测工作,利用采空区布置的束管每天采样分析,每周对地面抽采管路内的气体进行采样分析	束管监测工
						4.发现CO等自然发火标志性气体浓度有明显升高的现象,及时采取相应措施停止地面钻孔抽采,对采空区进行注氮	束管监测工

班组风险管控清单即为作业区域内的重大、较大、一般风险和低风险,以及当班作业活动主要安全风险。依据作业活动辨识出的风险制作岗位安全风险告知卡,下发岗位人员进行培训,并要求熟记。

(二)B电厂安全风险管控责任制定

B电厂依据双重预防工作的要求,针对全厂区辨识出的风险,制定相应的管控措施,明确管控层级并按专业、区域负责管控。重大风险由企业主要负责人管控;较大风险由分管负责人和部(科)室管控;一般风险由车间管控;低风险由班组岗位管控。表4为B电厂企业负责人管控清单示例。

表 4　B 电厂企业负责人风险管控清单

序号	风险点	危险因素	检查项目／作业步骤	风险描述	风险等级	工程技术措施	管理措施	培训教育措施	个体防护措施	应急处置措施	责任单位	责任人
1	锅炉房	膨胀指示器检修	膨胀指示器校对、调整	膨胀指示器检修时，检修人员有高处坠落的风险	重大风险	高空作业，站稳抓牢、戴好安全带，并系在牢固部件上；高挂低用；工作前进行安全风险点分析，安全风险评估确认	严格执行电力安全工作规程、锅炉检修规程、工作票制度，"特殊作业"安全管控流程，"三无一不准"规定，增设专责监护人，加强现场反违章自查自纠	学习掌握高空坠落急救措施；学习安全技术措施；支持工作任务，工作地点及高空作业注意事项，进行安全技术交底，提高安全意识	戴安全帽，穿防滑鞋；戴好安全带	保持安全通道畅通；当发生高空坠落人身伤害事故后，现场应立即采取防止受伤人员失血、昏迷等措施；迅速救护措施，拨打急救电话，请求救援	检修中心	×××
2	锅炉房	受热面检修	受热面测厚	受热面检修作业时，检修人员有高处坠落伤亡的风险	重大风险	高空作业，站稳抓牢、戴好安全带，并系在牢固部件上；高挂低用；工作前进行安全风险点分析，安全风险评估确认	严格执行电力安全工作规程、锅炉检修规程、工作票制度，"特殊作业"安全管控流程，"三无一不准"规定，增设专责监护人，加强现场反违章自查自纠	学习掌握高空坠落急救措施；学习安全技术措施；支持工作任务，工作地点及高空作业注意事项，进行安全技术交底，提高安全意识	戴安全帽，穿防滑鞋；戴好安全带	保持安全通道畅通；当发生高空坠落人身伤害事故后，现场应立即采取防止受伤人员失血、昏迷等措施；迅速救护措施，拨打急救电话，请求救援	检修中心	×××

表4(续)

序号	风险点	危险因素	检查项目/作业步骤	风险描述	风险等级	工程技术措施	管理措施	培训教育措施	个体防护措施	应急处置措施	责任单位	责任人
3	锅炉房	受热面检修	受热面管道焊补、更换	受热面检修管道焊补、更换时,检修人员有高处坠落伤亡的风险	重大风险	高空作业,站稳抓牢,戴好安全带,并系在牢固部件上;工作前进行危险点分析,安全风险评估确认	严格执行电力安全工作规程、锅炉检修规程、工作票制度,"特殊作业"安全管控流程,"三无一不准"规定,增设专责监护人,加强现场反违章自查自纠	学习掌握高空坠落急救措施;学习安全技术措施,支持工作任务,工作地点及高空作业注意事项,进行安全技术交底,提高安全意识	戴安全帽;穿防滑鞋;戴好安全带	保持安全通道畅通;当发生高空坠落人身伤害事故后,现场其他人员应立即采取防止受伤人员失血、休克,昏速等紧急救护措施;迅速拨打急救电话,请求救援	检修中心	×××
4	锅炉房	受热面检修	受热面喷涂	受热面检修喷涂时,检修人员有高处坠落伤亡的风险	重大风险	高空作业,站稳抓牢,戴好安全带,并系在牢固部件上;工作前进行危险点分析,安全风险评估确认	严格执行电力安全工作规程、锅炉检修规程、工作票制度,"特殊作业"安全管控流程,"三无一不准"规定,增设专责监护人,加强现场反违章自查自纠	学习掌握高空坠落急救措施;学习安全技术措施,支持工作任务,工作地点及高空作业注意事项,进行安全技术交底,提高安全意识	戴安全帽;穿防滑鞋;戴好安全带	保持安全通道畅通;当发生高空坠落人身伤害事故后,现场其他人员应立即采取防止受伤人员失血、休克,昏速等紧急救护措施;迅速拨打急救电话,请求救援	检修中心	×××

表 4（续）

序号	风险点	危险因素	检查项目/作业步骤	风险描述	风险等级	工程技术措施	管理措施	培训教育措施	个体防护措施	应急处置措施	责任单位	责任人
5	锅炉房	受热面检修	受热面集箱检查	受热面检修、集箱检查时有高处坠落死亡的风险	重大风险	高空作业、站稳抓牢、戴好安全带、并系在牢固部件上、高挂低用；工作前进行危险点分析、安全风险评估确认	严格执行电力安全工作规程、锅炉检修规程、工作票制度"特种作业"、安全管控流程，"三无一不准"规定，增设专责监护人，加强现场反违章自查自纠	学习掌握高空坠落急救措施；学习安全技术措施；交待工作任务，工作地点及高空作业注意事项，进行安全技术交底，提高安全意识	戴安全帽、穿防滑鞋；戴好安全带	保持安全通道畅通；当发生高空坠落后，现场其他人员应立即采取防止受伤人员失血、休克，昏迷等紧急救护措施；迅速拨打急救电话，请求救援	检修中心	×××
6	...	...	...	...	...	...	...	...	...	...	...	...

第六节 安全风险管控

一、理论解析

安全风险管控指对安全风险管控措施落实情况、管控效果进行检查、监测、分析的过程。

二、建设实操

安全风险管控工作包括重大风险管控、管控排查两部分内容。

（一）重大风险管控

1. 重大风险管控方案

由于重大风险危险性高、可能引发重特大事故，故生产经营单位应针对辨识评估出的重大风险，制定《重大安全风险管控方案》，方案主要包含五个方面：

（1）重大风险管控目标

结合重大安全风险的关键技术控制参数、标准及管理要求制定风险管控目标，作为重大风险管控的量化指标进行考核。

（2）重大风险管控措施

生产经营单位在制定日常风险管控措施的基础上，可采取集团会商、专家会诊、委托第三方专业机构或优秀管控单位考察学习等形式，着重从健全组织机构、完善规章制度、引进先进技术、应急减灾等方面有针对性地制定重大安全风险管控措施。

（3）重大风险管控物资和资金

制定重大风险管控工程物资和资金概算表，明确工程项目、计量单位、工程量、计划资金。

（4）重大风险结果应用

生产经营单位应结合年度风险辨识结果，年底前完成《重大安全风险管控方案》的编制，对下一年度生产计划、灾害预防和处理计划、应急救援预案、安全培训计划、安全费用提取和使用计划等提出意见。

（5）重大风险管控措施落实

生产经营单位应对重大风险管控措施按照责任单位、责任人、分管领导、完成时限等要求进行责任分解，由主要负责人组织实施《重大安全风险管控方案》，为方案实施提供人员、技术、资金等资源保障，使重大安全风险管控措施落实到位。主要负责人应关注重大安全风险管控方案的落实情况，包括指定人员监督检查、定期听取进展汇报、解决方案实施过程中出现的问题等。

2. 限员要求

生产经营单位应在满足国家、行业等关于作业人数限员规定要求的基础上，在存在重大安全风险的区域设定作业人数上限，在入口显著位置悬挂限员牌板。在设定作业人数上限时，一是要满足相关规定，二是要结合实际生产工作情况。

3. 公告警示

生产经营单位应在生产区域和存在重大安全风险区域的显著位置，公示存在的重大安全风险、管控责任人和主要管控措施，其中在单位显著位置公示所有的重大风险，在存在重大安全风险区域的显著位置公示该区域重大风险。

4. 重大风险日常管控

主要负责人应掌握并落实本矿重大安全风险及主要管控措施。

分管负责人、科室/部门负责人、专业技术人员应掌握相关范围内的重大安全风险及管控措施。

车间主任/区队长、班组长和关键岗位人员掌握并落实作业区域和本岗位相关的重大安全风险及管控措施。

车间主任/区队长、班组长组织作业时对作业区域内的重大安全风险管控措施落实情况进行现场确认，同时鼓励有条件的生产经营单位对作业区域内的全部安全风险管控措施落实情况进行确定，保证现场安全的情况下组织作业。

（二）管控排查

管控排查指生产经营单位组织人员定期对安全风险管控措施落实情况、管控效果检查，依据周期确定不同的检查类型，周期一般包括：每月、每半月（每旬）、每天、每班和动态，为体现风险-隐患一体化的管理并减少生产经营单位工作量，本部分工作可与隐患排查合并，具体开展形式见事故隐患排查治理章节。

案例示意　→　→　→

（一）A煤矿安全风险管控落实

2020年年底，A矿矿长组织开展年度安全风险辨识并组织编制《A矿重大安全风险管控方案》，经矿长安全办公会审核通过后，批准实施《2021年A矿重大安全风险管控方案》。

A矿矿长每月底前组织召开重大风险分析例会，分管领导汇报分管系统内的重大风险管控措施落实情况和管控效果，针对管控过程中出现的问题调整完善管控措施，并结合年度和专项安全风险辨识评估结果，布置本月安全风险管控重点。

分管领导牵头，每旬组织相关业务部室召开分管系统的风险分析例会，对月初布置的安全风险管控重点实施情况和管控措施落实情况进行检查分析，并及时完善改进管控措施。

副总工程师以上的矿级领导跟带班上岗过程中，严格按照《煤矿领导带班下井及安全监督检查规定》，跟踪重大安全风险管控措施落实情况，发现问题及时督促整改。

队级领导跟带班及班组长上岗时，对当班本队所属作业区域内安全风险管控落实情况进行巡查，发现问题及时处理。

现场作业人员在开工前及工序转换时，针对岗位风险告知卡内容进行安全确认。

（二）B电厂安全风险管控落实

B电厂明确了公司主要负责人是安全风险管控工作的第一责任人，对公司的安全风险管控工作全面负责。各级安全保障部门是本级风险管控工作的实施主体，具体推动开展设备、生产、技术和作业活动安全风险辨识、评估与管控工作。

B电厂根据年度风险评估的结果，针对安全风险特点，通过隔离危险因素、采取技术手段、实施个体防护、设置监控设施等措施，达到规避、降低和监测风险的目的。电厂制定了《重点班组、区域安全生产管理责任划分一览表》，逐一落实公司、车间、班组和岗位的管控责任，有效降低、减小了事故发生的可能性。

B电厂建立完善了安全风险公告制度，对全体员工开展了风险教育和培训。

在生产现场设置明显警示标志,强化风险的监测和预警。在生产厂区和氨区、氢站等醒目位置和重点区域分别设置安全风险公告栏,标明主要安全风险、可能引发的事故隐患类别、事故后果、管控措施及检查频次、责任人等内容,提醒各级人员履行自身安全管理职责。

B电厂组织对典型作业活动进行风险辨识评估,编制了公司《公司风险辨识、评价和分级》制度,明确了典型作业活动的安全管控。其中,检修作业行为包括作业前准备、作业过程、完工恢复等作业步骤的辨识、评价和分级;运行作业包括操作前准备、操作过程、操作终结等步骤的辨识、评级和分级。各项工作负责人办理工作票时,严格按照公司风险管控规定,工作开始前工作负责人检查人员着装、精神状态和安全工器具是否合格,考问作业人员该项工作的危险点及预控措施,作业过程中核实安全措施正确执行后开展工作。

现场检修作业实行安全风险分级许可,低风险作业由责任部门专责工程师许可,一般风险作业由责任部门负责人许可,较大风险作业由安全监察部许可,重大风险作业由生产副总经理许可。许可的程序是逐级审核风险辨识结果,审查安全技术措施,检查现场安全措施落实情况,确认具备开工条件后签字。

第七节　安全风险动态评估与四色图

一、理论解析

(一)风险动态评估

风险动态评估指根据安全风险管控效果和隐患排查治理情况等相关信息对风险进行实时评估的一种评估方式。

(二)四色安全风险空间分布图

四色安全风险空间分布图指依照风险等级绘制的生产系统、场所、区域图、风险点,按照风险点内存在风险的最高等级确定重大风险、较大风险、一般风险、低风险,分别对应红、橙、黄、蓝四种颜色。

二、建设实操

（一）风险动态评估

风险动态评估相较于风险评估是不同的，严格而言，这里有一个动态风险和固有风险的概念。本章第三节内容安全风险评估中评估的实际对象是固有风险，是生产经营单位明确的管控重点。而动态风险是当前各项措施采取后剩余的风险，因此它是随着风险管控效果和隐患排查治理情况等不断变化的。在实际工作中，生产经营单位真正要重视的应该是动态风险，通过动态风险评估指导各个部门、岗位开展安全管理工作。

由于动态风险评估是一种实时的评估，而且数据量较大，建议生产经营单位运用信息化手段开展此项工作。

（二）四色安全风险空间分布图

生产经营单位应按照年度风险辨识结果，结合风险点绘制四色安全风险空间分布图，当风险点或风险发生变化时及时进行更新。风险点的等级和风险点下关联的风险的数量没有关系，只由该风险点关联的最高风险等级确定为重大风险、较大风险、一般风险、低风险，分别对应红、橙、黄、蓝四种颜色。

案例示意 ➡➡➡➡

在安全风险动态评估方面，A煤矿通过安全风险辨识，建立了安全风险数据库，依托双重预防管理信息系统，根据风险管控和隐患排查情况，并配置相应的规则在系统中自动生成"红橙黄蓝"四色安全风险空间分布图（图1），实现了单位安全风险动态评估、自辨自控。

图1　A煤矿四色安全风险空间分布图

在四色安全风险空间分布图绘制方面,B电厂通过各个风险点下的最高风险等级确定了各个风险点的等级,并用红、橙、黄、蓝四种颜色表示,绘制了厂区安全风险四色图(图2)。

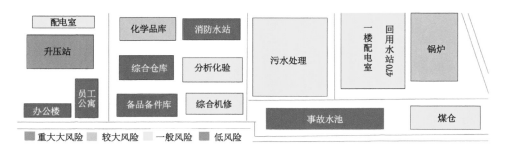

图2　B电厂四色安全风险空间分布图

第八节　安全风险分级管控与个性化安全管理方法融合

一、岗位作业流程标准化

2019年5月13日,山西省应急管理厅下发《关于开展煤矿岗位作业流程标准化试点工作的通知》,在全省范围内大力推行岗位作业流程标准化,立足于岗位,加强管理和素质提升,以辨识管控岗位作业风险为前提,以排查治理作业过程隐患为重点,以规范管理员工岗位操作为目的,使员工熟知岗位知识和操作技能、掌握作业条件和环境变化、提升自救互救和现场应急处置能力,推动员工养成在岗按流程标准化作业的习惯。

岗位流程标准化与岗位风险管控相关联,实现了岗位作业标准和岗位风险管控标准一体化管理,在提高基础员工作业操作技能的同时将岗位风险管控落地,让基层员工知道如何去作业、哪里有风险、如何管风险。在煤矿基层员工素质相对较低的大环境下,岗位作业流程标准化和岗位风险管控的结合,对如何有效提高煤矿基层员工安全生产意识和规范各工种岗位流程操作提出一种可操作性的方法,在提升煤矿安全管理水平的同时也将大幅降低了安全管理人员的工作强度。

二、"四级"安全风险辨识评估体系

兖州煤业股份有限公司兴隆庄煤矿为全面辨识安全风险,构建了"四级"安全风险辨识评估体系:

第一级:以矿科室为责任主体的系统安全风险辨识评估;

第二级:以井下区队为责任主体的"三位一体"安全风险辨识评估;

第三级:以班组为责任主体的重点工序安全风险辨识评估;

第四级:以职工为责任主体的岗位"五五"安全风险辨识评估。

通过四级安全风险辨识评估,全面辨识生产经营活动中的安全风险,将安全风险等级按照 A、B、C、D 四个级别进行划分。该体系贯穿安全生产工作全过程,并通过应用 PDCA 闭环管理,不断持续改进,达到提升矿井安全风险综合预控能力的目的。

三、"12350"安全管理模式

宁夏煤业集团公司任家庄煤矿构建了"12350"安全管理模式,旨在警醒全体员工安全生产要"居安思危、警钟长鸣",增强全员的责任感,时刻告诫煤矿安全生产不仅关乎全员职工健康,还影响着社会稳定。

"12350"安全管理模式,即确保一个体系、抓好两个强化、坚持三不生产、做到好五件事情、实现安全"零"目标,其中"确保一个体系"便为确保安全风险预控管理体系落地和有效运行,要求风险管理务必求"全":

(1)全面危险因素辨识。每年开展一次覆盖全部生产活动的危险因素辨识和风险评估,制定有针对性的管理标准和管控措施。

(2)全员风险管控。建立健全全员准入机制,建立健全各工种操作规程,规范员工操作行为,全员参与风险管理,逐级落实责任。

(3)全方位风险管控。全面梳理生产经营活动,划分责任区域、明确责任单位,建立健全矿与相关方互评机制,做到不留死角、盲区。

(4)全过程风险管控。健全风险控制程序;建立风险管控清单,采取定期与动态相结合方式进行监测、预警,每月开展系统安全评价,确保风险得到有效控制。

"12350"安全管理模式将风险管理思想作为企业整体管理模式的引领,将安全风险管理与企业整体管理模式融合,并对安全风险辨识、管控提出务必"全"的要求,确保了企业整体安全管理水平的提升。

第六章

隐患排查治理

隐患排查治理作为避免隐患向事故演变的防火墙,是安全双重预防机制的重要组成部分,指对生产经营过程中产生的隐患进行排查、治理、督办、验收、分析的过程。企业要建立完善的隐患排查治理制度,明确和细化隐患分级标准、排查、登记、治理、督办、验收、销号、分析总结、检查考核的工作要求,将责任逐一分解落实,推动全员参与自主隐患排查,实现对隐患排查治理的闭环管理。其工作流程如图 6-1 所示。

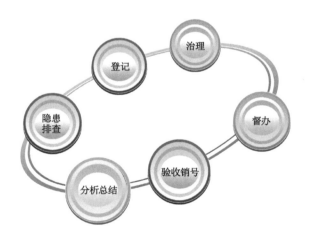

图 6-1 隐患排查闭环管理工作流程

第一节　隐患排查类型与计划

一、隐患的概念

隐患是指在生产经营活动中,当风险管控措施缺失、失效或落实不到位后,存在可能导致事故发生或导致事故后果扩大的物的不安全状态、人的不安全行为和管理上的缺陷,具体包括:

(1)作业场所、设备设施、人的行为及安全管理等方面存在的不符合有关安全生产方面的法律、行政法规、部委和国务院直属机构的部门规章、所在地地方性法规、地方政府规章、国家标准、行业标准、地方标准、所在单位安全生产管理规章制度(含操作规程、检维修规程)等规定的情况。

(2)有关安全生产方面的法律、行政法规、部委和国务院直属机构的部门规章、所在地地方性法规、地方政府规章、国家标准、行业标准、地方标准、所在单位安全生产管理规章制度(含操作规程、检维修规程)等规定中未作明确要求,但在风险识别过程中识别出的作业场所、设备设施、人的行为及安全管理等方面存在的缺陷。

这里隐患的概念主要区别于问题。问题是指,安全生产现状与有关法律、行政法规、部委和国务院直属机构的部门规章、所在地地方性法规、地方政府规章、国家标准、行业标准、地方标准、所在单位安全生产管理规章制度(含操作规程、检维修规程)等规定之间的差距。问题一般对应的是检查,即为了发现问题而查看,经常与"执法"相关联,现在经常用"执法检查"这个说法,检查出的问题,一般和考核挂钩。隐患一般对应的是排查,即为了发现隐患而在一定范围内进行逐个审查。排查出的隐患,一般先给出整改期限,整改期限内没有完成整改的,才会考核。其中,属于有关文件中未作明确要求但在风险识别过程中识别出来的隐患,被查出单位可以与排查人员进行探讨,提出进一步论证。

二、隐患的分级

新《安全生产法》第四十一条对生产经营单位的安全生产制度建设作出了

规定,更加重视制度的落实,要求"建立健全并落实生产安全事故隐患排查治理制度,采取技术、管理措施,及时发现并消除事故隐患"。不同事故隐患的治理难度、责任单位等各不相同,因此必须对隐患进行分级管理。

隐患按照整改难易程度及可能造成后果的严重程度一般分为重大隐患和一般隐患。

重大隐患指危害和治理难度大,应全部或局部停产,并经过一定时间治理方能排除的隐患,或因外部因素影响致使本单位自身难以排除的隐患。

一般隐患指危害程度和治理难度小,发现后能够立即通过治理排除的隐患。

对于一般隐患可根据隐患整改的难易程度或后果的严重程度进行细分,具体细分为几个等级,企业按照便于管理的原则自行确定。

例:可按危害程度、解决难易、工程量大小将一般隐患分为 A、B、C 三级,如图 6-2 所示。

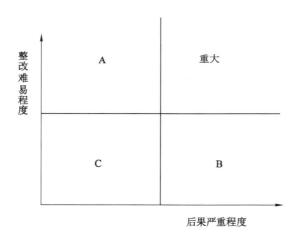

图 6-2　隐患分级示意图

一般 A 级隐患指危害较重有可能造成人员伤亡或严重经济损失,治理工程量大,需由企业或上级主体企业、部门协调、企业主要负责人组织治理的隐患;

一般 B 级隐患指危害一般,有可能导致人身伤害或较大经济损失,治理工程量较大,需由企业分管负责人组织治理的隐患;

一般 C 级隐患指危害轻,治理难度和工程量小,由企业基层区队/车间主要负责人组织治理的隐患。

三、隐患排查类型

企业应组织人员定期对安全风险管控措施落实情况、管控效果及事故隐患进行排查,依据周期确定不同的排查类型,周期一般包括:每月、每半月(每旬)、每天、每班和动态,具体排查类型包含但不限于以下几种(图6-3):

(1)综合性隐患排查;

(2)专业性隐患排查;

(3)日常隐患排查;

(4)班组岗位隐患排查;

(5)专项或季节性隐患排查。

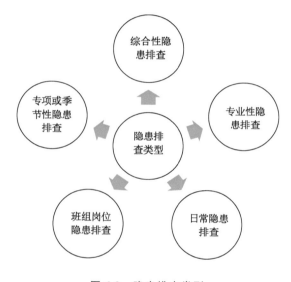

图6-3　隐患排查类型

四、隐患排查计划

(一)综合性隐患排查

综合性隐患排查也称月度排查、安全生产大检查等,指生产经营单位主要负责人每月组织分管负责人,安全、生产、技术等业务科室(部门)及生产组织单位(区队)对重大风险管控措施落实情况、管控效果及覆盖生产各系统、各岗位的事故隐患开展1次排查。

综合性隐患排查必须由企业主要负责人组织,可多专业、多部门、多单位统一集中进行,也可分专业、分部门、分单位、分时段进行。排查工作应提前制定工作方案,方案要满足时间、方式、范围、内容和参加人员"五明确"。同时应保留相应的记录,如安排隐患排查工作召开的有关会议记录、签发的通知以及排查出隐患的台账等。

案例示意 ➡➡➡

L 生产经营单位综合性隐患排查案例:

2021年3月2日,总经理张××在调度楼四层会议室主持召开3月份月度隐患排查会议。该单位副总以上领导、相关部室负责人及生产组织单位负责人参加了会议。会上,总经理安排各专业于3月5日开展一次对(重大)风险管控措施落实情况、管控效果及覆盖生产各系统、各岗位的事故隐患的排查。

针对排查工作提出以下要求:

1. 4月份月度事故隐患排查工作按照安监处制定的工作方案执行。

2. 各专业分管领导认真组织安排,各专业根据排查重点进行排查。

3. 重点对××工作面初采前进行系统排查。

4. 对××风巷迎头临时支护及单轨吊的使用重点排查。

5. 吸取××单位绞车伤人事故教训,对井下无极绳绞车、轨道绞车等重点排查。

会议形成会议纪要(图1),后附工作方案(图2)。

XXXX 会纪〔2021〕38号

关于4月份总经理月度隐患排查工作安排的
会 议 纪 要

时　间:2021年3月2日

地　点:调度楼四层会议室

主持人:张 xx

参会单位及人员:副总以上在矿领导、各单位负责人

会议内容:

为切实加强我公司隐患排查治理工作,保障矿井安全生产,会上张矿长安排各专业于3月5日开展一次对重大风险管控措施落实情况、管控效果及覆盖生产各系统、各岗位的事故隐患的排查。并提出了几点要求:

图 1　月度隐患排查会议纪要

3月份月度事故隐患排查工作方案

根据公司事故隐患排查工作制度要求，就 3 月份隐患排查具体工作安排如下：

一、排查时间： 2021 年 3 月 5 日

二、排查的方式： 动态排查和静态排查相结合

三、排查范围： 地面、井下各作业地点和要害部位

四、排查内容：

（1）采掘专业：重点采掘作业地点顶板管理……

（2）机电、运输专业：重点对井下机电、运输……

（3）通风专业：重点对通风系统、防尘管理……

（4）地质灾害与测量专业：重点对井下防治水……

（5）风险管控、事故隐患排查、职业卫生、安全培训和应急管理专业：重点对"六大系统"、人员培训持证……

五、参加人员及专业分组：

采掘专业：……

机电、运输、调度和地面设施：……

通风专业：……

风险管控、事故隐患排查、职业卫生、安全培训和应急管理专业：……

参加排查人员共分为 6 组，按专业不同进行全覆盖排查。

（后附排查安排表）

六、工作要求

图 2　月度事故隐患排查工作方案

（二）专业性隐患排查

专业性隐患排查也称为半月度/旬度隐患排查，指生产经营单位分管负责人每半月/旬组织相关人员对覆盖分管范围的（重大）安全风险管控措施落实情况、管控效果和事故隐患开展 1 次排查。

专业性隐患排查由生产经营单位分管负责人组织，可以多专业合并开展，开展形式可参考综合性隐患排查。

（三）日常隐患排查

日常隐患排查也称为每天隐患排查，指生产期间，业务科室（部门）、生产组织单位（区队）每天安排管理、技术和安检人员进行巡查，对所巡查风险点内的风险管控措施落实情况和事故隐患进行排查。

业务科室（部门）应安排管理人员和技术人员，生产组织单位（区队）应安排区队长、班组长、技术员，和安检人员每天进行巡查，对作业区域开展事故隐患排查，包括风险管控检查，并做好排查记录。

（四）班组岗位隐患排查

班组岗位隐患排查也称为每班排查，指岗位作业人员作业过程中随时排查事故隐患。

班组岗位人员的主要任务在于日常的生产作业，应当熟练掌握本岗位的安全风险和常见隐患，在作业过程中随时关注岗位风险变化情况、排查事故隐患，发现问题及时上报，并做好排查记录。

（五）专项或季节性隐患排查

专项或季节性隐患排查指针对政策性安排以及季节、环境、作业状态、施工工艺、装备设施、施工人员等有较大变化的情况下由分管业务科室组织相关人员进行预防性排查。

五、隐患排查记录

生产经营单位应对隐患排查的结果进行记录，建立隐患排查治理台账（图 6-4），跟踪隐患治理的全过程。隐患台账应根据隐患排查类型分类建立，内容包括排查类型、排查日期、排查人、隐患地点（风险点）、隐患描述、隐患等级、隐患专业、治理措施、责任单位、责任人、督办单位、督办人、治理期限、验收人、验收单位、验收日期等。

（排查类型）隐患排查治理台账														
序号	排查日期	排查人	风险点	隐患描述	隐患类型	隐患专业	隐患等级	治理措施	责任单位	责任人	督办单位	督办人	治理期限	验收单位	验收人

图 6-4　隐患排查治理台账

第二节　隐患治理

排查和发现隐患的目的是消除隐患,若排查出来又不及时治理,等于没有排查安全隐患,必然威胁生产安全。生产经营单位应通过隐患治理,杜绝一切事故苗头,认真消灭事故隐患,同时举一反三,查找和弥补安全管理和工作中的差错和疏漏,防微杜渐,确保安全生产。

一、隐患治理的流程

隐患治理的主要流程如下:

(1)基层单位对已查出的隐患评估、分级。

基层单位管理人员,主要是科区(车间)跟带班人员、班组长,根据事故隐患的分级标准,对自查和监督检查中已查出的隐患进行评估,判断能否自行整治,能够自行整治的自行治理,不能够自行整治的汇报监督管理部门。

(2)基层单位自主闭合处理隐患。

对于能够自行治理的隐患,基层单位管理人员制定整改方案,安排治理责任人,并监督治理,最终检查验收、记录整理。当班不能处理完毕的隐患,汇报值班处,由值班处安排下一班次继续治理。

(3)监管部门负责组织闭合处理隐患。

对于不能够自行整治的安全隐患,基层单位汇报监督管理部门,由监管部门协调相关部门及人员制定隐患治理方案,组织责任单位实施,并对隐患治理过程进行监督,对治理结果核查。安全隐患威胁到安全生产时,要停止生产,待隐患彻底消除后、处于安全状态下再继续生产。

(4)逾期未处理、验收未通过的隐患。

对于已发现而逾期未处理的隐患,应当提高督办部门(人)级别,协调、督促相关部门及时采取措施对隐患进行治理。验收部门对验收未通过的隐患,应及时督促相关部门重新制定整改方案并监督治理,确保隐患及时排除。

二、隐患治理分级计划的制定

隐患治理应遵循"分级治理、分类实施"的原则,主要包括岗位纠正、班组

（区队）治理、分管部门治理、企业治理。

隐患治理实施分级治理，不同等级的隐患治理由相应的层级单位（部门）负责。

（1）对于有条件立即治理的隐患，在采取措施确保安全的前提下，隐患所属单位（部门）必须立即治理。

（2）对于难以采取有效措施立即治理的隐患，隐患所属单位（部门）须立即向上级管理部门报告，由上级部门组织相关技术人员制定措施，然后实施治理，限期完成治理。

（3）对于重大隐患，由主要负责人负责组织制定治理方案，然后实施治理。

三、隐患治理及上报

各部门（部室）、科区（车间）负责人必须亲自安排本单位的日常隐患治理工作，指派专人负责隐患的治理。隐患治理必须符合责任、措施、资金、时限、预案"五落实"要求，确保治理落到实处。部门隐患排查及治理记录、验收记录、有关会议纪要等资料要认真填写，记录由专人负责，并建立台账。

对于图6-2中A区和B区的隐患没有进行明确规定，生产经营单位在进行隐患分级的时候如果必要也可进行明确区分，可参考如下分级方法：

（1）重大隐患。

（2）一般A级隐患：难度大，需由生产经营单位领导班子集体协商或上报由上一级公司解决的事故隐患。

（3）一般B级隐患：难度较大，业务部室解决不了，须由业务部室、安全监察部门或生产经营单位领导协调组织解决的事故隐患。

（4）一般C级隐患：由业务部室能自行解决的隐患。

（5）一般D级隐患：由科区（车间）能够自行治理的隐患。

（6）一般E级隐患：由班组能够自行整改的隐患。

生产经营单位按照隐患分级标准对隐患进行分级治理，并同时上报治理情况：

（1）一般E级隐患：由班组负责现场立即治理，并将治理情况上报科区（车间）。

（2）一般D级隐患：由科区（车间）负责及时组织整改，治理报告经科区（车间）签字后报业务部室。

（3）一般C级隐患：由业务部室及时组织治理，治理报告经分管领导签字后报安全监察部门。

（4）一般 B 级隐患：由业务部室、安全监察部门对分管业务范围内的 B 级隐患提出治理意见，指导有关单位制定隐患治理方案，并督促落实治理，治理报告经分管领导、安全监察部门签字后报主要负责人。

（5）一般 A 级隐患：由生产经营单位安全办公会集体研究，提出初步治理方案上报上级有关部门，经审批后，根据审批意见组织治理。生产经营单位应如实记录事故隐患排查治理情况，并通过职工大会或职工代表大会、信息公示栏等方式向从业人员通报，其中重大事故隐患排查治理情况应当及时向负有安全生产监督管理职责的部门和职工大会或职工代表大会报告。

各单位对日常隐患排查、专项安全检查、季度安全大检查等查出的各类隐患要按照"五落实"的原则治理，做到隐患治理落到实处，新增隐患及逾期隐患纳入隐患排查治理台账，实行闭合管理。

四、措施制定

隐患治理措施是将失控的隐患恢复到受控状态，也是隐患治理的依据，隐患排查治理措施应按照隐患等级和是否能够当班治理完成制定相应的治理措施。

发现一般隐患能现场解决的要现场治理、当场解决，对于一些治理时间长、治理难度大的隐患，按照责任、措施、资金、时限、预案要求限期治理。

（一）责任

隐患治理分级管理要求对排查出的事故隐患进行分级，按照事故隐患等级明确相应层级的单位（部门）、人员负责治理、督办、验收，确保闭环流程各个环节都有单位、人员负责。

（二）措施

治理单位及责任人接到隐患治理任务时，必须制定专门的治理措施。隐患治理要做到安全技术措施、安全保证措施、强制执行措施和安全培训措施四到位，避免在隐患治理过程中再发生事故。

处理危险性较大的事故隐患，治理过程中现场要有专人指挥、明确安全负责人（班组长及以上管理人员）、设置安全警示标识。

（三）资金

建立安全生产费用提取、使用制度，确保隐患治理工作资金有保障。

（四）时限

检查部门排查出隐患,确定治理单位及责任人、整改期限、督办单位,治理单位制定措施进行整改。到期后,检查部门指定人员现场验收隐患整改结果,如逾期未整改,则隐患升级,提高督办部门行政层级,重新确定整改期限;治理单位在整改期间如没申请延期整改并说明原因或重新制定整改方案造成的延期,督办单位应予以考核。

（五）预案

对于整改难度较大、科区（车间）解决不了的事故隐患由生产经营单位组织管理部门专业人员提出整改建议,指导责任单位制定整改方案,并督促落实整改。

对于重大隐患由生产经营单位主要负责人组织制定专项治理方案,管理部门、基层区队负责制定具体措施进行整改。

五、措施完善

在隐患治理过程中,由于人的不安全行为、管理上的缺陷、技术上的不完善、环境出现的不确定因素等原因往往会出现共性隐患、反复隐患、新增隐患和重大隐患,必须要加强分析隐患产生的原因,通过生产经营单位月度事故隐患统计分析和责任单位自我深挖隐患产生的根本原因及内在机理,及时对有关条款进行相应补充,完善具体措施与事故防范措施。

第三节　隐患督办与验收

事故隐患督办是对隐患排查治理所提出的新的要求,也是其与传统隐患闭环管理的重要区别。

一、事故隐患督办概述

督办是为了保证所有的隐患能够得到及时治理,且在治理过程中能够准确遵守相关规定,符合技术和措施要求,因而在检查人、责任人之外,对隐患治理过程进行监督、指导的活动。

生产经营单位应建立健全事故隐患排查体系,对排查出的事故隐患进行分级治理,不同等级的事故隐患由相应层级的单位(部门)负责,按事故隐患等级进行治理、督办、验收。

在督办前首先明确督办责任单位(部门)和责任人员,督办单位(部门)负责事故隐患排查治理督办工作,每月对各单位、专业事故隐患排查治理情况进行检查、考核、通报。生产经营单位发现重大隐患后,除按要求上报外,还应对重大隐患实行主要负责人挂牌督办,并在醒目位置挂牌公示,实行跟踪落实,闭环管理,做好资料记录,督促治理单位及时记录治理情况和工作进展,定期向监管部门上级汇报重大隐患整改情况,直到整改结束。

（一）现场当班能够立即处理的隐患

这类隐患整改难度很小,班组能够现场立即整改,检查人做记录时,明确治理单位及责任人、督办单位及责任人、验收人,一次性走完隐患排查、治理、验收整个闭环流程。

（二）非现场能够立即处理的隐患

这类隐患整改难度较大,班组现场不能立即整改,需要科区(车间)甚至企业统一组织整改。检查部门排查出隐患,确定治理单位及责任人、整改期限、督办单位,治理单位制定安全技术措施进行整改。到期后,检查部门指定人员现场验收隐患整改结果,如未按规定要求(内容、质量)完成整改,则隐患升级,提高督办部门行政层级,重新确定整改期限;如隐患逾期未整改,督办人可以在整个隐患治理期间进行多次督办,直到验收通过。具体督办流程见图 6-5。

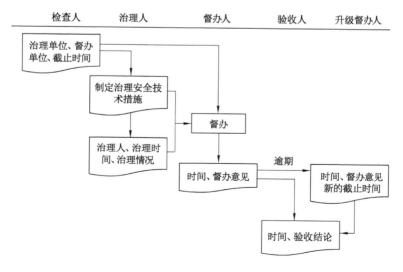

图 6-5　非现场处理完成隐患督办流程

二、隐患督办流程

在事故隐患治理过程中实施分级督办,对未按规定(指内容、质量、期限)完成治理的事故隐患,及时提高督办行政层级,按照隐患治理对应的层级向上提升一级,加大督办力度。

升级后的督办,督办信息、治理过程及完成信息应该向升级后的督办人报告,并由升级后的督办人增加督办记录。隐患升级督办后,原治理信息和督办升级后的信息都应该准确记录,并能够追溯。

三、重大隐患挂牌督办

对于自检或上级安全监管监察部门检查发现的重大隐患实行挂牌督办,生产经营单位及时在显著位置公示重大隐患地点、主要内容、治理时间、责任人、停工停产范围等内容,安全监管监察部门对挂牌的重大隐患进行督促整改、跟踪督办和执法处罚。上级安全监管监察部门应对其检查发现的重大隐患挂牌督办,定期监督检查,掌握进度。

四、隐患治理验收及销号

隐患治理复查验收情况纳入各级隐患排查台账。隐患治理复查验收合格,经复查验收人员签字,予以销号。一般 E 级隐患治理完成后,由班组长和跟班干部复查验收;一般 D 级隐患治理完成后,由业务科室复查验收;一般 C 级隐患治理完成后,由安监部门复查验收;一般 B 级隐患治理完成后,由安监部门会同相关业务科室复查验收;一般 A 级隐患治理完成后,由生产经营单位组织预验收,并上报上级单位复查验收。

自检发现并上报的重大隐患,由生产经营单位验收销号,安全监管部门负责核查;上级安全监管部门发现的重大隐患,由相关安全监管部门组织验收、销号,对于逾期不改的按《安全生产法》要求进行处罚,强制执行。

第四节　不安全行为管理

生产经营单位必须设立不安全行为管控的主管部门,该部门可由其他职能科室兼职。生产经营单位需制定不安全行为管理制度,应包含并不限于以下内容:不安全行为的定义、发现、举报、帮教、考核、再上岗、回访、记录等规定,并且明确所有员工都有现场制止不安全行为(含"三违"行为)的权力。生产经营单位要对不安全行为进行规范的管理和帮教,杜绝或制止不安全行为发生,保证企业长治久安。

一、不安全行为的表现

不安全行为是人表现出来的,与人的正常心理特征相违背的行为,可能造成事故发生的人为错误,包括引起事故发生的不安全动作、未按照安全规程操作、"三违"现象等。不安全行为反映了事故发生的人的方面的原因。

二、不安全行为的发现

"不安全行为"的发现(检查)要融入日常安全监督检查工作中,在各类定期检查、动态检查、专项检查、管理人员跟带班中要将"不安全行为"纳入检查范畴,并不定期组织抽查。根据不同时期、不同作业环境确定"不安全行为"检查重点。安全监察部门是"不安全行为"的主体监督检查机构,其他职能科室均负有员工"不安全行为"监督检查、纠正的义务。班组长对作业人员有现场监督和提醒按章作业的责任,每位员工个人要履行按章作业的义务。

三、不安全行为的记录分析

各基层单位每月对发生在本单位的"不安全行为"进行梳理、记录、分析、通报。安全监察部门针对"不安全行为",建立统计台账(图 6-6),每月进行一次统计分析,并在安全办公会或月度工作会议进行通报。

××公司×科区不安全行为人员统计台账								
序号	单位	姓名	工种	时间	地点	不安全行为表现	处理情况	备注
1								
2								
3								
4								
5								

图 6-6　不安全行为统计台账

安全监察部门及各职能科室、班组（车间）要根据统计分析报告，对高发"不安全行为"的类型、人群、时段等制定有针对性的管控措施，明确重点管控对象：

（1）安全监察部门及各单位要安排专人对"不安全行为"进行记录、总结、归类，分析"不安全行为"的分布、规律、性质及产生的原因，并对可能产生的后果进行预警预报。

（2）各部门要制定"不安全行为"旬分析、月总结制度，对"不安全行为"人员所在的队组、工作地点存在的不安全因素进行分析。

（3）安全监察部门每月对"不安全行为"按照分析要素进行分析，每年结合上年度行为控制情况，从管理、现场环境、制度等方面进行分析，找出安全管理的漏洞和短板，加以整改。

四、不安全行为的举报

生产经营单位需在各部门设立举报箱，并指定专人负责收集整理，主要接收各类不安全行为举报。所有员工均有制止不安全行为的权力，所有举报事件，一经核实，应对不安全行为发生人员进行处罚。生产经营单位需建立"不安全行为"举报奖励制度，对于举报的不安全行为根据企业实际情况进行奖励并坚决维护举报人的合法权益，做好举报保密工作。

五、不安全行为的纠正帮教

生产经营单位需做好"不安全行为"人员的帮教纠正工作（表6-1）。对所有查出有不安全行为的人员，应当采取恰当的方法和有效措施进行行为纠正，根据行为严重程度分层次、有针对性地开展引导、帮教和培训工作，避免重复发生不安全行为。

发现不安全行为后，必须进行现场纠正。同时，要根据不安全行为等级，适时组织针对性培训。对发生"不安全行为"的员工，需由所在单位、安全监察部门组织进行帮教，以提高培训教育效果；对于重复发生"不安全行为"的人员，企业要针对性地制定举措。

对发生不安全行为的员工，本单位管理人员要及时了解"不安全行为"人员的思想动态，深刻剖析不安全行为发生的原因，制定具体的管控措施。生产经营单位要把"不安全行为"的矫正与员工业务培训相结合，通过员工技能的提升，减少发生不安全行为的可能性。生产经营单位要结合"不安全行为"，充分发挥党组织、团组织、工会、协安会等的作用，组织开展各类亲情帮教活动，筑牢安全生产防线。

表 6-1　不安全行为人员帮教记录表

违章人		帮教单位		帮教负责人	
时间		地点		培训负责人	
不安全行为事实经过、原因、性质					
所违反的具体规定条款					
责任人写出对不安全行为的危害性认识					

保证书

尊敬的领导：

　　我叫_____，是一名_____(岗位)，因_____(时间)在_____(地点)有不安全行为，造成了安全事故隐患，经过帮教和培训使我深刻认识到_____，今后保证不再有违章等不安全行为。

保证人：

日　期：

六、不安全行为的培训再上岗

　　生产经营单位要对不"安全行为"人员进行安全培训教育，按照不安全行为的严重程度，针对性地制定培训学时、内容，并做好培训记录，经考核合格后，方可上岗作业。

　　对"不安全行为"的员工培训应当包括以下内容：

　　(1)国家安全法律、法规，企业印发的相关安全生产文件及规程措施；

　　(2)不安全行为对国家、集体、个人造成的后果的有关材料；

　　(3)本岗位危害因素辨识及制定的预防措施；

　　(4)其他需要学习的相关知识。

七、不安全行为再上岗人员的行为观察和回访

　　生产经营单位要对不安全行为再上岗人员在上岗一周内至少实施一次行为观察，行为观察人员为管理人员、技术人员、班组长。行为观察人员要本着负责的态度，实事求是，认真观察不安全行为再上岗人员，制定并填写不安全行为再上岗人员行为观察表，并作出再上岗评价，对于评价不合格人员继续进行帮

教培训。

生产经营各单位各部门必须要对再上岗人员进行回访,回访人员为管理人员、技术人员、班组长、所属班组职工,回访人员要制定并填写回访表格(表6-2),回访至少包括不少于3人次回访人员签署的再上岗人员的评价意见。

表 6-2　不安全行为再上岗人员回访表

基本状况	姓名		单位		岗位	
	学历		年龄		工龄	
不安全行为时间						
不安全行为事实						
同事对不安全行为再上岗人员最近工作反映和反馈			签字:		年　月　日	
班组长对不安全行为再上岗人员反馈和评价			签字:		年　月　日	
区队长对不安全行为再上岗人员评价			签字:		年　月　日	
跟踪观察结果			签字:		年　月　日	

第五节　重大隐患排查治理

一、重大隐患判定标准

在我国安全生产行业中,化工和危险化学品、烟花爆竹、煤矿等生产经营单位安全矛盾尤为突出,为准确判定、及时整改生产经营单位重大生产安全事故隐患,有效防范遏制重特大生产安全事故,依据有关法律法规、部门规章和国家标准,应急管理部下发了相关文件,明确了重大生产安全事故隐患判定标准。各生产经营单位只需对照相关文件即可判定重大隐患,从而达到准确认定、及时消除的目的。

二、重大隐患排查治理

生产经营单位依照判定标准,对本单位开展自查,由生产经营单位主要负责人组织制定并实施重大事故隐患治理方案(图6-7)。重大事故隐患治理方案应当包括以下内容:

(1)治理的目标和任务;

(2)采取的方法和措施;

(3)经费和物资的落实;

(4)负责治理的机构和人员;

(5)治理的时限和要求;

(6)安全措施和应急预案。

对排查中发现的重大隐患应及时治理,经治理后符合安全生产条件的,生产经营单位应当向安全监管监察部门和有关部门提出恢复生产的书面申请,经安全监管监察部门和有关部门审查同意后,方可恢复生产经营。申请报告应当包括治理方案的内容、项目和安全评价机构出具的评价报告等。

三、重大隐患报告

生产经营单位的安全生产管理人员在检查中发现重大事故隐患,应向本单位有关负责人报告,有关负责人不及时处理的,安全生产管理人员可以向主管

重大隐患排查治理方案

为认真贯彻落实"安全第一、预防为主、综合治理"的安全生产方针，按照国家安监局令第 16 号《安全生产事故隐患排查治理暂行规定》，集中力量开展安全生产隐患排查治理工作，采取切实有效措施，杜绝重大、特别重大事故的发生，结合 XX 部安全生产工作实际，特制定本实施方案。

一、隐患排查治理的目的和任务

通过开展 XX 部安全生产隐患排查治理专项行动，进一步深化 XX 部安全生产隐患排查治理工作，进一步强化 XX 部安全生产主体责任，加大安全投入，进一步完善各项安全生产规章制度，进一步落实各项安全管理措施，健全隐患排查治理机制，夯实构建自动化部安全工作长效管理机制，彻底整改旧有隐患，遏制新隐患产生，有效防范和遏制重特大事故发生，保持 XX 部安全工作平稳态势。

二、隐患排查治理的组织机构和人员

为加强组织领导，确保 XX 部安全隐患排查治理行动顺利开展，取得实效，成立安全隐患排查治理专项行动领导小组。

图 6-7　重大隐患排查治理方案

的负有安全生产监督管理职责的部门报告，接到报告的部门应当依法及时处理。

另外，生产经营单位还应执行"双报告"制度，一方面按法律法规及当地安全监管监察部门规定的期限，向上级主体单位和当地安全监管部门进行书面报告，内容应当包括：隐患的现状及其产生原因；隐患的危害程度和整改难易程度分析；隐患的治理方案和应急措施。另一方面，应向企业职工大会或职工代表大会报告。

报告内容按照被上报单位规定的内容填写，若被上报单位没有相关规定，则上报内容至少应包括隐患发现时间、隐患现状及其产生原因、隐患的危害程度和整改难易程度分析等，如图 6-8 所示。

重大安全隐患整改报告书

呈报：　　　　　　　　　　　　　　　　　　　　　　　　　　第　　号

安全隐患部门		地点		发现隐患时间	
第一责任人		职务	直接责任人	职务	
监督检查部门		责令整改时间		整改期限	
事故隐患情况					
整改过程 落实整改时间和措施					
整改结果 排除事故隐患情况					

填报单位：　　　　　　　　　　报告人：
填报时间：　　　　　　　　　　联系电话：　　　　　　　　单位传真：

图 6-8　重大安全隐患报告

第六节　隐患公示与举报

一、隐患公示

生产经营单位应及时通报事故隐患情况，要充分利用各类宣传阵地，对本单位隐患排查治理情况进行公示。对于企业的所有隐患排查治理情况，要在信息公告栏、电子屏等地方进行公示,公示的时间要求是每月,公示的内容是企业实时的隐患分布、治理进展情况,以便员工及时掌握隐患治理情况。

对于重大隐患,公示的地点应该选取本单位比较显著的位置(如宣传栏、公告栏等),以便重大隐患信息能够最大限度地被员工获知,公示的内容包括但不限于重大事故隐患存在场所、主要内容、挂牌时间、责任人、停产停工范围、整改期限和销号情况等(图 6-9)。

安全生产事故隐患排查治理公示栏

企业名称:

序号	检查时间	隐患内容	整改期限	整改负责人	验收时间	验收结果	验收人	备注
1								
2								
3								
4								
5								
6								
7								
8								
9								

公示牌规格:180 cm×120 cm,永久性。

图 6-9 事故隐患信息公示

二、隐患举报

生产经营单位应当建立事故隐患举报奖励制度(图 6-10),鼓励、发动职工发现和排除事故隐患,鼓励社会公众举报。对发现、排除和举报事故隐患的有功人员,应当给予物质奖励和表彰。公布企业及安全监管监察部门事故隐患举报电话、信箱、电子邮箱等,接受从业人员和社会的监督。

安全生产隐患举报奖励制度

为加强安全生产监督管理，及时发现和整治安全生产隐患，防止和减少安全生产事故，保障人民群众的生命和财产安全，根据《中华人民共和国安全生产法》等法律法规的有关规定，结合公司实际，制定本制度。

一、任何单位或者个人对事故隐患或者安全生产违法行为，均有权向公司安全生产管理部门报告或者举报。

二、施工现场不具备安全生产法律法规及国家、行业标准规定的安全生产条件，人员、环境、设施、设备存在不安全因素，施工现场存在安全隐患，可能导致事故发生，造成人员伤亡和重大财产损失的均为举报范围。

三、公开举报电话：××××-8503××××；举报信件邮寄地址：××市××区××路集团有限公司工程部。

四、对查证属实的安全生产隐患的举报，公司管理部门对举报人予以奖励。一般安全隐患奖励 50-100 元，重大安全隐患奖励 100-500 元。

图 6-10　事故隐患举报奖励制度

第七节　隐患排查治理与个性化安全管理方法融合

安全管理方法多样，但从生产经营单位的角度来看，要取长补短，结合各种管理方法之间的优点，推进安全管理体系的融合进程，拓展针对不同行业，形成行业共识的双重预防机制。无论是安全生产标准化体系、HSE 管理体系，还是企业建立的其他安全管理体系，都离不开隐患排查治理。因此，隐患排查治理是在本企业固有的个性化安全管理体系基础上，进一步强化隐患排查治理工作，夯实安全管理基础。

一、融合目标

从企业管理角度来看，引入各种个性化安全管理方法，其目标应该一致，即明确安全管理的出发点是遏制重特大事故的发生，杜绝零打碎敲事故的发生。在目标统一的基础上，可以对不同的流程进行优化，其不同点只是在于采取何种手段更加符合企业特点，更加有效发挥安全管理的作用。基于此，隐患排查治理可以在任何安全管理的检查环节中使用，并能达到预期效果。

二、融合思路

(一) 研究机制体系之间的关联度

双重预防机制内容与现有体系的内容有很多相似之处,多个体系要素可以融入双重预防机制工作之中。因此,我们要研究各体系之间的关联度,无论何种安全管理方法,都需要对现场进行安全检查,结合各阶段的安全检查,如生产经营单位开停车安全条件检查、设备检查、作业检查、变更检查等,都可与隐患排查治理流程相融合,进一步优化流程的契合度。

(二) 与个性化管理方法互为补充

隐患排查治理不仅是排查固有风险管控措施失效,也同时对动态风险的管控落实情况进行排查,因此,隐患排查工作是全方位、无死角的。结合企业的个性化管理方法,可以形成隐患排查治理有效补充。

(三) 各要素之间的资源整合

企业安全管理离不开人力和物力资源,要实现不同机制体系之间的融合,要在原有安全生产组织架构基础上,专门或合署成立隐患排查治理的领导与工作机构,设置专职或兼职管理部门,配备专职管理人员,以企业正式文件形式明确规定机构和相关成员工作职责,并提供必要的资源(基础设施、人力资源、专项技能、技术资源、财力资源)等。

第七章

双重预防机制信息化

第一节　双重预防信息平台的作用与意义

为推动双重预防机制在企业不断深入发展,有效发挥双重预防机制在企业安全管理工作中的作用,需进一步构建双重预防机制信息平台,利用信息化系统指导生产经营单位双重预防工作机制建立和运行。

根据生产经营单位开展双重预防机制的实际工作流程及应用需求,实现以物联网、大数据、人工智能、移动互联等作为技术支撑,依托传感装置、自动控制器、定位装置等设备联合网络、软件等,形成能够主动感知、自动分析的信息平台,覆盖并规范风险辨识、评估及管控,隐患闭环管理等全过程的信息化建设。

信息平台将采集到的数据和模型计算结果进行可视化展示,包括基础数据信息、风险分析信息、隐患、"三违"多维分析以及基于 GIS 地图的区域综合态势监测预警等,同时平台具备统一访问入口,个性化功能定制等辅助设计。为更大限度地发挥系统优势,系统权限管理为用户提供权限范围内的信息资源、功能模块,满足企业从业人员、监管部门人员、集团公司管理人员等实时、按需访问的安全生产管理信息获取需求,提高工作效率。

一、双重预防信息平台的作用

(1)规范双重预防业务开展流程,提高安全管理工作效率。

双重预防机制涉及流程复杂,业务数据种类繁多,数据增长速度快、变化多,信息平台能够有效实现对双重预防各环节的规范管理,包括信息采集、过程跟踪、信息记录、统计分析等操作,促进安全生产领域工作与信息化管理的高度融合,确保生产经营单位开展双重预防机制工作的时效性、便捷性与规范性。

(2)实现企业各部门、各层级间信息互联互通,提高信息传递效率。

双重预防机制的建设与运行涉及大量的信息交互过程,信息平台涵盖双重预防各业务流程的全过程管理,为负有不同双重预防职责的组织机构提供资源共享平台。信息平台基于各部门、人员工作任务的制度文件要求建立,对双重预防工作的执行情况进行全过程留痕管理。

(3)通过自动化数据分析辅助决策支持,提升综合态势感知和监测预警水平。

信息平台帮助企业提高对安全生产管理数据的整合分析水平,将采集到的关联信息进行融合并分析处理,实现安全态势的综合评估与动态更新,为智能化监测预警提供科学的决策依据。

(4)推动落实安全生产主体责任,保障从业人员生命和财产安全。

双重预防机制涵盖了企业安全生产主体责任的主要内容,通过信息化、智能化手段,实时动态掌握安全生产主体责任落实情况,为保障从业人员生命财产安全发挥积极作用。

二、双重预防信息平台建设的意义

(1)贯彻落实国家关于双重预防信息化建设的重大决策部署。

2016 年 10 月,国务院安委办印发《国务院安委会办公室关于实施遏制重特大事故工作指南构建双重预防机制的意见》(安委办〔2016〕11 号),提出"实现政府、企业、部门及社会服务组织之间的互联互通、信息共享,为构建双重预防机制提供信息化支撑。要督促企业加强内部智能化、信息化管理平台建设,将所有辨识出的风险和排查出的隐患全部录入管理平台,逐步实现对企业风险管控和隐患排查治理情况的信息化管理",对风险管控与隐患治理的信息化管理做出了统一要求,各行业在此基础上也不断提出信息化、智能化建设具体要求。

(2)有效融合双重预防机制线下建设,从传统安全管理模式逐渐向信息化、智能化转变。

双重预防机制信息平台实现风险分级管控与隐患排查治理工作的精准化、智能化,促进线上线下安全管理工作的深度融合,确保风险管控与隐患排查全覆盖,全面提高企业安全生产预控水平。

（3）推动双重预防机制建设落地,强化企业安全生产主体责任落实。

依托双重预防信息平台进一步细化和明确责任体系,将工作职责分解到各部门、各岗位,加强关键领域、环节的职责落实,保证风险管控措施的有效运行以及隐患的闭合管理。

第二节　双重预防信息平台的基本要求

信息平台应体现企业安全风险-隐患一体化的管理思想,功能设计需符合双重预防业务逻辑,契合生产经营单位日常安全管理工作的开展,并且根据实际情况不断更新、完善。信息平台应具备风险及隐患的统计分析、智能预警等功能,具体要求如下:

（1）实现对安全风险记录、跟踪、管控、统计、分析、上报等全过程的信息化管理,具体包括建立风险点台账、风险数据库,根据风险数据生成管控清单、设定管控计划等;

（2）实现对事故隐患排查治理记录统计、过程跟踪、逾期报警、信息上报的信息化管理,包括设定隐患排查计划、建立隐患台账、隐患治理过程记录等;

（3）实现对安全风险数据库和安全风险管控清单的更新维护功能;

（4）实现风险-隐患一体化管理,具备对安全风险、隐患及不安全行为数据从不同维度统计分析的功能;

（5）实现对岗位作业流程标准化数据记录、考核的信息化管理;

（6）信息平台建设要为系统融合、数据互联预留接口,实现政府、企业、部门之间的数据互通互联、信息共享;

（7）绘制并展示企业四色安全风险空间分布图,并同步更新关联的数据信息,为实时监测风险区域提供可视化支持。

第三节　双重预防信息化建设

一、双重预防信息平台流程梳理及需求分析

为进一步做好双重预防机制信息化建设工作,在双重预防机制信息化建设初期,需要对各生产经营单位双重预防机制建设基础情况进行充分调研,分析梳理生产经营单位的组织结构、业务功能、业务流程等,明确生产经营单位信息化建设具体需求,确保双重预防机制运行流程真正契合生产经营单位双重预防机制信息化建设要求。

通过对生产经营单位双重预防机制工作流程的梳理,解决生产经营单位对双重预防机制认识不清和内涵理解不到位的问题,并帮助生产经营单位建立满足需求的安全风险分级管控和隐患排查治理一体化运行流程,以及生产经营单位双重预防工作制度、责任体系、教育培训及考核等相关制度。

明确安全风险分级管控和隐患排查治理整体的流程框架以后,需要整合生产经营单位各部门资源,明确各部门安全管理职责,并将信息平台建设和现场生产实践紧密结合起来,形成生产经营单位信息平台建设需求清单。

二、信息平台建设方案及功能分析

信息平台应包含企业版、集团版等多个版本,多版本系统间可实现企业主体与监管部门之间的数据互通互联、信息共享。此外,信息平台还应同步开发智能移动 App,辅助现场安全风险动态巡查,能极大提高企业现场安全管理的工作效率。其中,企业版信息平台主要针对安全管理现场,对人、机、环、管各类数据清洗后,在小规模标签的基础上采用贝叶斯网络、神经网络、随机森林等算法进行初始化模型,对海量数据进行态势分析,并通过数据清洗补全缺失数据,进行深度学习,评估当前安全相对绩效水平,是一套综合安全风险分级管控、隐患排查治理、安全决策分析、风险动态预警、持续改进、双重预防文档及培训考核管理的信息平台。

集团版信息平台综合利用大数据和云存储技术,采用监测监控数据采集中间件,结合安全数据压缩算法,构建出一套分布式大数据存储平台。集团版信

息平台应保证数据的及时获取与掌握,主要实现集团公司对其下属企业在安全风险分级管控与事故隐患排查治理两个专业工作的监管,实现对下属各企业风险点、风险、隐患、"三违"等数据的实时统计与分析,主要包括安全风险分析、事故隐患分析、风险动态预警及后台管理。集团人员可以直观地查看下属企业的风险点数量、风险数量、各个专业隐患的占比情况等数据,确保对下属企业整体安全态势的掌控。

智能移动 App 与企业版信息平台建设配套,具备风险隐患管理、风险跟踪和落实等功能。风险清单(含管控措施)在现场通过手持移动端自动推送给检查人员,检查人员确认管控措施有效性,若管控措施落实不到位直接跳转生成隐患描述,同时可对事故隐患进行详细的文字输入、图片传输、实时录音上传,上传后隐患信息同步至电脑客户端系统。另外,在网络通畅的条件下,使用手持移动端能够进行视频通讯、语音聊天、文件传输等。

三、信息平台功能模块及数据库设计开发

从生产经营单位用户角度出发,需构建一套涵盖安全风险分级管控、隐患排查治理、安全决策分析、风险动态预警、持续改进、双重预防文档及培训考核管理的信息平台,满足双重预防机制的风险-隐患一体化管理的要求,其基本功能模块如图 7-1 所示。

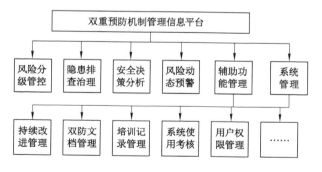

图 7-1　双重预防机制管理信息平台功能模块设计

数据库是信息平台建立与运行的重要基础。数据库表结构需根据双重预防机制信息平台设计需求及原则进行设计。数据库表的编制涉及双重预防机制运行过程中有关的各类数据,主要数据表包括风险点信息表、风险信息表、隐患信息表、"三违"信息表等,并通过 MySQL 数据库进行结构化数据的存储。为保证开发设计过程中部分数据的一致性,还应结合要求编制相应数据字典。

四、信息平台数据采集及联网运行

信息平台的数据采集主要依靠人工采集、智能感知、大数据挖掘和大数据服务平台采集。

人工采集是指在安全生产过程中,通过人为研判和识别,辨识安全风险、排查隐患及"三违"等信息,并录入信息平台进行信息化管理。

智能感知是指采用人工智能设备,建立与双重预防信息平台数据交互接口,实现对安全生产数据的智能感知并自动采集进入双重预防信息平台。

大数据挖掘应用的基础是数据仓库的建设与应用,这是实现大数据挖掘在企业安全管理决策中应用的前提,它可以帮助企业建立和管理安全决策数据源。数据仓库是按照统一的编码标准,将集成起来的数据存入专门的服务器,达到集中存放、按需取用的目的。

大数据服务平台系统体系结构由数据接入层、数据存储层、数据处理层、数据服务层、数据应用层以及多个信息化应用系统数据接口组成。利用与数据集成平台将各子业务系统边界打通,消除业务孤岛,融合数据并综合应用。大数据平台采用人工智能算法进行分布式运算,输出关键信息数据,为安全管理工作提供辅助决策,能更好、更快、更准确地完成相关工作,同时还可向用户提供各类融合数据,做到各类信息的可管可控。

为确保信息平台之间的数据传输,实现线上远程监管,各信息平台之间需要开放接口,实现集团版与企业版之间的互联互通,联网方式可通过专网或VPN将企业端系统数据直接上传至集团端。

第四节　安全数据集成、安全风险综合评估与预警

信息平台将生产经营单位各种安全管理数据,包括基础数据、监测监控数据、生产管理数据、工业视频数据等结构化和非结构化数据进行集成,并通过算法模型进行风险综合评估,预测区域风险情况。

一、安全数据集成

信息平台安全数据的集成,主要包含两个方面的内容:

一是对数据对象的整理、清洗。根据生产经营单位安全管理决策影响因素对数据进行选择和有效分类，使其适合企业安全生产特点，全面准确地反映生产经营单位安全生产基础信息。

二是检查数据的完整性和一致性。通过整合异构系统的数据资源形成共享数据源，并通过数据转换实现企业安全管理决策的多维数据模型和数据仓库的构建，为最终建立生产经营单位安全管理决策模型提供数据支持。

二、安全风险综合评估与预警

生产经营单位安全风险影响因素众多，主要包含人、机、环、管各个方面，而且各因素之间往往有密切的相关性，同时风险数值变化往往还呈现非线性趋势，背后一些事故致因机理也不清楚，因而对安全风险作整体评估难度非常大，这也是国际、国内都非常重视，但没有很好解决的问题。

目前，用于生产经营单位安全态势的评估方法主要包括四大类：专家评估方法、运筹学方法（模糊综合评估法、层次分析法）、新型评估方法（神经网络、灰色评判）、混合方法等。每个方法都有其优缺点和适用范围，生产经营单位可以根据情况选择使用。

综合而言，对一个生产经营单位的安全状况进行评估的最大难题就是多指标性，需要综合观察多项指标。这些指标中有定性指标和定量指标，很难直接比较其优劣，因而需要对其进行分析处理。层次分析法（AHP）是较常用的对定性数据进行定量分析的方法，该方法通过建立相应的指标体系，运用专家打分来确定评估矩阵中的元素，计算各指标权重，从而较客观地反映企业的安全生产状况。

第五节　双重预防信息平台案例

一、企业版双重预防机制信息平台建设

在国家、政府有关双重预防及信息化建设文件的指导下，L企业根据本企业安全生产工作特点及安全管理需求，基于双重预防机制运行的内在逻辑，与第三方机构合作，共同研发了安全双重预防管理信息平台（以下简称"信息平台"）。该信息平台能够实现安全风险分级管控与事故隐患排查治理一体化管

理,满足安全双重预防机制线上、线下相结合的安全管理要求。

平台利用信息化、智能化科技优势,集成数据可视化管理、企业安全态势综合评估、企业安全综合预测预警、多维综合分析等应用功能,实现了企业安全风险全过程、全链条态势感知,同时强化隐患闭合管理,确保安全风险可防可控,将事故隐患消灭在萌芽状态。

该信息平台的功能结构设计如图 7-2 所示。

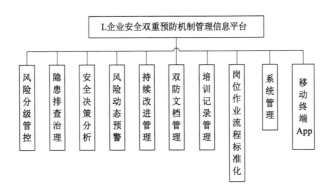

图 7-2　L 企业安全双重预防机制管理信息平台功能架构

（一）信息平台主界面设计

依据 L 企业日常安全管理需求,对信息平台主界面进行优化设计,主界面上能显示各项统计数据,如待办任务、安全风险及隐患信息、管控记录、双重预防工作概况、风险类型分布、隐患专业分布、通知公告等。用户可以直接查看本企业的风险总数、重大风险、管控记录、隐患总数、重大隐患、逾期隐患等信息,同时对风险类型和隐患专业分布通过饼图和玫瑰图的形式进行统计展示。另外,通过首页可以实时查看双重预防机制有关的内业资料以及企业实时发布的相关信息。信息平台主界面如图 7-3 所示。

（二）信息平台核心功能设计

1. 安全风险分级管控

该功能模块实现对安全风险辨识评估、风险数据记录、风险管控的全过程信息化管理,主要功能包括:风险辨识评估、风险清单管理、风险分级管控,如图 7-4 所示。

（1）风险辨识评估

该功能模块包含辨识任务管理、辨识结果录入、风险点管理和基础数据管

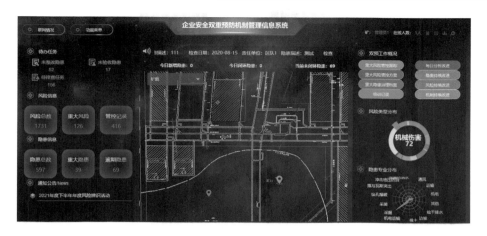

图 7-3　信息平台主界面

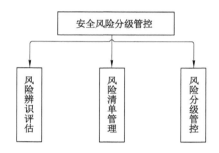

图 7-4　安全风险分级管控模块结构

理等子模块。

通过辨识任务管理功能和辨识结果录入功能,用户可创建风险辨识任务,包括年度风险辨识、专项风险辨识和岗位风险辨识,辨识人员登录系统后可收到辨识任务,线下进行风险辨识活动,并将辨识结果反馈到相应任务,结果将汇总进入企业的风险数据库中。模块将保留历次辨识记录,以便企业内部调阅或上级检查。

通过年度辨识评估结果自动生成企业四色安全风险空间分布图,"风险点管理"实现对风险四色图中风险点及风险区域的管理,包括编辑、删除、修改以及更换四色安全风险空间分布图(简称四色图)。用户可以在四色图中相应位置添加风险点,并对风险点相关信息进行编辑和修改。同时,用户还可对风险点下面的风险进行管理,可添加或编辑相关风险,从而生成企业个性化的风险数据库,用户同时可对四色图进行更新维护,如图 7-5 所示。

基础数据管理实现对辨识对象(设备实施、作业环境、作业活动及其他)信息、岗位信息、风险基础库的管理,具有编辑、删除以及批量导入和导出辨识对

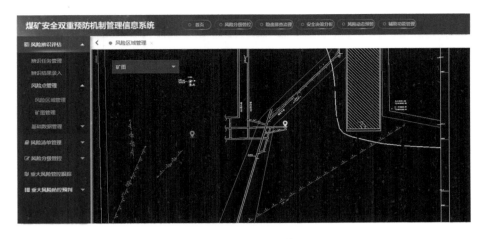

图 7-5　安全风险四色图管理界面

象、岗位信息的功能。

（2）风险清单管理

风险清单管理可自动生成各个层级的清单，包括企业风险清单、部门风险清单及个人风险清单，实现对不同层级、部门、人员展现不同的风险数据库，如图 7-6 所示。

图 7-6　企业风险清单示例

（3）风险分级管控

该功能模块是将风险管控活动进行流程化处理，包含管控计划管理、个人任务管理和任务记录查询。管控计划管理中，部门负责人每月可设置本月部门重点管控计划，并设置相应任务；部门人员可根据任务进行现场管控，每次管控前在个人任务管理中新建一条任务，并在管控结束后将任务结果反馈在记录中；企业管理人员可在任务记录中查看所有的风险管控记录，并查看相应的结果。

　　2．事故隐患排查治理

　　该功能模块依据隐患排查治理的流程及隐患治理原则,实现隐患排查治理的全流程管理。主要包括:隐患台账、定期排查、隐患录入、隐患整改、隐患延期、隐患验收、督办管理及"三违"管理。该功能模块提供各种类型的隐患排查任务的下发及结果的反馈,并实现对所有"隐患"的闭环、升级和上报等功能,对于超期未整改或验收未通过的隐患自动进行提级督办,如图 7-7 所示。

图 7-7　事故隐患闭环治理界面

　　该功能模块的主要特点有:

　　① 对隐患闭环管理流程进行梳理,将风险管控和隐患治理相关联,实现企业风险与隐患的一体化管理;

　　② 新增定期排查功能,方便企业每月定期下发排查任务,并记录排查过程和结果,便于企业排查活动的管理和后期的记录查阅;

　　③ 新增隐患督办功能,对超期未整改和整改不合格的隐患自动提级督办,方便企业日常隐患治理环节中的督办管理。

　　(1)定期排查

　　该模块是依据企业定期开展风险管控和隐患排查活动的频次进行设计。定期排查活动参与人员在"个人任务"中可查看相应的活动任务,并根据方案组织现场排查,排查结束后在"个人任务"中对相应的任务记录进行结果反馈。

　　(2)隐患台账

　　该模块展示企业中所有上传的隐患信息,包括风险管控中未落实的措施,隐患排查中发现的新隐患等。用户可在该模块依据条件查询企业所有的隐患信息。

（3）隐患闭环管理

该功能模块是对隐患闭环治理的全过程跟踪记录，包括隐患录入、隐患整改、隐患延期、隐患验收。

"隐患录入"具备图片上传及批量导入的功能。隐患的录入可以选择日期、地点、检查人、责任单位、责任人、隐患等级，填写问题描述、整改期限等，如果是现场处理，则需要选择验收人。根据企业使用需求，亦可以在限期整改环节确定督办人，并可在隐患下发后通过企业微信或短信提醒隐患整改责任人和验收人。针对到期未整改的隐患，系统会关联企业微信或短信进行提醒。

（4）隐患督办

该功能模块对超期未整改隐患和整改未通过的隐患进行自动提级督办。用户可在该模块中查看督办任务，并进行相应的反馈处理，同时可对自动督办的时间条件进行设置。

（5）"三违"管理

该功能模块是对企业员工的"三违"情况进行记录和统一的管理，用户可录入员工"三违"情况，并可查询历史"三违"信息，如图 7-8 所示。

图 7-8 "三违"管理界面效果图

3. 安全决策分析

该模块是对系统中风险、隐患、"三违"信息的综合统计分析。通过风险管理数据和隐患数量，直观展现出企业安全管理的薄弱点。模块功能包括：综合分析、安全生产风险数据分析、隐患治理数据分析以及"三违"统计分析。

该功能模块的主要特点有：

① "综合分析"方便企业了解风险、隐患、"三违"的全局变化，便于企业掌握

安全态势；

②"安全生产风险数据分析"包含风险变化趋势、风险分布统计和各部门管控记录，方便企业对风险管控情况的了解和掌握；

③"隐患治理数据分析"包含隐患变化趋势、隐患分布统计、隐患治理分析，方便企业对隐患治理的掌握和了解，把控企业安全管理薄弱点；

④ 对企业"三违"记录进行统计分析，包含"三违"变化趋势、"三违"分布统计、"三违"类型统计等。

（1）综合分析

"综合分析"从隐患专业、隐患关联风险、"三违"的分布结合时间、风险点、部门等多维度的信息形成直接的柱状图、雷达图以及对比分析图等，直观地展现出表格中的信息。如图 7-9 至 7-11 所示。

图 7-9　综合分析界面效果图

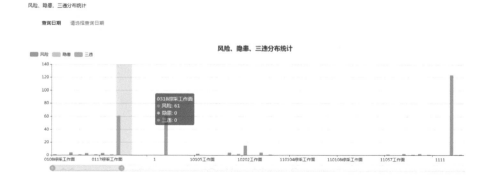

图 7-10　风险、隐患、"三违"分布统计图

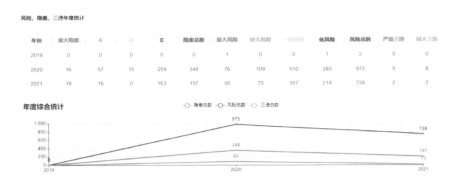

风险、隐患、三违年度统计

年份	重大隐患	A	B	C	隐患总数	重大风险	较大风险	一般风险	低风险	风险总数	严重三违	较大三违
2019	0	0	0	0	0	0	0	0	1	2	0	0
2020	16	57	15	259	348	76	109	510	280	975	5	8
2021	18	16	0	163	197	50	73	397	218	738	2	2

图 7-11　风险、隐患、"三违"年度统计

（2）安全生产风险数据分析

从风险的角度以数据图表的形式反映风险年度变化趋势、风险新增情况、展示风险点、风险类型、部门等多维度的风险分布统计数据。如图 7-12 所示。

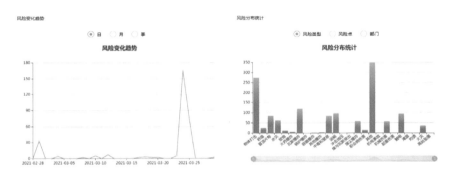

图 7-12　风险相关分析示例

（3）隐患治理数据分析

该模块按照本月新增隐患数量、本月隐患整改数量、本月隐患验收数量、本月隐患整改率、隐患（日、周、月）变化趋势以及隐患分布统计（类型、地点、部门单位的）等多方面统计数据形成分析图表，如图 7-13 所示。

（4）"三违"统计分析

该模块完成"三违"变化趋势、"三违"分布、"三违"类型等方面的统计分析，形成数据报表和直观的饼形图或柱状图等。如图 7-14 所示。

4. 风险动态预警

该功能模块根据企业的特色，对动态四色图、隐患的违章预警规则进行配置，对风险变化的影响进行预警值的设置，进而生成动态的四色图。如图 7-15 所示。

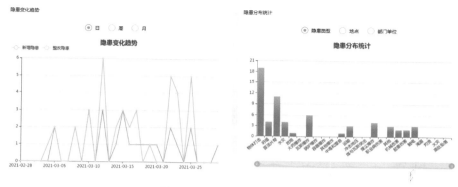

图 7-13　隐患分布统计示例

图 7-14　"三违"统计分析示例

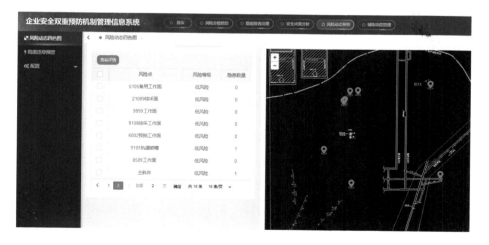

图 7-15　安全风险动态四色图

5. 岗位作业流程标准化

该功能模块是对具体岗位作业流程标准化数据的信息化管理,可对各岗位作业流程标准进行统一管理和动态更新,可导出查看岗位安全风险并自动生成岗位风险告知卡。如图 7-16 至图 7-17 所示。

图 7-16　岗位作业流程标准化管理

图 7-17　岗位安全风险告知卡预览

(三) 信息平台辅助功能设计

1. 持续改进管理

该功能模块主要包括每日分析改进、隐患持续改进、风险持续改进和机制持续改进。"每日分析"改进提供各部门当日新增的责任隐患,以便部门分析制定改进措施,并记录当日处理意见;"隐患持续改进"提供月度分析报告的上传和保存功能;"风险持续改进"提供新增风险的录入、风险数据的修改以及季度总结分析报告的保存记录；"机制持续改进"可以上传年度机制运行分析报告并保存记录。如图 7-18 所示。

图 7-18　持续改进管理

2. 双重预防文档管理

对双重预防机制建设运行中的内业资料如《风险分级管控职责体系》《风险分级辨识管控制度》《双重预防机制工作制度》《重大风险管控方案》《年度安全风险辨识报告》《专项风险辨识报告》等进行上传保存，方便企业后期的调阅，并提供一键上传功能。如图 7-19 所示。

图 7-19　双重预防文档管理

3. 培训记录管理

依据机制运行要求，企业每年都要进行相关知识的培训。该模块可记录每次的培训记录，包括培训主题、培训课件、组织部门和参加培训的签到材料等，并可随时调取查阅，方便企业统一管理培训记录。如图 7-20 所示。

图 7-20　培训记录管理

4. 系统管理

该模块提供灵活且具有多级授权管理的功能,包括菜单管理、用户管理、角色管理、组织机构、个人信息管理等等,从部门设置、员工设置、角色设置和岗位设置等方面实现用户权限的有效管理。系统权限管理能够根据单位和用户角色批量下发功能、批量分配权限。如图 7-21 所示。

图 7-21　系统管理

(四)移动 App 设计

依据信息平台具体功能,配套设计移动 App(图 7-22)。移动 App 具备风险隐患管理、风险清单推送、风险跟踪落实等功能,此外,还具备短信、企业微信提醒功能,且可提供对外的业务数据接口,可在线和离线使用。离线状态下使用,可以在连接网络后一键上传数据。

主要功能如下:

(1)实现现场风险管控清单的自动推送,现场直接反馈风险管控结果;

图 7-22 智能移动 App

（2）实现现场隐患、"三违"的拍照记录，数据自动反馈 PC 端系统；

（3）实现移动端对隐患闭环全过程的信息化管理；

（4）实现企业风险数据库和个人风险清单的查询和记录；

（5）可直观展示企业当前风险、隐患及"三违"数据的多维分析结果。

二、集团版双重预防机制信息平台建设

以 J 集团双重预防机制信息平台建设为例，在 J 集团公司层面实现集团—企业两级一体化的双重预防机制的信息化管理。集团平台建设后，能够实现对企业端双重预防机制管理信息系统数据的采集与分析，依据分析结果进行差异性的监管与考核。集团平台从企业端系统采集数据后，自动分析并形成数据分析报表和可视化图表，提升集团公司对下属企业的安全监管的精准性、安全决策的可靠性。

（一）信息平台功能架构

J 集团安全双重预防机制信息平台在应用层主要分大屏展示应用和后台管理应用，如图 7-23 所示。

大屏展示页面是信息平台信息展示和用户交互的主要信息交互界面，包括安全态势查看、安全风险分析、隐患"三违"分析和风险动态预警。

"安全态势查看"可实现从集团、区域公司、企业、风险点的各级数据钻取查

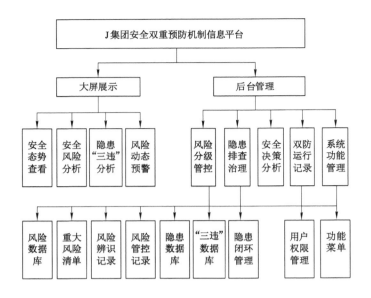

图 7-23　J 集团安全双重预防机制信息平台功能架构

看,获取各层级的总体安全态势;"安全风险分析"针对各企业上传的安全风险数据进行多维度分析,也可从多层级角度逐层钻取相关数据,分析各层级区域的安全风险态势;"隐患'三违'分析"展示各企业发生的隐患和"三违"分析结果,如区域性企业多发隐患类型、单一企业多发"三违"类型等,同时通过历史数据积累分析企业安全管理薄弱之处和隐患、"三违"多发的时间、地点态势等;"风险动态预警"基于信息平台根据企业上传的安全信息,进行主动分析预警事故风险。

后台管理是信息平台后台的主要操作界面,主要用于信息平台后台数据库的维护和相关业务流程的处理,侧重于用户与界面的操作交互。应用功能主要划分为:风险分级管控、隐患排查治理、安全决策分析、双防运行记录和系统功能管理。主要功能模块包括:风险数据库管理、重大风险清单管理、风险辨识记录管理、风险管控记录管理、隐患数据库管理、"三违"数据库管理、隐患闭环管理、用户权限及功能菜单管理等。

(二)信息平台功能设计

1. 大屏展示功能设计

信息平台大屏所展示的信息能够帮助 J 集团从集团层面对下属企业联网情况以及安全双重预防工作进行监管,实现对下属各企业风险点、风险、隐患、"三违"等数据的实时统计与分析,主要包括安全态势查看、安全风险分析、隐患"三违"分析和风险动态预警。

（1）安全态势查看

安全态势查看模块为信息平台的首页界面，结合区域地图可以直观地了解到集团当前联网的企业分布，以及集团整体双重预防工作的情况，包括各个企业的风险点数量、风险数量，各个专业隐患的占比、风险类型分布等情况。界面根据企业上传数据实时更新，保证数据的及时获取与掌握，如图 7-24 所示。

图 7-24　首页界面效果

如图 7-25 所示，点击地图中的企业位置标记，可从集团层面钻取单一企业的相关信息。通过企业平面图生成的四色图，可查看企业安全双重预防机制工作所有关联数据信息，包括企业风险点分布、风险数据、隐患数据等。

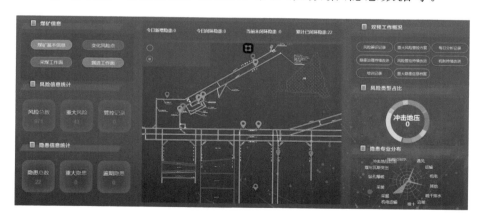

图 7-25　企业双防数据信息展示

在企业层级的信息展示基础上，点击企业四色图中的风险点标记，数据仍可进行钻取,展示企业单一风险点的详细信息,如图 7-26 所示。

图 7-26　企业风险点关联数据展示

企业具体风险点层面的安全数据通过图表的形式展示详细数据信息,包括风险点关联的风险,该风险点下存在的隐患信息、"三违"信息,以及当前风险点的管控记录,以此查看企业风险点风险辨识、风险管控和隐患闭环相关工作的落实情况。

（2）安全风险分析

安全风险分析模块针对各企业上传的安全风险数据进行多维度分析,也可从多层级角度逐层钻取相关数据分析各层级区域的安全风险态势。该模块包含集团公司所属企业每天的风险变化信息,如比较关心的重大风险及较大风险变化趋势、各风险类型占比情况;各企业"红橙黄蓝"四色风险的数量以及各等级风险的管控情况。该模块是从集团公司角度考虑,对下属企业进行数据的采集,形成直观的报表和图表,使管理人员能够直观地对下属企业进行对比分析,便于形成快速的决策。如图 7-27 所示。

结合区域地图,可对下属企业所在不同区域进行数据钻取,查看安全风险分析结果;点击地图上企业的标记,图表数据同步关联生成单一企业的安全风险分析情况,如图 7-28 所示。

（3）隐患"三违"分析

隐患"三违"分析模块实现集团公司对下属企业隐患、"三违"数据的全方面预览。

横向文本指标数据实时更新集团下属所有企业的隐患治理具体数字变化,点击可查看隐患变化详情。左侧区域地图与右侧图表关联同步,点击相应的区域或企业标记,图表数据同步更新分析结果,实现不同层级隐患"三违"数据的

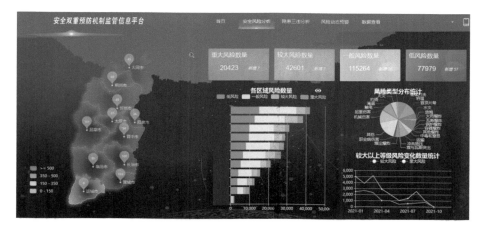

图 7-27　安全风险分析页面

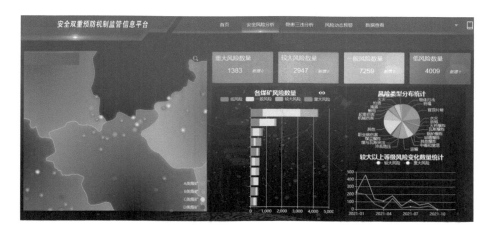

图 7-28　区域安全风险分析页面

钻取分析。如图 7-29 和 7-30 所示。

（4）风险动态预警

风险动态预警模块结合百度地图，依据现有的风险、隐患、"三违"数据建立相关的指标体系，通过算法模型，对各企业可能发生的事故风险进行主动预警，提醒集团公司督促企业及时处理相关隐患，关注相关风险点风险变化。

如图 7-31 所示，针对事故风险预警的企业，地图通过主动标记警示灯等视觉提醒的形式，向集团提醒当前哪个企业的风险增大可能失控，需要督促企业立即核实并消除隐患。该项预警功能可通过调节模型的预警阈值，提高或降低事故风险预警的敏感度。

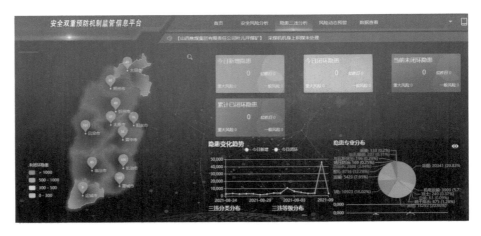

图 7-29 隐患"三违"分析

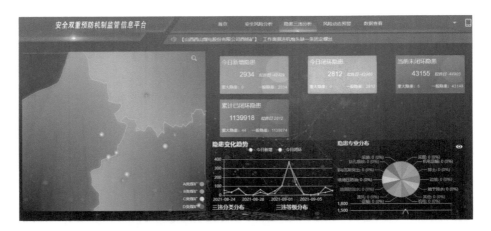

图 7-30 区域隐患"三违"分析

图 7-31 风险动态预警

2. 后台管理功能设计

（1）安全风险分级管控

该模块支持集团公司查看下属企业具体详细的安全风险数据，如风险点数据、风险数据库、重大风险清单及管控方案、风险辨识及管控记录，如图 7-32 所示。

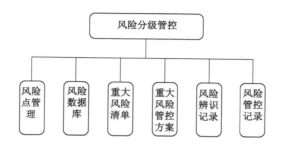

图 7-32　风险分级管控模块功能组成

在查询各个子模块数据时，均能查询到具体的详细数据。如对风险点查看时，同时能快速地查询到该风险点下关联的风险数据，如图 7-33 和图 7-34 所示。

图 7-33　风险点关联数据示例

（2）隐患排查治理

隐患排查治理模块实现集团对下属企业隐患、"三违"数据的统一管理，是对企业隐患、"三违"、隐患督办信息及重大隐患治理方案的跟踪管理。"煤矿隐患台账"界面如图 7-35 所示。

（3）安全决策分析

安全决策分析区别于大屏的数据挖掘分析，是通过不同维度对后台数据库

图 7-34　各企业风险数据库

图 7-35　企业隐患台账

数据的统计分析。主要包括三个方面：安全风险分析（图 7-36～图 7-38）、隐患"三违"分析（图 7-39～图 7-40）和联网分析（图 7-41）。

（4）双防运行记录

双防运行记录模块包含双重预防机制运行的每日分析记录、隐患持续改进报告、风险持续改进报告、机制持续改进报告及培训记录，通过该模块集团公司可掌握所属企业双重预防机制工作的落实情况。

（5）系统功能管理

系统功能管理能够提供灵活且具有多级授权管理的功能，包括菜单管理、用户管理、角色管理、组织机构、个人信息管理、首页配置等，从企业设置、角色设置等方面实现用户权限的有效管理。信息平台权限管理能够根据单位和用户角色批量下发功能、批量分配权限。

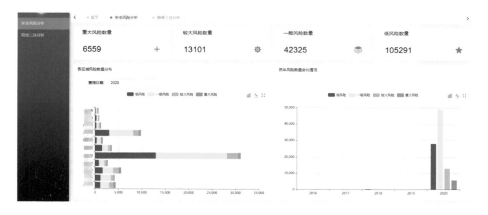

图 7-36　企业安全风险趋势分析

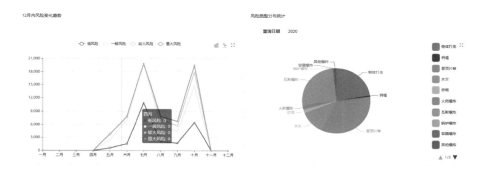

图 7-37　企业安全风险类型分布

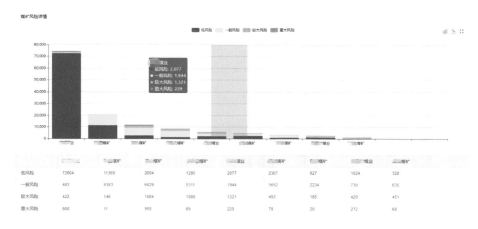

图 7-38　下属企业风险详情

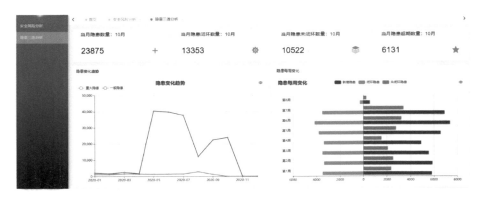

图 7-39　隐患变化趋势分析

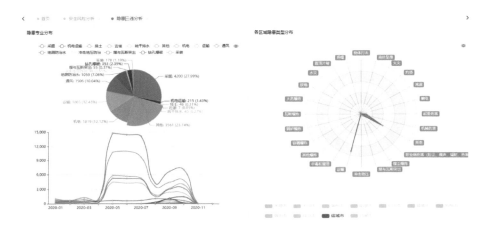

图 7-40　隐患专业及等级占比图

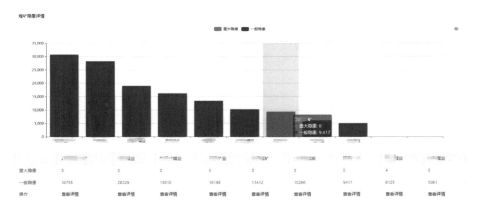

图 7-41　下属企业隐患详情

第八章

双重预防机制的支持与完善

第一节　培训管理

加强对从业人员的培训是生产经营单位实现安全生产的重要手段，是推动双重预防机制有效落地的基础工作，也是提高管理人员、操作人员业务水平及专业技能最基本的方式。通过安全培训不断增强员工的安全意识和防护能力，减少从业人员的不安全行为，提升生产经营单位安全管理水平，从而减少伤亡事故的发生。

近年来我国有关安全生产培训监督检查机制也逐步建立起来，各级安全监管监察机构将安全生产教育培训列入监管监察内容，把生产经营单位是否落实安全生产教育培训法律法规，培训工作是否到位等作为必检项目，将安全培训情况作为审查的重要内容，对不履行培训任务、培训效果不达标、未经培训就上岗作业等违法行为，均做出严格处罚规定，以此不断督促生产经营单位落实安全培训责任，提高从业人员的基本素质。

双重预防机制作为生产经营单位实现安全生产的重要工作，生产经营单位应结合安全生产管理工作实际，加强双重预防机制培训工作，优化安全教育培训模式，确保培训资源充足，保障开展系统、专业、规范的安全培训与指导。生产经营单位每年应组织相关人员开展安全双重预防机制培训，并对培训工作提出具体要求。

一、安全风险分级管控培训

安全风险分级管控培训包括安全风险辨识评估前培训和安全风险辨识评估后培训。

（1）年度安全风险辨识评估前进行安全风险辨识评估技术培训，培训对象为生产经营单位主要负责人、分管负责人等参与安全风险辨识评估的工作人员，培训内容包括风险点划分、辨识对象识别、风险辨识内容、风险类型划分、风险辨识方法、风险评估方法、安全风险等级划分、重大风险认定、风险管控措施制定、管控层级划分、管控组织、管控清单编制等技术方法，培训学时应不少于 4 学时。

（2）年度风险辨识完成（形成年度风险辨识评估报告）1 个月内需进行安全风险管控培训，培训对象为作业人员以及其他关键岗位人员，培训内容包括重大安全风险清单和与本岗位相关的重大安全风险管控措施，旨在让相关人员认知安全生产过程中存在的重大风险，包括风险点、风险类型等基本内容，并掌握本岗位相关的重大安全风险管控措施，培训学时应不少于 2 学时。

（3）专项风险辨识评估完成（形成专项风险辨识评估报告）1 周内，在评估结果应用于方案设计、规程完善或技术措施编制之前，对相关作业人员进行培训，通过培训应确保重大安全风险区域作业人员了解相关的重大安全风险管控措施，掌握自身职责并严格落实。

二、隐患排查治理培训

隐患排查治理培训包括隐患排查治理专项培训和隐患排查治理基本技能培训。

（1）每年应至少组织 1 次事故隐患排查治理专项培训，培训对象为企业主要负责人、分管负责人、副总工程师及各专业科室相关人员，培训内容为事故隐患排查方法、隐患分级方法、隐患治理措施制定方法、隐患验收销号、事故隐患督办、隐患台账编制、隐患排查治理考核方法等，培训学时应不少于 4 学时。

（2）每年至少对不同层级关键岗位人员进行 1 次事故隐患排查治理基本技能培训，培训内容包括事故隐患排查方法、治理流程和要求、所在作业区域常见事故隐患的识别，培训学时应不少于 2 学时。

（3）培训结束后，培训资料要及时归档，至少应有培训计划、开班通知、课程表、教案及提纲、考试资料、学员测评、影像资料、培训小结等，培训资料至少保存 3 年。

案例示意　➤　➤　➤　➤

L企业通过制定以下双重预防机制教育培训管理制度来规范本单位安全培训，提高培训工作的实际操作性。

L企业双重预防机制教育培训管理制度

（一）培训目标

1. 提高干部职工风险管控意识和工作能力，促进双重预防工作顺利开展。

2. 使干部职工从思想上认识到双重预防机制建设工作的重要性，把双重预防机制建设融入日常工作中。

3. 使职工了解本岗位风险，掌握岗位风险管控措施。

（二）培训组织

成立双重预防机制培训领导小组。

组长：矿长

副组长：安全副矿长

成员：各副矿长、总工程师

部门单位：培训中心、安全监察处

（三）培训职责

1. 领导小组组长对双重预防培训工作全面负责，对安全风险分级管控工作进行监督、指导。

2. 常务副组长负责双重预防培训工作的日常管理，督促制定并落实培训计划，跟踪培训计划的执行情况。

3. 领导小组各成员负责按照矿年度安全风险分级管控培训计划，组织分管专业系统的安全风险分级管控培训工作。

4. 安全监察处负责建立《矿井安全风险辨识评估技术人员名单》，每年针对辨识评估小组开展1次安全风险辨识评估技术培训。根据工作需要和年度培训计划安排编制培训课件，监督检查各职能部门、各区队培训工作情况。

5. 培训中心负责培训场地、设备、资金等保障。

6. 各专业职能部门负责本专业系统的安全风险分级管控工作培训，重点学习掌握与本专业相关的年度和专项安全风险辨识评估结果，并形成培训记录。

（四）培训内容

每年应组织职工开展有关双重预防机制安全知识的培训,培训内容包括:

1. 年度风险辨识评估前组织对矿长和分管负责人等参与安全风险辨识评估工作的人员开展1次安全风险辨识评估技术培训,且不少于4学时。

2. 年度辨识完成1个月内对入井(坑)人员和地面关键岗位人员培训与本岗位相关的安全风险培训,内容包括重大安全风险清单以及与本岗位相关的重大安全风险管控措施,且不少于2学时;专项辨识评估完成后1周内,且需在应用前,对相关作业人员进行培训。通过培训,应确保重大安全风险区域作业人员了解相关的重大安全风险管控措施,掌握自身职责并严格落实。

3. 每年至少组织矿长、分管负责人、副总工程师及生产、技术、安全科室(部门)相关人员和区队管理人员进行1次事故隐患排查治理专项培训,且不少于4学时。

4. 每年至少对入井(坑)岗位人员进行事故隐患排查治理基本技能培训,包括事故隐患排查方法、治理流程和要求、所在区(队)作业区域常见事故隐患的识别,且不少于2学时。

(五)培训对象及方式

1. 安全管理技术人员培训:由人力资源处、安全监察处组织每年至少进行1次培训,可在管理人员安全培训中增加双重预防培训内容或开展专项培训。

2. 职工培训:将双重预防知识培训纳入职工安全培训中,可由各单位技术人员组织培训。

3. 新职工的培训:在上岗前的安全培训中,增加双重预防机制内容。

(六)培训要求

1. 安全监察处要制定安全管理技术人员的培训计划,合理安排相关人员参加,保存培训记录。培训宜安排在年度辨识工作开展之前进行。

2. 各单位要健全完善本单位安全培训制度,制定职工培训计划,按计划组织开展培训,确保全员覆盖。

3. 各单位双重预防机制培训要保存培训记录,记录内容包括培训计划、课程安排、考勤、教案及课件、考试试卷、成绩单和受训人签名等。

4. 安全监察处对各单位培训情况进行监督检查和考核。

第二节　考核与评价

考核是现代生产经营单位管理最有效的管理工具。以科学的考核机制为手段,完善健全绩效考核体系,将促使从业人员了解生产经营单位各项规章制度,掌握并熟知岗位职责,保质、保量地完成工作任务。

生产经营单位安全双重预防机制考核及评价制度的建立是促进生产经营单位安全双重预防机制建立、健全和有效推行的方法,有助于推动生产经营单位预期管理目标的实现,保障生产经营单位可持续发展。

一、生产经营单位安全双重预防机制考核制度的建立

（一）考核目的

进一步加强生产经营单位安全生产管理,建立健全生产经营单位安全双重预防机制,落实安全风险分级管控和隐患排查治理工作主体责任,杜绝安全生产事故发生,确保安全生产稳定、有序运行,实现安全生产长效机制。

（二）考核内容

1. 安全风险分级管控

（1）建立健全风险分级管控责任机制,建立健全安全风险分级管控工作制度,认真开展安全风险分级管控培训。

（2）组织进行年度风险辨识评估,并形成年度风险辨识评估报告。

（3）按规定组织专项辨识评估,并形成专项辨识评估报告。

（4）制定重大安全风险管控措施,并在重大安全风险区域划定人数上限。

（5）生产经营单位主要负责人每月、分管负责人每旬组织对重大安全风险管控措施落实情况和管控效果进行一次检查分析,并完善管控措施。

（6）认真开展领导带班制度,跟踪重大风险管控措施落实情况,发现问题及时整改。

（7）在重大安全风险存在区域的显著位置设置公告牌。

2. 隐患排查治理

（1）建立健全事故隐患排查治理责任机制及隐患排查制度,认真开展隐患

排查治理培训。

（2）制定年度排查计划，明确排查内容和排查频次。

（3）生产经营单位主要负责人每月组织全系统隐患排查、分管负责人每旬组织分管系统隐患排查，对查处隐患及时进行整改。

（4）对排查出的事故隐患进行分级，按事故隐患等级进行治理、督办、验收。

（5）认真落实领导带班制度，并保留检查情况记录及对查出的隐患如何整改落实的情况记录。

（6）严格执行隐患闭环管理，对重大隐患按"五落实"原则进行整改。

（7）及时通报事故隐患排查和治理情况，接受从业人员及社会的监督。

（三）考核方法

生产经营单位可对上述考核内容确定具体的分值及扣分标准，每月由安全部门进行考核，考核结果在每月安全办公会会议上通报，对查出的问题及时进行整改，并将考核结果与员工绩效结合进行奖惩。

二、生产经营单位安全双重预防机制信息系统考核制度的建立

生产经营单位安全双重预防机制信息系统为双重预防在单位内部落地提供了一个有力的工具，既有利于生产经营单位安全管理的信息化、规范化，切切实实提高生产经营单位的安全管理水平，也实现了标准化对标和考核，所以，生产经营单位安全双重预防机制信息系统的使用情况能间接地反映出安全双防机制在生产经营单位的落地情况。

（一）考核目的

为强化生产经营单位安全双重预防机制信息系统的管理，确保系统稳定高效运行，生产经营单位须根据实际情况建立本单位的安全双重预防机制的考核制度。

（二）考核内容

生产经营单位安全双重预防机制信息系统信息录入的时效性是非常重要的，生产经营单位可以对上述考核内容的信息录入时间进行限定，并确定责任人或责任部门，每月由安全部门进行考核，设定具体的奖惩标准，将考核结果与员工或部门绩效结合进行奖惩。考核内容主要包括：

（1）领导带班对重大风险管控措施落实情况和隐患检查记录进行上传。

（2）安全监察处每月上传安全办公会上关于月度风险管控总结、月度风险管控会议纪要等信息。

（3）每次进行专项辨识后，安全部门应录入专项辨识的结果。

（4）各专业每旬录入本专业的风险管控措施落实情况分析等信息。

（5）生产经营单位安全大检查中发现的隐患，由信息站录入系统；各专业检查发现的隐患由专业自行录入；安全生产标准化检查发现的隐患由安全部门统一录入。

（6）公司及上级组织检查发现的隐患，由安全监察录入系统。

（7）安全监察负责对信息进行核实，各级管理人员录入的隐患要严格与危险源对应，录入的职工不安全行为必须描述准确、详细。

（8）各部门查看范围内应负责整改的隐患情况，并安排整改。整改完成后，应及时录入整改信息。

（9）因客观条件无法按期整改的隐患，责任单位应将隐患的"检查日期、检查人、内容、限期整改日期、班次"形成书面报告，经检查人签字确认，报送信息站进行延期处理。

（10）隐患整改完毕，由隐患查出单位进行复查；主要领导查出的隐患由安监员进行复查。

（11）对存在争议的隐患信息，责任单位可在当日驳回，由安全监察处进行仲裁处理。

案例示意　➡➡➡

L 企业双重预防机制考核制度

（一）考核目的

为进一步强化我单位双重预防机制的高效运行，加强对风险点的管控，保证隐患排查治理工作的全面落实，科学管控作业场所的潜在风险因素，切实保障职工的身体健康和企业的生产安全，特制定本制度。

（二）适用范围

本制度适用于×××煤矿所属各科室部门和生产区队。

（三）考核办法

1. 各专业按规定要求及时开展重大安全风险专项辨识评估，建立重大安全风险清单，奖励专业负责人、技术主管各×××元，专管员×××元。没有完成或没有按要求完成，对责任人对等处罚。

2. 每旬各专业未按时按要求交回对重大安全风险管控措施落实情况与管

控效果的检查分析,处罚专业负责人、技术主管各×××元,专管员×××元。

3．各专业旬度检查分析未按规定内容、格式等要求完成的,发现一次对专管员处罚×××元。

4．在上级部门的检查中发现的问题,视问题轻重给予专业负责人、技术主管各×××元的罚款。

5．无故不按时参加安监处通知的各类会议,处罚专业负责人、技术主管各×××元。

6．各专业未按规定在存在重大安全风险区域的显著位置,公示存在的重大安全风险、管控责任人和主要管控措施的,处罚专业负责人、技术主管各×××元。

7．相关单位须对职工组织培训学习矿井年度和专项重大风险辨识评估结果、与本岗位相关的重大安全风险管控措施,培训记录符合要求,有考试卷且考试成绩在90分以上,否则对专业负责人处罚×××元。

8．各相关单位按规定时间和要求做好各岗位工的风险告知卡,工作时随时携带,熟知告知卡内容,严格遵照执行,本项工作对单位负责人给予×××元的对等奖罚。

9．每月按规定完成安全风险分级管控各项工作的专业,奖励专业负责人、技术主管各×××元,专管员×××元。

10．各季度三个月都按要求完成安全风险分级管控各项工作的专业,奖励专业负责人、技术主管各×××元,专管员×××元。

（四）考核频次

安全管理部每月对各车间(部门)双重预防机制运行情况进行考核,并与工资相挂钩。

第三节　隐患排查治理持续改进

一、隐患持续改进

生产经营单位负责人每月应至少组织分管负责人及安全、生产、技术等业务科室（部门）责任人和生产组织单位责任人召开 1 次月度分析总结会议，对隐患产生的根源进行分析，会议内容包括：

（1）通报重大隐患的排查治理情况；

（2）通报月度隐患排查治理情况，分析隐患产生的根源，并提出改进措施；

（3）通报重大安全风险管控措施落实情况；

（4）形成月度分析总结报告。

二、持续改进方法

在隐患排查治理过程中，由于人的不安全行为、管理上的缺陷、技术上的不完善、环境出现的不确定因素等原因往往会出现共性隐患、反复隐患、新增隐患和重大隐患，必须要加强分析隐患产生的原因，通过生产经营单位月度事故隐患统计分析隐患产生的根本原因及内在机理，及时进行相应的补充，完善具体措施与事故隐患防范措施。

（1）隐患的责任部门负责人每天结合例会，组织负责隐患排查治理的人员（跟班干部、班组长、整改责任人等），分析新发现现场未能立即处理的隐患的产生原因，如：因缺少配件、隐患不能当班处理、涉及多部门交叉作业等。制定针对隐患的改进措施和安排整改人，并向安全管理部门及排查相关隐患部门（个人）反馈。

（2）生产经营单位负责人每月组织召开的月度分析总结会议，需布置月度安全风险管控重点，提出预防事故隐患的措施。月度分析总结报告中应包含本月度重大安全风险管控情况、重大隐患的排查治理情况、月度隐患排查治理情况以及未验收、治理难度较高隐患分析情况。

会议应对重大隐患、共性隐患、反复隐患、新增隐患等"追根溯源"，从技术设计、规程措施、规章制度、安全投入、安全培训、劳动组织、设备设施、现场管理、操作行为等方面进行系统分析并研究制定改进措施。月度事故隐患统计分析报告应当坚持"问题导向"，对下月及今后隐患排查治理、安全生产管理工作提出具有针对性、可操作性的意见及建议。

案例示意　➡➡➡

L 企业主要负责人在×年×月×日组织分管负责人及有关部门召开月度分析总结会议，对当月检查发现的问题及重大隐患排查治理情况、重大安全风险

管控措施落实情况等下发通报,会议内容如下:

（一）现场隐患排查情况及原因分析

按照事故隐患月度排查方案,共计查出隐患××条,已整改××条,整改率××％,具体情况如下:

1. 采煤专业查出隐患××条,已整改××条,整改率××％。

主要存在问题:大倾角采煤工作架前防护网局部破损;工作面上下超前支护个别单体支柱卸压;液压支架护帮板未紧贴煤壁。

针对性措施:及时修补或更换采煤工作面架前破损的防护网;按照作业规程要求打设超前单体支柱;加强工作面煤壁管理,调整工作面液压支架接顶接实支护到位,及时开启护帮板支护煤壁,调整工作面采动平直。

2. 掘进专业查出隐患××条,已整改××条,整改率××％。

主要存在问题:掘进工作面支护工程质量不符合作业规程要求;岩巷掘进喷浆成巷未及时跟进;个别掘进工作面临时支护使用不规范。

针对性措施:掘进工作面按作业规程规定使用临时支护;根据作业规程及时安排喷浆跟进;加强工程质量监督和考核管理,强化工程质量管控。

3. 机电专业查出隐患××条,已整改××条,整改率××％。

主要存在问题:井下个别变电所图纸更新不及时;个别开关负荷未及时更新。

针对性措施:按照机电专业标准化要求落实整改,确保各类图纸、数据及时更新。

（二）重大隐患排查治理情况

根据年度重大隐患排查计划,经排查本月未发现重大隐患。

（三）重大安全风险管控措施落实情况及管控效果分析

针对企业存在的重大安全风险,严格落实各项重大安全风险管控措施。各风险点重大安全风险管控措施基本落实到位,未出现管控措施失效情况。

第四节　风险分级管控持续改进

　　通过对风险辨识评估、管控等过程及结果的客观性、准确性、有效性进行评价,不断优化和改进后续预防、应用和处理流程。风险持续改进是风险闭环管理的重要环节,生产经营单位应定期分析和总结风险分级管控活动经验,查找风险辨识、管控中存在的问题,包括风险管控措施落实情况、措施制定的合理性等,不断完善和规范风险管控过程,实现对风险管控工作的全面管理,强化对风险管控责任的全过程落实。

　　生产经营单位负责人每季度至少开展1次风险分析总结会议(可与月度会议合并),对风险辨识的全面性、管控的有效性进行总结分析,并结合国家、省、市、县或主体企业出台或修订的法律、法规、政策、规定和办法,补充辨识新风险、完善相应的风险管控措施,更新安全风险管控清单,并在该月度分析总结报告中予以体现。对风险的分析总结应包括:

　　(1) 有风险管控措施,现场未落实的情况;

　　(2) 风险管控措施已落实,但没有达到管控要求的情况;

　　(3) 风险辨识不全面或未制定管控措施的情况。

　　生产经营单位双重预防的核心要义是控风险,管控安全风险措施的制定要考虑工程技术、安全管理、培训教育、个体防护和现场应急处置等方面,并落实安全、可行、可靠的要求。因此,生产经营单位在管控安全风险过程中,必须高度重视工程技术,优先采用安全、可行、可靠的新装备、新技术、新工艺和新材料等,提升对企业安全风险的管控能力。

案例示意 ➡ ➡ ➡

　　×年×月×日,由L企业主要负责人牵头,分管领导参与,各业务职能科室参加,对企业安全风险辨识全面性和管控有效性进行总结分析,针对管控过程中出现的问题调整完善管控措施、补充新增风险。

　　(一) 风险辨识、管控中存在的问题

　　企业负责人在年底组织开展了年度风险辨识评估,辨识对象包括:作业环境、设备设施和作业活动等方面,编制了相关的年度风险辨识评估报告。从第二季度风险管控工作情况来看,在风险辨识全面性和管控措施有效性方面存在以下几个问题:

1. 由于今年降水量增多,年度风险辨识中对工作面有关水害风险管控措施有效性体现不足。

2. 高抽巷中钻孔不到位,容易导致瓦斯喷孔或瓦斯超限,有关瓦斯风险辨识不全面。

(二)改进措施

第一条问题属于管控措施失效情形,需补充完善工作面水害风险管控措施,编制主要管控措施如下:按要求完善排水系统,确保排水系统安全可靠;回采前对排水设备及电源进行详查,保证排水设备完好和排水电源可靠,并且满足工作水泵、备用水泵同时运行的条件;设置临时水仓等。

第二条问题属于风险辨识不全面,应对有关瓦斯风险进行补充辨识。

→ → → → □

第五节　双重预防机制的持续改进

结合生产经营单位双重预防机制工作开展实际情况,在实施双重预防机制取得了一定的成效基础上,利用有关工具和方法对机制运行过程中存在的不足和原因进行分析总结。通过评价风险分级管控、隐患排查治理中需改进的流程,确定改进的具体目标和指标,全面分析现有双重预防机制的优缺点。

生产经营单位负责人每年应组织相关业务科室(部门)至少进行一次双重预防机制的运行分析,对生产经营单位双重预防机制的各项制度与流程在内部执行的有效性和对法律法规、规程、规范、标准及其他相关规定的适宜性进行评价,评估机制实施运行效果,适时调整相关制度、流程、职责分工等内容,并形成双重预防机制年度运行分析报告,用于指导下一年度机制运行。

生产经营单位每年至少对本单位机制运行进行一次系统性评审,立足于整体性、实效性和大数据三个层面,对全年双重预防工作数据进行多维度分析,评审双重预防机制管理制度的合理性和有效性,风险辨识评估工作的全面性和准确性,风险分级管控的科学性和有效性,隐患排查工作规范性和全面性,双重预防信息系统的便捷性和实用性。通过分析查找制约企业双重预防工作发挥作用的环节,采取弥补措施,改进工作,提高企业双重预防工作的安全管理效能。

案例示意 →→→→

×年×月×日,L生产经营单位主要负责人主持召开年度双重预防机制运行分析会议,各分管领导和业务科室、主要负责人参加会议,会议分析了目前单位双重预防机制运行过程中存在的问题,评审了机制运行效果,并提出了机制持续改进的相关建议,具体内容如下:

(一)双重预防机制运行现状

当前单位已经建立了双重预防机制及信息系统,但企业员工存在对双重预防机制的重要性认识不足,对风险分级管控与隐患排查的关系理解不到位,对双重预防机制相关专业术语概念模糊,并且部分员工对双重预防机制信息系统使用存在抵触情绪。

(二)双重预防机制运行问题

从系统运行过程来看,基层员工普遍对风险分级管控思想理解不到位,对隐患排查治理重要性认识不到位。存在录入数据不规范,为应付考核而录入数据,甚至编造数据等问题。

(三)双重预防机制运行效果

通过对企业双重预防机制进行内部审核,并组织双重预防机制建设评审专家外部审核,对本单位双重预防机制建设的整体效果进行评估,具体从符合性、充分性、有效性等展开分析。

(四)改进建议

针对系统运行过程中存在的问题,提出以下改进建议:

1. 加大全员双重预防机制理论培训,邀请行业专家学者授课。

2. 强化双重预防机制考核,推动员工按照标准规范开展风险分级管控及隐患排查治理相关工作。

→→→→ □

第六节　文件管理

双重预防机制建设及运行过程中,涉及大量文档资料的生成、使用和管理。随着计算机、通信技术等信息技术的快速发展,传统文件管理的流程和方法也在不断创新,逐步形成以数字化管理为主导的新型文件管理模式。信息平台作为生产经营单位管理的一种重要工具,推动信息载体从传统的物质形态向电子形态转变。各生产经营单位应在电子文件具备同等凭证效力的情况下,最大限度地利用信息技术取代传统人工方式和纸质媒体来保存、传递、使用信息,以数字化方式进行文档管理,推进各单位业务工作高效开展。

一、资料建档

生产经营单位应完整保存双重预防机制运行的纸质资料或电子资料,其文件管理范围覆盖双重预防机制运行的各个阶段,并分类建档管理。至少应包括:

(1)风险点台账、安全风险管控清单、年度和专项辨识评估报告、《企业重大安全风险管控方案》等文件;

(2)《企业重大安全风险管控方案》落实情况记录;

(3)重大隐患排查计划、排查记录、治理方案、治理记录;

(4)月度、半月排查记录;

(5)隐患台账;

(6)不安全行为台账;

(7)月(季)度分析总结会议记录和报告;

(8)双重预防机制年度运行分析报告。

二、保存期限

年度和专项安全风险辨识报告、重大事故隐患信息档案至少保存 3 年,其他安全风险辨识后和隐患销号后相关性文件保存 1 年。

第九章

智能化双重预防及其信息平台建设

当前转型升级、高质量发展已成为各行业的目标。在自动化、信息化技术及应用快速、深入发展的背景下,智能化建设成为诸多行业的重点发展方向。就安全管理而言,智能化双重预防就是智能化安全,既是安全管理的未来发展方向,也是双重预防机制自我完善和发展的根本途径。因此,条件具备的生产经营单位应在原有双重预防机制的基础上,尽快开展智能化双重预防的探索工作,实现风险的自动辨识、评估和管控,隐患的自动排查、联动处置等,将本单位的双重预防机制建设和运行水平推进一个全新的阶段。

第一节　智能化与安全生产变革

任何一种管理方式都是在一定的技术条件基础之上进行的。在关键技术的应用未取得决定性突破前,任何一种管理模式的改进都是与该技术基础相匹配的,而不可能产生"代际"的提升。智能化技术的广泛应用,为安全管理变革奠定了技术基础。

一、信息技术局限性对安全生产的影响

安全生产的核心在于风险管控,而风险产生的根源在于不确定性。无论是事件发生的不确定性还是后果严重程度的不确定性,都会导致我们对风险评估准确性的偏差。降低不确定性对于风险管控意义巨大,不但可以帮助生产经营

单位准确掌握风险的大小,而且可以令生产经营单位提前采取措施,始终将风险控制在较低的水平。要降低不确定性,就需要对各种危险因素信息掌握更加完善、准确、及时,需要对事故演化机理理解和研究更加全面、深入。

限于技术条件,以往很多生产经营单位对于环境、设备类危险因素的掌握都处于一种类似灰色系统的状态,不确定性比较大,对于煤矿、非煤矿山等受自然灾害影响严重且难以掌握生产条件变化的行业更是如此。除了环境、设备,人员和管理也是风险不确定性的重要来源。目前,我国经济发展正以高速度、高质量向前推进,生产规模、生产环境的不断变化使生产经营单位面临着劳动用工多、安全风险多、生产成本高等不利因素,严重制约着生产经营单位安全生产的可持续发展,给生产经营单位安全生产管理工作带来了新的挑战。

在传统技术条件下,双重预防机制对风险的动态评估数据主要来自于风险辨识管控和隐患排查治理等管理类数据。这些数据来源对人的要求较高,数据的类型、准确性、完整性、及时性等都难以满足大幅提高安全生产透明度、减少不确定性的要求。因此,双重预防机制虽然在先进、科学的理论体系下,整合了生产经营单位的各种安全管理方法和力量,但也只是在原有技术水平上达到高层次安全管理水平,无法实现跨越式的提升。以煤炭行业为例,虽然近年来基于安全生产标准化的要求等,全国煤矿或多或少地进行了双重预防机制建设。但从对全国近千家煤矿提供管理咨询和信息化建设服务的情况来看,笔者认为当前双重预防机制建设存在一些具有共性的问题,如风险动态管控时效性不足,风险管控随意性太强,隐患排查数据真实性、全面性、及时性不足,缺乏对煤矿风险情况的整体、动态评估。尤其是最后一点,当前绝大多数煤矿的风险辨识、管控都是静态管控,不能根据实际情况反映风险等级的变化。这些问题的出现,主要原因还是双重预防数据来源相对单一,不能全面反映煤矿安全态势。可以看出,当前使用的安全技术难以满足企业安全生产管理工作的实际需求,为推动企业的转型升级,基于各种新技术、新装备、新方法打造智能化的企业安全管理模式势在必行。

二、智能化及其对安全生产的意义

智能化的具体内涵虽有不同观点,但一般是指事物在计算机网络、大数据、物联网和人工智能等技术的支持下,所具有的能满足人的各种需求的属性。具有智能化的事物或系统将在一定程度上具备类似于人类的感知能力、记忆和思维能力、学习能力、自适应能力和行为决策能力,在各种场景中,以人类的需求为中心,能动地感知外界事物,按照与人类思维模式相近的方式和给定的知识与规则,通过数据的处理和反馈,对随机性的外部环境做出决策并付诸行动。

智能化以透彻感知、全面互联、智能决策为主要特征。全面透彻感知就是要准确掌握各危险因素的相关属性数值、状态等。一般根据属性特征采取有针对性的技术手段如物联网设备、传感器、视频、检测设备等进行数据采集,随时随地地感知设备、环境、人员等的变化情况。显然,透彻感知是智能化的基础。

全面互联则是以信息网络为基础,使各个要素能够与其他要素相互交流信息,实现信息的互通访问和接入设备的互相调度操作。安全影响因素众多,分布在人、机、环、管等多个不同系统之中,要准确判断安全态势及发展趋势,就必须实现数据联通,实现信息资源的一体化和立体化。

智能决策则是在全面透彻感知的基础上,对各种海量信息进行智能处理,从而为各项决策提供辅助支持,并能与业务流程智能化集成,对于某些成熟规则主动做出响应,促进安全管理体系的高效运行。以安全为例,智能安全系统应能对煤矿的安全态势做出准确评估,对未来发展趋势做出判断,自动根据某些常规情况采取预定的措施。一般而言,智能决策能够根据既往数据不断自我学习,提高后续决策的质量,呈现出一种机器"智能"。从某种意义上,智能处理的算法、数据处理能力才是智能化的核心。

当前,我国企业智能化建设已逐步开始加速,智能化的概念开始逐渐渗透到各行各业,智能化系统装备、技术迭代升级日趋频繁,其应用范围和程度都在快速提升,从而为安全生产变革奠定了技术基础。智能化建设已经成为国家战略,将智能化技术运用到生产经营单位日常生产过程中,加强新技术对产业创新力的驱动,对资源价值的挖掘与释放,实现多级架构的信息共享、协同调度和集中管控已成为各领先生产经营单位的重要任务之一。人工智能、大数据等技术开始被广泛运用在企业生产与运行过程中。这些技术对安全生产相关数据进行挖掘、收集和分析,及时根据业务需求整合资源,从而推动企业生产模式的良性运转,各种黑灯工厂、无人车间不断出现。

煤炭行业智能化发展相对较晚。2020年3月,为贯彻党中央国务院关于人工智能的决策部署,推动智能化技术与煤炭产业融合发展,提升煤矿智能化水平,由国家发展改革委、能源局等8部委联合印发了《关于加快煤矿智能化发展的指导意见》,自此,煤炭行业智能化建设开始进入快车道,到2022年我国煤矿的采煤、掘进智能化工作面将达到1 000处,智能化矿井产能将达到10亿吨至15亿吨,将建成一批100人以下少人智能化矿井;到2030年各类煤矿将基本实现智能化。当前一批智能化示范矿井已经引领全国煤矿智能化建设,极大改变了传统煤矿的生产和安全管理模式。

显然,智能化建设作为安全生产变革的重要组成部分,致力于企业实现减人提效、破解安全生产突出矛盾,是企业转型发展、高质量发展的必由之路。企业智能化转型通过新一代信息技术的深入应用,优化企业的整体业务流程、管理模式,用新技术手段提升企业的安全管理水平。智能化的全面推进可以使生产经营单位更加准确、全面地掌握安全生产中各要素的状态,最大程度减少不确定性,甚至形成透明厂区、矿井、车间等,从而从根本上改变原有安全管理的模式,实现管理水平的革命性跃升。

当然,任何事物的发展都有一个过程,不能一蹴而就。当前智能化建设从技术及设备先进性、应用效果上来看,水平仍然参差不齐:多数生产经营单位还未满足智能化安全生产发展对信息技术的深层次需求,如企业忽视了构建大数据技术分析应用平台的重要性,缺乏统一的数据传输平台,导致对安全生产信息采集不全面,无法进行实时有效的风险监测分析;有的生产经营单位信息系统使用功能有限,脱离企业安全管理实际,应用效果较差,难以充分发挥技术在企业智能化安全生产管理中的作用;有的生产经营单位硬件设备的互联互通功能不足,仅能实现信息的采集、展示等简单功能,企业智能化安全生产所需的基础设备设施整体处于比较薄弱的阶段;等等。但作为未来发展方向,智能化是毫无疑义的。因此,无论是从前沿探索出发还是从提升安全水平角度考虑,生产经营单位在具备了相关技术条件的情况下,应积极采用智能化技术革新现有安全管理模式,提前在本单位实现安全管理的根本性变革。

第二节　智能化安全与智能化双重预防

智能化安全是智能化建设的重要组成部分,而智能化双重预防则是生产经营单位智能化安全建设的抓手,也是智能化安全建设的核心。

一、智能化安全及其面临的问题

智能化安全是个一体化的概念,具有技术与管理的双重属性,即智能化安全防控技术和智能化安全管理。从广义上看,智能化安全指将与安全生产有关的设备、技术与安全管理工作有机融合而成的一种主动安全管理模式。从狭义上看,智能化安全指基于智能化建设,将与安全有关的数据全面集成、智能分析,以综合动态风险实时评估、预测预警为核心,及时、有效配置安全资源,实现矿井灾害和事故的智能化预防与处置的主动安全管理模式。无论哪一种概念,智能化安全都可以包括三个层面,如图 9-1 所示。

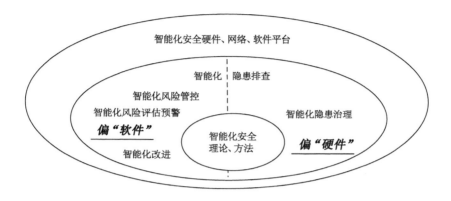

图 9-1 智能化安全层次示意图

第一个层面是智能化安全的核心,包括智能化安全理论与方法。智能化安全是在全面智能化技术的基础之上开展的安全管理工作,其基础思路和逻辑都与现有安全管理模式有重要的区别。如果没有对智能化安全的深入理解,哪怕用了最先进的信息技术也容易形成"新瓶装旧酒"的局面,难以发挥智能化投入的最大效果。正如前文所述,智能化时代需要智能化的安全管理方法。

第二个层面是具体功能在场景中的应用,主要包括五类场景:智能化风险评估预警、智能化风险管控、智能化隐患排查、智能化隐患治理和智能化改进。智能化风险评估预警是基于智能化技术对各种危险因素的全面、动态掌握,综合评估风险大小;智能化风险管控则是确保风险管控力量投入与风险的实际分布情况一致,避免风险管控的盲目性和僵化;智能化隐患排查一方面优化人员力量,做好既有隐患排查工作,另一方面积极利用各种现代智能化设备如无人机、巡检机器人、智能摄像头等开展隐患排查;智能化隐患治理则是根据隐患情况,在通知责任单位和责任人的同时,自动采取必要的措施控制或治理隐患;智能化改进则是根据风险管控和隐患排查情况,自动分析风险辨识结果和管控措施有效性,从决策支持的角度提出改进建议。在这五类场景中,智能化隐患治理侧重于"硬件",智能化隐患排查则"软硬件"兼备,另外三类场景的实现更侧重于"软件",算法和数据是智能化安全在场景应用中的基础。

第三个层面是智能化安全的硬件、网络、软件平台,包括各类传感器、物联网设备、重要参数测量设备,各类近距离通信网络、无线通信网络、光纤骨干网、数据管理平台、云平台等,为智能化安全提供信息基础设施和海量的动态数据。

这三个层面越往内重要性越高,但越往内越不可见。智能化安全的理论与方法直接决定了生产经营单位智能化安全建设的方向、水平和能够达到的高度。

从智能化安全三个层次的内涵和相互关系来看,任何生产经营单位要建设智能化安全,必须具备以下四个要素:

(1)有一个适应智能化技术的安全管理思想和方法。

这一点往往被很多领导和智能化安全服务提供商所忽视。只重视技术的结果常是耗费大量成本和精力,所应用场景非常有限,可推广性并不理想。理想的安全管理方法应具有一定的理论高度、适应生产经营单位实际、能够根据智能化程度变化调整安全工作等,显然,双重预防机制是一个比较理想的管理思想和方法。

(2)全面采集、整合与安全有关的信息,即对安全各影响因素进行深度感知、广泛互联,确保数据能够获取。

对任何事物的感知和理解都难以达到绝对透彻的程度,一般都是一个从不透明向透明不断靠近的过程。因此,生产经营单位对与安全有关信息的全面采集、整合是一个不断发展的过程,智能化安全也是一个不断深入、不断提升的过程。并不是说没有完成所有与安全有关信息的采集、整合前,生产经营单位就无法开展智能化安全建设,而是应基于当前安全相关信息的掌握情况,在现有基础上开展智能化安全建设,积累经验。待数据采集有新的进展后,再继续将新的数据纳入智能化安全系统中来,实现智能化水平的不断提升。

(3)要对安全相关各类管理需求的算法深入研究,实现智能决策。

算法是整个智能化安全的核心,也是双重预防机制理论研究的重要领域之一。由于数据量和数据完备性方面的原因,一些在其他问题上行之有效的算法难以在安全领域发挥效果。一般而言,对于同一个问题可以建立模型方法库,采用多种不同的模型和算法进行评估、预测。

(4)智能化安全必须要面向安全管理场景,真正能够应用在实践中,简化工作或提高绩效。

生产经营单位开展智能化安全建设只有解决了工作流程、安全决策等方面的痛点,智能化安全才会真正具有生命力。

当前少数生产经营单位已开始了智能化安全方面的探索,也取得了一些宝贵的经验和成果,但总体来说还处于起步阶段。智能化安全建设存在的问题主要体现在以下四个方面:

(1)相关安全数据采集不全,现有系统数据孤岛现象较为严重。

当前很多设备设施、系统的数据采集装置更多面向生产,一些对安全影响较为明显的数据并没有采集,导致数据的完备性受到较大影响。另外,一些企业在多个子系统中基本实现了信息化,但是各系统的海量数据往往无法得到有效共享,更谈不上进行融合分析。少量企业或政府部门试图将不同类型的安全数据进行集成管理,但却只是物理上或逻辑上集中存储,既没有统一标准、统一管理,也没有综合使用,虽然看起来通过所谓"一张图"展示所有信息,但各系统仍是独立的,事实上的孤岛依然存在。

(2)数据加工深度不足,多是简单的规则的管理。

数据算法的深入应用是智能化安全的重要特征之一。但当前开展智能化安全建设的一些生产经营单位对数据的加工较为简单,多为基本的统计、钻取、阈值控制或联动分析等,对于算法方面的研究和应用都有明显不足。一些研究人员所采用的数据分析算法其假设或对数据的要求与安全生产的问题和数据特征存在区别,导致研发的算法与实际不符或无法获得满足要求的数据而难以运行。

(3)重硬件轻软件,重生产轻安全,各种应用呈点状分散突破。

智能化是软件与硬件的结合体,仅靠某一方面都难以实现理想的智能化效果。当前各行业在进行智能化建设时,在硬件上的投入远高于软件,如煤炭行业在应用软件上的投入仅占信息化投入的20%左右,虽然积累了大量数据,但几乎没有得到充分挖掘。很多行业在智能化建设时资金和精力基本集中在生产领域,对于智能化安全考虑明显不足,少量的智能化安全实践也往往集中在某些硬件应用上。软件方面的智能化安全建设最常见的是数据集成可视化显示,而且很多情况下数据更新范围和速度不足,远达不到数字孪生的要求,只能实现简单的三维模型漫游。

(4)缺乏顶层设计,对智能化安全管理思想研究明显不足。

安全工作涉及各个系统,而且彼此之间有复杂的相互作用,因此单独做某一个系统的监控、评估等都不能从根本解决问题。智能化安全建设需要从顶层考虑危险因素、相关属性、数据规范、采集要求等,为数据集中管理奠定基础。此外,智能化安全是智能化技术在安全管理方面的应用,其根本是用技术解决安全管理中的问题。生产经营单位应深入研究智能化技术与安全管理的结合，在新的技术基础上开展业务流程重组工作，提出智能化安全管理模式，发挥智能化技术的最大潜力。

二、智能化安全以智能化双重预防为核心

双重预防机制应成为智能化安全的理论框架，这不但是智能化安全的需要，也是双重预防发展的必然方向。我们之所以认为智能化安全应以双重预防机制为其理论核心，主要基于以下四方面的原因：

（1）法律法规、规章制度合规性的要求。

新《安全生产法》将建设双重预防机制纳入生产经营单位的法定职责之中，成为安全生产的核心管理体系。此外国家、部委层面及省级安全监管监察部门等都对双重预防机制的建设提出了要求，如《安全生产专项整治三年行动计划》。考虑到安全生产的实际需要，各生产经营单位都要以双重预防机制为核心，整合已运行的其他管理体系和管理方法，形成具有自己特色的双重预防机制。因此，如果需要选择智能化安全的管理理论框架，从合规性考虑，双重预防是最合适的方法，可以减小生产经营单位安全管理的复杂度。

（2）生产经营单位安全管理实践中可操作性的要求。

安全管理在生产经营单位中涉及面广、人员众多，如果智能化安全所采用的管理理论与当前安全管理实践中的差别较大，会产生两种管理体系转换的成本，对从业人员的理解认知、工作习惯，以及单位的各种制度体系等都造成冲击，不但增加了智能化安全建设的难度，而且带来了不同管理体系转换的额外风险。双重预防机制提出这些年来，经过从国家到行业、地方各级政府、安全监管监察部门的反复要求，各生产经营单位及从业人员已经对双重预防机制较为熟悉，多数涉危企业在一定程度上建立了双重预防机制，具备了较为坚实的操作基础。可以说双重预防机制是各行业开展智能化安全建设时，对安全管理思想的最大共识。

（3）生产经营单位个性化安全管理方法的需要。

安全生产是生产经营单位的主体责任，其安全管理工作必然与各生产经营单位行业特点、生产特点以及历史发展、领导的认识等有密切的关系，生产经营单位不可能都采用完全相同的管理方法，必须与自身个性化安全管理方法相融合。正如本书前文所述，在兼容性方面，双重预防体系能够提供科学、通用的安全管理框架，适合不同企业的实际情况和需要。

（4）与智能化安全数据采集、处理、决策等核心内容紧密结合的需求。

智能化安全与传统安全管理最大的区别就在于对数据的掌握程度，通过透彻感知、全面互联，实现智能决策。双重预防机制需要对生产经营单位的安全风险进行动态综合评估，而包含安全信息的数据来源很多，如：安全风险分级管控数据、隐患排查治理数据、人员不安全行为数据、工业视频监控数据、环境监测监控数据、设备运行工况数据等等，仅某方面或某几方面的数据都不足以全面呈现生产经营单位的安全生产态势，因此双重预防机制天生具有对各类安全生产相关数据的需求。而当前的大数据、人工智能等技术的发展，也能够对不同来源、不同格式、不同结构的数据进行集成分析，对风险做动态评估、预测预警。而这也恰恰是智能化安全的核心内容。

因此，从外部法律法规要求、内部安全管理需要、符合智能化安全特点等角度来看，双重预防机制都是最符合智能化安全需要的安全管理理论。智能化双重预防是智能化安全的核心理论，是智能化安全在生产经营单位的落地方法。生产经营单位开展智能化双重预防建设也就是开展智能化安全建设。

三、智能化双重预防

智能化双重预防是 GIS 技术、移动互联网、物联网、大数据、人工智能等技术与风险分级管控和隐患排查治理深度融合，实现安全生产要素动态监控、安全风险综合评估、预测预警、事故隐患智能分析，直至应急协同指挥一体化的、从根本上遏制事故的双重预防性工作机制。

智能化双重预防可称之为"三位一体"，即：以双重预防理论为框架，兼容不同安全管理方法；以各类安全相关数据集成为基础，对数据采取统一管理；以人工智能算法为核心，对风险进行动态评估，从而实现对生产经营单位安全态势、未来发展趋势进行预判，为安全管理和监管监察提供支持，如图 9-2 所示。

智能化建设的不断深入，使生产经营单位能够更加准确了解、掌握自身生产经营中各要素的变化情况，从而为安全管理的变革提供了新的空间。生产经营单位应以双重预防机制为核心，构建智能化安全管理体系。该体系主要目标是使智能化生产经营单位在安全数据全面集成条件下，利用智能化技术重构安全管理模式，建立安全风险全员、全过程管理的智能化双重预防体系。生产经营单位通过智能化双重预防管理信息平台支撑自身智能化安全管理，实现安全风险的辨识管控、隐患排查和闭环管理、安全综合评判和风险监测预警、安全应急支持和报告报表管理等功能。智能化双重预防管理信息平台各部分关系如图 9-3 所示。

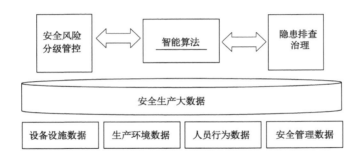

图 9-2　智能化双重预防"三位一体"示意图

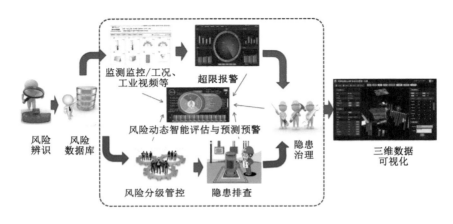

图 9-3　智能化双重预防管理信息平台示意图

　　生产经营单位通过风险辨识评估后,形成完整的风险数据库,然后通过两种路径进行加工:从安全管理角度,组织各级、各岗位人员开展风险分级管控和隐患排查工作;从技术管理角度,监测监控、设备工况、工业视频等信息来源也同步采集数据,根据提前设定的阈值进行相关处理。无论是技术系统中发现的超限,还是安全管理中发现的隐患都纳入隐患闭环处理。信息平台将安全管理和技术管理两方面的各种数据集成后进行智能化算法分析,对安全风险进行综合动态评估和预测防控。上述所有信息通过三维数据可视化方法在"一张图"上展示出来,实现智能化技术与安全管理的有机融合。显然,智能化双重预防能够推动企业的主体责任落实,在生产经营活动中贯彻全员安全生产责任制。

　　与非智能化的双重预防机制相比,智能化双重预防的特点和优势非常鲜明,主要表现在以下六个方面:

　　（1）由以人工为主的管理体系转变为"人工＋机器智能"模式。

　　智能化技术的应用是智能化双重预防最直观的表现,也是与非智能化双重预防最明显的不同。智能化双重预防通过智能化建设,使双重预防的范围、内容、方法、方式发生质的变化,将企业安全管理模式由传统的"人工"模式,推动发展到"人工＋机器智能"模式,解决了长期以来双重预防机制过于依赖人工录入数据带来的一系列问题。

在"人工＋机器智能"模式下,通过技术融合,实现安全风险的机器监测预警、分析、预测和评估,机器隐患识别,机器"三违"AI识别,实现大数据智能决策分析,将安全风险从单一的静态管控推动到全面的静态和动态风险管控。

（2）实现了"大隐患"的统一处理,重组分布在不同领域的相关流程。

除了隐患排查发现的隐患外,设备巡检、监测监控系统等发现的问题都属于广义的"隐患"。在大多数生产经营单位中,这些业务流程因职责范围不同,分属于不同的业务部门,使双重预防、安全管理部门所掌握的隐患情况总处于一个有限数据的状态。新的智能化双重预防实现了安全管理和技术系统发现的"大隐患"的统一处理,更加完善了隐患排查治理流程和职能。

（3）实现了安全有关数据的全面集成,为生产经营单位向数据管理迈进奠定了基础。

虽然全社会对于未来数据的重要性已经达成了共识,但真正将数据作为企业重要资源进行管理,并能够产生效益的生产经营单位并不多见。智能化双重预防建设可以根据顶层规划和数据规范,逐步实现对安全有关数据的全面集成。无论采用云平台还是数据中台,规范化的数据都是未来数据管理的基础。

（4）实现了对生产经营单位多专业、多层次的动态综合风险评估和预测预警。

动态风险或剩余风险的评估是生产经营单位安全管理实际情况的反映,也是未来有针对性进行安全管理的重要依据。但由于对数据掌握的充分性不足、对数据加工的能力有限,一般生产经营单位都采用经验法进行风险判断,或用简单的扣分法等进行衡量,无论是准确性、及时性,还是应用中需要面对的区域性、层次性等问题,都难以得到有效解决。智能化双重预防的核心特点就是通过对所有安全相关大数据的智能分析,实现动态综合风险的评估和预测预警,从而为超前管控风险变化提供了有力的支持。这一点无论对生产经营单位还是对安全监管监察部门都具有重要的意义。

（5）实现了安全管理资源的优化配置和科学管理。

生产经营单位的风险随着时间、空间的不同而不断发生变化,因此理想的安全管理应将安全管理资源按照风险的变化情况不断优化配置,发挥最大化的效果。如生产经营单位中不同风险点、不同时间段的各种风险的分布、大小都存在变化，安全管理部门应确保风险大的地点和时间段有更多的安全管理力量，即安全管理力量的投入与安全风险的实际时空分布保持一致。要做到这一点必须充分掌握生产经营单位各种风险的分布情况、演变规律，准确预测未来的变化情况，具备实时规划、调度安全管理资源的能力，只有这样才能实现风险超前管控。智能化双重预防机制能够实现根据前期风险管控和隐患排查数据以及未来风险变化的预测，科学制定风险管控和隐患排查计划，从而将安全管理真正推进到科学管理的阶段。

（6）降低了对安全管理人员素质的要求，人力资源管理两极化发展。

在智能化双重预防建立前，生产经营单位的安全管理很大程度上依赖员工的安全技能、安全意识和安全责任心。经验丰富的安全管理人员能够较好地判断危险所在，从而加强对可能存在薄弱环节的管控。当然，这种模式成本高、难度大，而且管控效果难以持续保证。智能化双重预防建立后，对人力资源的要求呈现两极分化：一方面，对于现场人员的要求在不断降低，如通过后台智能分析、移动信息推动等技术，可以直接指示现场安全技术管理人员什么时间、在什么地点、检查什么内容、检查标准是什么，然后通过移动终端直接获取检查结果。在这个过程中，检查人员不会因为缺乏丰富的技术知识（往往与技术紧密相关）而出现错检，也不会因为责任心不强而出现漏检，更不会由于安全经验和意识不到位，没有对重大风险、较大风险予以足够关注。另一方面，对于如何发现规则、如何调整优化规则，需要专家与智能化信息平台之间的互动，从而使得高水平安全管理人员对生产经营单位的重要性更加明显。因此，在数字化、智能化高速发展的今天，每一个从业人员更应该具有强烈的紧迫感，不断丰富、提升自身的知识和能力。

综上，可以说，智能化双重预防是智能化建设的重要组成部分，是智能化安全在生产经营单位的具体落地，是"人工＋机器智能"的有机融合，是生产经营单位安全管理的一次重要革命。

需要指出的是，智能化双重预防的建设并不仅仅局限于开展智能化建设的生产经营单位。在当前对于安全生产高度重视的背景下，即使没有开展智能化建设的生产经营单位，常常也建设了较为完备的监测监控、设备工况和工业视频等系统，只是这些反映生产经营单位安全生产情况的数据基本都分布在各个独立的系统中，数据孤岛问题非常突出。因此，生产经营单位完全可以在智能化生产等核心业务尚未开展的情况下，先行开展智能化双重预防建设。一方面,能够大幅度提升生产经营单位的安全生产水平,另一方面,也为未来的智能化企业的建设积累数据管理经验。当然,已经或计划开展智能化企业建设的生产经营单位,就更应该将智能化双重预防作为智能化规划、建设的重要组成部分,实现安全和生产、安全和效益的同步提升。

第三节　风险分级管控智能化创新

随着双重预防机制与企业安全管理的有效融合,从业人员的风险防控意识不断增强,但企业也面临着风险数据源多,风险信息复杂且存在关联等情形,仅依靠传统人工模式无法对风险进行全方位把控,需利用智能化手段优化包括安全风险辨识、风险评估、管控在内的全部功能的风险管控流程,进一步体现风险的空间属性、落实管理责任,保证风险的精准推送,实现人防向智防的转型发展。在顶层设计的指导下,智能化双重预防在整体思路和具体方法上都与原有双重预防机制有明显不同,其每一个要素、环节,都与智能化技术紧密结合,通过智能化创新,实现信息技术赋能:基于"互联网+"、云计算、智慧矿山、物联网等技术,科学地辨识、管控各类风险,实现资源共享和风险数据的标准化;对管控措施落实情况实施现场跟踪检查,预防控制安全风险的动态变化,使安全生产工作关口向前移动,变被动防护为主动控制来减少企业安全风险;以安全生产相关信息为基础,利用智能化信息平台全面收集和整合动态风险数据,结合算法模型分析风险,对各类风险进行量化评价、趋势分析及预警分析,为企业自动化决策提供多维度数据支撑,快速发现管理中的漏洞,真正实现风险分级管控流程的信息化、数字化、智能化管理。这里以风险辨识评价和风险管控两个环节为例,简要说明其智能化创新。

一、机制建设环节的风险辨识评估创新

风险分级管控是双重预防机制的基础,其工作包括机制建设环节的风险辨识、风险评估、风险清单编制和风险现场管控环节的管控计划、日常管控、重点管控几个部分。双重预防机制建设环节的工作如图 9-4 所示。

机制创建环节的风险辨识评估工作中,专业辨识小组和区队班组辨识小组在进行风险辨识评估及管控措施制定时,可以根据智能平台对既往数据分析得

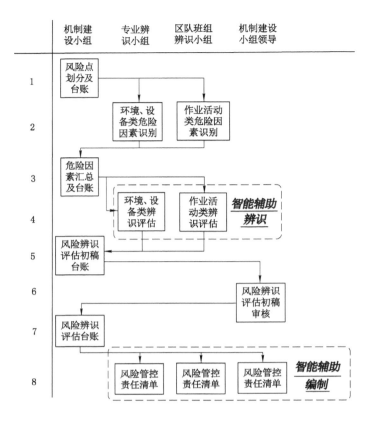

图 9-4　双重预防机制建设环节的风险辨识评估创新

到的数据库或前期辨识完成的危险因素辨识结果数据库快速完成自身辨识评估任务,且可以进一步对风险管控措施的充分性进行评估。在编制部门和岗位的风险管控责任清单时,智能平台可以根据既往隐患排查情况编制、调整各类风险管控责任清单,既减轻了工作量、提高了工作效率,同时还能极大提高辨识结果的规范性、完整性,以及风险管控责任清单的针对性。

二、现场管控环节的风险管控活动创新

风险现场管控环节包括管控计划、日常管控、重点管控等几个典型部分,其中日常管控工作与隐患日常排查工作有机结合起来,如图 9-5 所示。

本部分对于智能化技术的应用较多,主要体现在四个方面:

(1)各风险点的智能风险评估和风险管控计划编制。

通过对各风险点动态综合风险的智能评估,了解当前或一段时间内安全风险管控的情况,结合前期风险辨识评估中得到的各固有风险分布情况,制定风

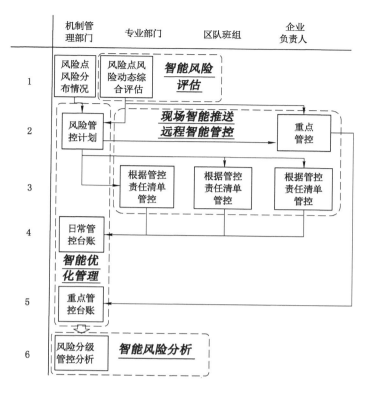

图 9-5 现场管控环节的风险分级管控创新

险管控计划。风险管控计划同时要结合现有的部门、人员,以及不同的风险管控类型数量等信息。仅靠人工开展计划编制只能是制定简要规则,无法实现管理科学的目的。

(2)风险管控活动中现场智能推送和远程智能管控。

在具体风险管控活动开展时,我们提出了"互联网+"安全的思路,变传统安全管理中人去查看风险管控情况、深入现场排查隐患的模式为根据信息去找人的模式。通过现场的风险智能化推送使现场风险管控工作简单化;通过智能化信息技术从现场快速采集各种数据。智能推动所采用的硬件包括:智能手机、智能头盔、智能眼镜、智能广播、智能终端等。

同时,可以采用智能化硬件或软硬件结合的方式改变风险管控的方法。如采用无人机、巡检机器人、智能摄像头等方法,可远程实现对相关风险的管控。甚至可以根据长期的数据分析对关键风险点、常出问题风险点等增加固定智能摄像头,强化风险管控的效果。

(3)安全资源和需管控风险的动态匹配,实现资源优化管理。

根据固有风险分布情况、风险动态综合评估的预测数据、日常风险管控台账和重点风险管控台账信息，利用智能化算法能够有效预测未来一个周期内风险可能的变化情况，从而优化资源配置，真正实现对风险的超前管控。资源的优化管理是风险管理向管理科学迈进的标志性指标之一。

（4）风险分级管控结果智能分析。

智能化算法通过对前述各项数据的分析，为风险辨识结果、管控措施有效性判断及风险管控责任清单的优化等，提供直接的决策参考，推动双重预防机制的持续改进。

生产经营单位进行风险分级管控时，应综合多信息融合、大数据挖掘、移动通信、计算机辅助决策等先进技术，通过 GIS 地图实现对所有安全生产区域风险的有效关联、实时监测与智能分析。通过物联网、人工智能等新技术手段对作业相关人员的位置、行为、环境等危险信息进行全面感知和可视化展示，及时发现作业过程中的风险并进行动态预警，如利用视频分析技术对作业活动进行风险辨识和风险管控，利用物联网技术对现场作业环境中的风险进行监测，以及使用移动终端对作业现场进行数据采集和风险动态监控等。

智能风险分级管控不仅是面向从业人员优化和改善安全管理流程，还有利于集团公司、二级单位等的安全监管部门监管职能的高效发挥。生产经营单位构建智能化风险分级管控模式，应把握以下几方面要求。

（1）科学辨识评估风险，明确风险管控对象。

生产经营单位现场风险众多，人员管理难度较大，对所有危险因素的所有信息进行采集成本过高，也没有必要。为了实施有效的安全管理策略，生产经营单位应在对人、机、环、管相关的危险因素进行全面辨识、评估的基础上，选取关键性的、对安全影响较大的危险因素进行全面评估、跟踪、管控，并通过智能风险管控划分主体责任，使各类危险因素始终处于动态受控的状态，强化关键节点风险预警防控。

（2）以全面感知为核心，构建基于风险分析与预测预警的风险分级管控模式。

以安全生产风险全面感知和监测预警为手段，推动企业安全向过程管控深度转变，将先进的信息技术与企业安全生产管理高度融合，明确智能化背景下的人员风险因素、设备风险因素、环境风险因素、管理风险因素四个方面的超前管控，通过技术手段获取实时数据并融合算法模型，逐步构建基于准确风险预测预警信息基础之上的风险分级管控模式。

（3）以流程优化为导向,确保风险管控的有效落地。

流程优化是提升工作效率的有效手段,是生产经营单位安全生产可持续发展的必然趋势。生产经营单位应在行业法律法规、标准规范等要求基础上,结合本单位规章制度,使得风险分级管控流程更加适应企业安全管理需要,应用现代智能化技术打通多系统之间的数据流转,实现数据的集中管理和共享,简化业务操作流程,降低数据采集、传输、使用的成本,增强流程可操作性,提升联动处置效率。

第四节　隐患排查治理智能化创新

当前各行业的安全生产工作中,隐患主要以人工排查方式为主,排查效率低、工作量大、质量不稳定。随着人工智能的快速发展,深度学习、图像识别、视频智能分析等技术得到了广泛应用,通过对监测系统采集到的海量数据进行处理分析,提取关键事件信息,进一步明确基于技术能够识别排查的隐患种类,能够大幅度提高隐患排查的效率、准确率和可靠性。

一、隐患排查环节的智能化创新

隐患排查治理是双重预防机制对我国长期以来执行的隐患闭环管理模式的继承,是防范事故的一道重要防火墙。隐患排查治理工作可以分为隐患排查与隐患治理验收两个核心环节,此外还有治理分析、责任追究等工作。隐患排查环节的工作如图 9-6 所示。

本部分与风险日常现场管控环节在工作上存在交叉,如前文所述,隐患排查的过程,也是风险管控的过程。本部分对于智能化技术的应用主要体现在四个方面:

（1）智能风险分析。

图 9-6 与图 9-5 中智能风险分析的功能相比,本部分更加侧重对风险失控情况的分析,将其与未来生产计划等数据结合,编制隐患排查计划。这里的隐患排查计划不是年度计划,而是为了使隐患排查力量与隐患可能出现的风险点、作业活动等的时空分布尽量保持一致,确保能够有效发现所存在的隐患。隐患得到闭环处理固然重要,但隐患的应发尽发更为重要,没有被发现的隐患

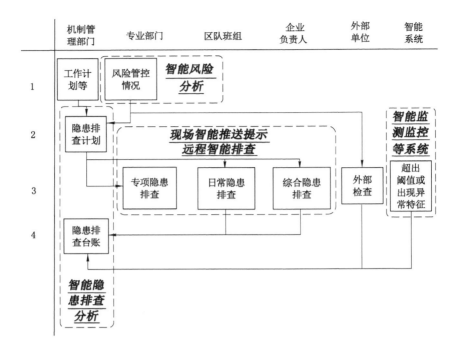

图 9-6 隐患排查环节的智能化创新

谈不上治理。

（2）隐患排查现场智能化支持、远程智能排查。

基于风险-隐患一体化管理模式,本部分与图 9-5 中的智能推送和远程智能排查类似。智能化技术的引入,将隐患的人工排查发展到智能化装备巡查,这一点对于一些危险因素分布范围较广、排查难度大、环境条件恶劣等情况的隐患排查有重要的意义,如通过无人机对野外输电线路的隐患排查等。多元化的隐患数据采集设备,如具备录音、摄像、视频等功能的手持或可穿戴设备等对于降低隐患排查工作量、丰富隐患排查数据也有着重要的作用。

（3）智能监测监控等系统的隐患自动录入。

隐患自动录入是智能化对隐患排查影响最大的应用。通过大量监测监控系统、设备工况系统、系统运行监控、不安全行为监控系统等智能化系统的数据采集和分析,使得隐患、"三违"不再仅仅来源于人工录入或现场监察,各智能监测监控等系统超过阈值的数据、异常的数据都可直接作为隐患或"三违"依据,如发现某生产系统的温度异常上升、特定气体浓度超出阈值等,直接当作隐患计入隐患台账,进而走隐患闭环管理,赋予隐患空间和管理的属性。此外,通过计算机视觉、视频识别等技术对作业现场人员不安全行为和其他隐患进行全面识别和预警也是隐患排查中智能化应用的一个重要领域,比如异物检测、人员不戴安全帽、进入限制区域等,主动发现并及时消除人的不安全行为、物的不安全状态等,以便及时采取有效处理措施。

（4）智能隐患排查分析。

通过分析隐患台账和隐患排查计划执行、完成情况,安全管理人员能够掌握隐患排查计划与实际隐患分布的动态变化,调整后续隐患排查计划。通过计划管理实现了隐患排查资源的优化配置,使隐患的排查不再是根据经验和感觉进行,而是在更加科学、详尽的数据支持下,准确掌握各专业隐患的规律以及可能存在较多隐患的风险点,指导下一周期的隐患排查工作。

智能化隐患排查的关键是建立隐患识别模型和预警指标体系,基于算法模型实时检测和识别当前接入视频中、各系统中存在的安全隐患并及时上报信息,包括相关的实时视频或图片,根据设置的参数阈值自动报警,通过客户端以及手机 App 等方式推送隐患信息。同时管理人员可结合人员定位和 GIS 地图技术,直观地查看各监控设备、传感器的位置、运行状况以及监测统计数据,当发生异常情况时,快速获取所在的位置信息,便于调取现场画面,进一步确认隐患信息。根据不同隐患等级,提供解决方案,实现智能决策支持。通过隐患识别特征数据库,进一步明确基于算法即能够实现识别排查的隐患种类,以及需要和其他手段相结合才能实现识别排查的隐患种类。同时,基于特征数据库的历史数据,分析影响隐患识别成功率的因素,以最大程度发挥动态变化监测能力,为企业安全管理水平整体提升提供一种有效的技术手段和方法。

隐患排查环节的智能化应用是当前安全管理领域智能化硬件研究和应用最活跃、最深入的领域,已经产生了诸多的独立应用。未来应考虑将相关智能化创新放在生产经营单位智能化双重预防建设中,有效协调各种智能化技术在智能化双重预防中的关系,发挥各自的最大作用。

二、隐患治理环节的智能化创新

隐患治理是传统隐患管理的重点,诸多工作机制的设计都是为了确保每个隐患都得到及时、有效的治理,避免隐患导致事故。隐患治理环节包括隐患责任确认、隐患治理、隐患督办、隐患验收等几个典型环节,如图 9-7 所示。

隐患治理部分的督办和验收环节并没有明确要求,一般可根据各生产经营单位的实际情况设计。图 9-7 设置的流程由业务科室督办,由机制管理部门（安全管理部门）负责验收。从图 9-7 可知,一般智能化主要用于四个方面：

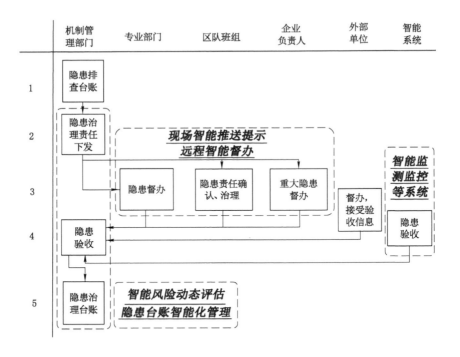

图 9-7　隐患治理环节的智能化创新

（1）现场智能推动提示指导治理，远程智能督办。

传统隐患闭环管理中，责任单位一旦确定了自身的治理责任，就会根据隐患情况制定整改方案，安排人员进行整改。督办环节较为复杂，要求督办单位在隐患治理的重要节点到隐患治理现场开展督办。由于督办流程复杂、任务难以分配、督办现场缺乏信息支持等，大多数行业除了对重大隐患保留督办或挂牌督办制度外，很多时候对于一般隐患并没有严格执行督办制度。

智能化创新后，责任单位和责任人在工作现场能够得到更加具体的隐患治理要求，提高隐患治理的质量。生产经营单位可对隐患治理过程和结果设置若干关键指标，根据这些指标变化反映的治理过程和治理质量进行跟踪督办。如果需要现场督办，也可以将督办任务纳入风险现场管控和日常隐患排查计划中，在相关工作开展的同时，进行隐患治理督办。或根据实际需要采用现场设置智能摄像头、无人机等方式开展督办工作。智能化技术的参与改变了原有督办的流程，降低了督办工作的复杂性和成本，使隐患治理制度能够真正有效落地。

（2）智能监测监控系统等实现隐患的智能验收。

一些隐患治理是否合格可以通过某些参数的数值或状态即可确认。对于这类隐患,生产经营单位可以通过智能化技术监测相关参数的变化情况。当各项参数符合要求后,即可认定该隐患已经得到了有效的治理。这种模式一方面使隐患验收流程避免了隐患责任人的参与,另一方面,减少了隐患治理完成到验收完成之间的时间间隔,使隐患能够及时闭合。如果必须要现场确认,无人机、智能摄像头、巡检机器人等技术也能够极大提高隐患验收的效率。

（3）隐患台账等智能化管理。

隐患台账记录了每一条隐患从被发现到验收的全过程数据。显然,对于任何一个生产经营单位,隐患排查、治理、督办、验收全流程时间往往较长,涉及的部门和人员众多,需要采集的数据种类较多,如何确保各个环节负责人员能够准确记录,并保持信息的连贯性是一个比较大的挑战。智能化管理彻底解决了单独的台账登记工作,所有信息都在工作过程中自动产生,并被准确记录。

（4）智能风险动态评估。

隐患治理验收环节的数据对于判断各风险点、危险因素风险的变化有重要的意义。及时判断隐患是否得到有效治理,可以做到实时动态调整所在区域、风险点等的风险等级,实现对风险的实时管控。

智能化隐患排查治理能够随时掌握人员、设备系统及环境安全状况,为生产经营单位安全管理提供扎实的理论依据;借助大数据挖掘等技术对历史隐患数据跟踪分析,剖析形成原因及机理,统计易发生安全隐患的高频位置或部位信息,辅助生产经营单位有针对性地增设监测监控或感应装置;在智能化平台上不断优化、融合多种算法,丰富和完善隐患自动识别种类,提高隐患排查治理的智能化程度。

第五节　智能化双重预防管理信息平台构建

智能化双重预防的落地也需要一个智能化双重预防管理信息平台予以支撑,整合各智能化系统中的数据,为各类算法提供模型库和方法库,为各项工作的开展提供信息技术工具。

一、智能化双重预防管理信息平台架构

本节以煤矿为例,说明智能化双重预防管理信息平台的架构设计,其系统

架构如图 9-8 所示。

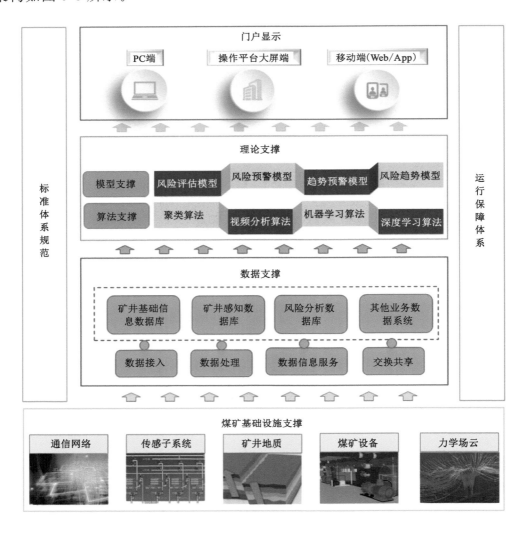

图 9-8　煤矿智能化双重预防管理信息平台系统架构图

通过煤矿基础设施支撑提供数据感知,利用 GIS 技术、定位技术、AI 视频识别等技术获取人员定位相关数据,通风机、提升机等控制系统的设备监控数据,水文监测、工业视频等环境监测数据,双防管理、设备管理等管理数据,以及地质地测等矿井基础数据。基础设施支撑层获取的数据在数据支撑层进行统一管理,形成各种专业的数据库。理论支撑层、算法模型层等支持管控平台系统的基础服务、功能性服务及开发工具的正常运行,提供面向安全风险管控、隐患排查治理、安全风险监测预警、趋势分析预测、安全综合评判等业务场景的算法与模型支撑。最后通过统一门户,在 PC 端、移动端、调度大屏等进行展示使用。

煤矿智能化双重预防管理信息平台以煤矿安全风险为核心对象,建设集数据采集分析、存储、事故预测预警、安全风险评估、趋势预测等功能于一体的煤矿智能化安全保障系统,实现内部子系统之间互联互通、动态数据采集分析和风险预测预警,为煤矿日常生产调度、安全风险处理、应急救援等工作提供数据和技术手段。基本核心技术的目的是实现系统数据"集成化"、要素展现"可视化"、风险评估"智能化"、操作软件"平台化"。

(1)系统数据"集成化"。通过系统平台建设,将矿井的数十个子系统进行集成,实现数据之间互联互通,逐步消除信息孤岛,集成采煤工作面感知数据、矿井水文地质数据、力学场云信息和设备运维状态等,实现全矿井的全维感知。

(2)要素展现"可视化"。要素展现可视化包括三方面的内容:其一,将矿井真实存在客体进行数字化,通过系统平台进行可视化的展现;其二,将矿井生产产生的岩层力学信息、扰动信息、场云信息匹配数字化客体进行展现;其三,依托软件平台和矿井客体对平台生产的数据结果进行展现。

(3)风险评估"智能化"。采用大数据技术,结合灾害衍生机理,利用人工智能和机器学习,积累优化模型知识库,针对煤矿水、火、瓦斯、粉尘、顶板等主要灾害进行点线面的风险等级评估,构建煤矿井下监测点、局部区域和系统三个层级的危险源感知和预警体系,从宏观、微观两个层次对煤矿风险进行监测、预警、评估。

(4)应用系统"平台化"。基于统一架构、统一标准、统一认证和统一运维体系,建成煤矿企业的生产和安全管控平台,实现数据采集分析、业务协同和井下子系统远程联动处理,后期可不断接入新的系统。

二、智能化双重预防管理信息平台核心功能

煤矿智能化双重预防管理信息平台根据建设的完备程度和个性化建设的要求,在不同企业有不同的功能,但一般应具有安全风险分级管控、隐患排查治理、综合可视化操作平台、大数据分析平台、安全风险智能评估、多系统联动控制和移动可持式终端展示等模块。

(1)安全风险分级管控。

信息平台能够实现安全风险分级管控工作流程化、信息化,具备安全风险辨识、评估、分级管控、跟踪记录、统计分析功能,可根据实际情况进行风险管控考核,促进风险管控有效执行,并根据风险管控分析结果不断完善提高风险辨识能力,实现风险管控能力持续提升。

（2）隐患排查治理。

信息平台能够实现隐患排查治理工作流程化、信息化,自动巡查系统隐患、落实整改责任,实现闭环管理;具备 AI 视频智能识别能力,自动发现隐患、人员"三违"行为;采用"人工＋机器"手段进行隐患排查工作;治理过程全程监控,对治理情况进行精准推送,帮助工作人员对治理行为进行督办及验收,并根据实际情况进行隐患治理奖惩。对隐患排查治理情况反馈的风险管控情况进行记录改善,实现隐患排查治理能力的持续改进提高。

（3）综合可视化操作平台。

采用 H5 建模技术、3Dmax 建模技术实现矿井三维建模,在此基础上,集成自动化设备监控类数据、矿井地质类数据和业务管理运行类数据,并连接煤矿井下可控设备系统,建成煤矿综合可视化操作平台。如图 9-9 所示,实现数据采集分析、可视化展示与井下关联设备远程联动。

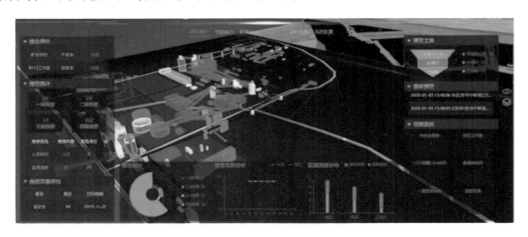

图 9-9　煤矿综合可视化操作平台

（4）大数据分析平台。

对采集到的矿井数据,统一数据格式并实现数据云端存储,建成单个矿井的大数据分析平台,如图 9-10 所示。大数据分析平台集成了大数据聚类分析模型、风险预测预警模型等模块,贯通了信息采集与利用的上下联系。

（5）安全风险智能评估。

智能化双重预防管理信息平台融合安全风险要素数据及相关共享数据,基于大数据、知识图谱、机器学习等技术,具有建设风险可视化综合监测、专题展

图9-10　智慧矿山大数据分析平台

示等功能,主要包括风险要素数据汇聚与可视化、企业安全监控系统运行状况感知、安全隐患自动监测识别预警。基于生产安全事故和灾害风险要素监测历史数据和多层次风险评估历史结果,构建多层级安全风险趋势分析模型,对煤矿各类自然灾害感知信息的发展变化趋势进行预测,实现煤矿生产区域、矿井安全生产风险态势评估。模块的主要内容包括生产区域安全生产风险态势综合评估、矿井安全生产风险态势综合评估、评估模型体系自适应优化等部分,如图9-11所示。

(6)多系统联动控制。

从系统联动的目的性出发,结合现有系统的布置及其功能特点,实现区域多系统数据联动展示、多系统联动信息推送、报警条件下跨系统断电联动控制、人工介入条件下半自动化控制和自动化联动控制,逐步完善监测数据超限、重大隐患、特定条件设置等情况下系统、设备、区域自动断电、停风停水等功能。

(7)移动可持式终端展示。

在矿井实现井下4G或5G通信的条件下,人员佩戴移动端到达井下,移动终端自动匹配定位信息,并关联显示区域矿井要素的详细信息,通过验证终端持有人的权限,系统分级开放信息录入、音视频采集和远程控制等功能。移动可持式终端及界面如图9-12所示,用户可注册账号或通过微信扫码方式登

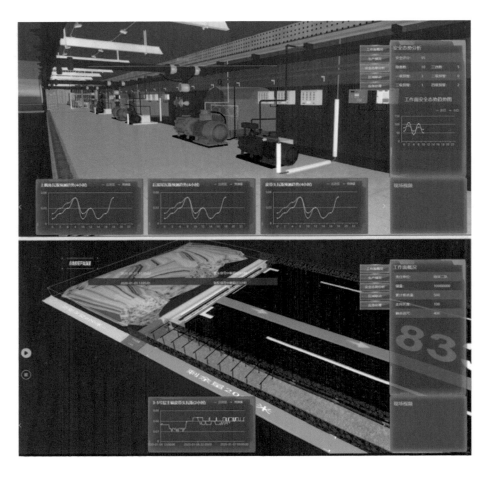

图 9-11　煤矿重大风险实时评估预测

录。移动可持式终端技术的应用,使煤矿智能化安全保障体系更加精准化、实时化。

图 9-12　移动可持式终端展示与控制

通过信息平台可以获取煤矿重大风险预警信息，实现当前风险动态综合监测；对未来的安全生产风险精准预警，对安全生产风险趋势进行预测，提前采取防控措施；在需要时能够调取实时图像、数据，督促责任单位、人员落实安全管理职责，创新智能化条件下的煤矿安全管理模式，并且通过智能评估生产区域、矿井综合安全态势，反馈安全管理效果。

第六节　智能化双重预防与安全治理效能

2013 年 11 月召开的中国共产党十八届三中全会提出："全面深化改革的总目标是完善和发展中国特色社会主义制度，推进国家治理体系和治理能力现代化。"治理体系和治理能力是一个相辅相成的有机整体，有了好的治理体系才能真正提高治理能力，提高治理能力才能充分发挥治理体系的效能。

2019 年 11 月 29 日中共中央政治局就我国应急管理体系和能力建设进行第十九次集体学习时，习近平总书记强调，应急管理是国家治理体系和治理能力的重要组成部分，承担防范化解重大安全风险、及时应对处置各类灾害事故的重要职责，担负保护人民群众生命财产安全和维护社会稳定的重要使命。要发挥我国应急管理体系的特色和优势，借鉴国外应急管理有益做法，积极推进我国应急管理体系和能力现代化。

2020 年 10 月 29 日中国共产党十九届五中全会通过的《中共中央关于制定国民经济和社会发展第十四个五年规划和二〇三五年远景目标的建议》将"国家治理效能得到新提升"作为今后五年我国经济社会发展的主要目标之一，其中提到"社会治理特别是基层治理水平明显提高，防范化解重大风险体制机制不断健全，突发公共事件应急能力显著增强，自然灾害防御水平明显提升，发展安全保障更加有力"。在治理活动中，治理主体贯彻执行制度，取得相应治理效果、达到既定治理目标，展现治理效能。因此，通过智能化双重预防建设，提升生产经营单位、政府和安全监管监察部门的治理效能，是我国应急管理的重要任务，对于保障国家社会经济和谐稳定发展具有重要的意义。

一、智能化双重预防对安全治理效能的意义

前文已经论述了智能化双重预防对于生产经营单位安全生产的意义，本节

主要从政府、安全监管监察部门的角度论述智能化双重预防建设的意义。近十余年来,我国安全生产整体形势不断好转,安全监管监察部门对其做出了重要的贡献,但很多行业的安全监管仍面临监管和专业技术人员摊薄弱化、监管方式方法创新性不足的问题,全面、高效、精准开展监管工作的压力巨大。为进一步提升安全治理效能,必须加快安全监管变革,至少应在以下三个方面进行提升:

(1)监管执法手段多元化提升。

在现场监管执法的基础上,充分利用信息化、智能化手段探索应用多元化监管手段,实现信息化、智能化远程监管,多种监管手段并举,优化执法力量,加大监管力度,提升监管效能。

(2)监管执法精准化提升。

做到对企业安全生产信息数据,如风险隐患等信息的实时、精准获取掌握;做到重大风险全面掌握、实时预警,重大隐患及时上报、治理全过程跟踪;做到政府与企业"同频共振",实现精准监管以有效防范重特大事故发生。

(3)决策分析智能化提升。

全面掌握企业安全生产基础"大数据",并进行智能分析,实时掌握企业安全生产态势、规律及发展趋势,并根据安全生产态势及趋势进行决策。

综上所述,基于提升安全治理效能的要求,各行业安全监管监察部门应结合行业安全生产和管理实际,借助信息化、智能化手段,推动生产经营单位开展智能化双重预防建设,同时建立政府层面智能化双重预防监管信息平台,实时监管企业安全生产情况,及时发现存在的漏洞和发展趋势,实现"线上日常巡查+现场精准核查",切实提高自身安全治理效能。

无论是生产经营单位或是安全监管部门,做好事故风险防控或掌握安全监管的主动权,其关键是能够准确掌握风险的变化情况,了解风险演变的规律,对风险的变化做出超前判断。要做到这一点,就必须实现与安全生产有关数据的全面采集、集成,并保证数据采集的及时性、真实性和精度。通过对既往数据的大数据智能分析,能够从中发现诸多有价值的事故风险防控规律,用于指导风险防控和安全监管监察工作,有效提高安全治理效能。智能化双重预防能够为各方提供大量反映生产经营单位安全生产态势、安全生产主体责任履职等情况的数据,其数据生产逻辑如图9-13所示。

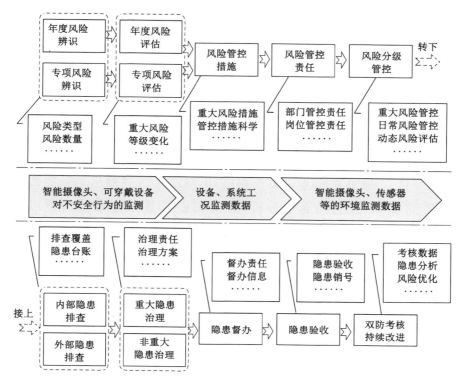

图 9-13　智能化双重预防数据生产逻辑

通过对上述数据的分析,能够发现很多有助于安全监管监察的规律和信息,典型的如:

(1)重大风险辨识评估不符合规范要求,显示生产经营单位没有对所有重大风险按其等级进行管控。

(2)风险辨识评估结果的科学性、合理性,显示生产经营单位风险意识水平或风险辨识能力。

(3)风险和隐患数据的关联情况,显示生产经营单位双重预防机制的运行质量,进而反映了生产经营单位安全生产管理水平。

(4)双重预防机制运行模式异常的信息,显示该生产经营单位可能处于较高风险水平。

(5)部门和个人安全风险管控清单的科学性,显示安全生产主体责任落实情况。

(6)风险分级管控和隐患排查工作情况及相关计划的执行情况,显示生产经营单位安全管理工作的实际落实情况。

(7)隐患数据及其变化特点,显示生产经营单位风险管控的效果和隐患排查治理工作的开展效果。

（8）新一年年度风险辨识结果的变化与年度隐患排查数据的相关性，反映了生产经营单位双重预防机制的长期运行质量。

（9）监测监控异常数据与隐患排查数据的相关性，显示双重预防机制的落实情况，反映了生产经营单位安全管理的水平。

（10）集成监测监控等与安全有关数据进行动态、综合安全风险评估，反映了当前生产经营单位安全风险水平和变化趋势。

通过与智能化相关监测监控、工业视频、无人机/机器人、各类工况方面的数据的联网、集成，以及智能算法分析，政府和安全监管监察部门不再只靠现场检查才能了解、掌握生产经营单位的安全风险态势，从而为安全监管方式方法变革提供了可能。随着相关数据的持续积累，以及政府和安全监管监察部门数据分析能力的不断增强，新的事故风险防控规律还将不断被发现，安全治理效能将进一步提升。

二、监管部门智能化双重预防监管平台建设与监管方式变革

利用生产经营单位的智能化双重预防数据革新安全监管方式，需要具备两个前提：第一，生产经营单位要建立，并真正运行智能化双重预防；第二，安全监管部门要能够采集到企业智能化双重预防管理信息台的运行数据，并建有能够进行大数据分析的监管信息平台。

（1）推进监管范围内生产经营单位的智能化双重预防机制建设和运行。

推动生产经营单位建立和运行智能化双重预防，在技术和经济能够支持的条件下，要解决两个问题：第一，生产经营单位建设智能化双重预防的意愿问题；第二，智能化双重预防建设的规范性问题，也就是能够建设起来，并且规范可行。

解决生产经营单位建设智能化双重预防的意愿问题要从其"主动"和"被动"两方面着力：首先，政府、安全监管监察部门要向生产经营单位宣传相关要求和理论、方法，使其认识到智能化双重预防建设的必要性和有效性，从内心接受智能化双重预防；其次，在新《安全生产法》的明确支持下，安全监管监察部门要将双重预防机制建设工作纳入执法清单，出台相关措施鼓励生产经营单位向智能化方向努力。

要解决智能化双重预防建设的规范性问题，需要政府、安全监管监察部门明确各方职责，形成合力，共同出台智能化双重预防建设的具体规范，避免各自出台标准，彼此相互矛盾的问题。智能化双重预防规范要放在安全治理效能提升的层面上进行顶层规划，面向生产经营单位的安全管理，面向监管部门的监管需要，明确具体工作流程、各项数据的标准，保证所有生产经营单位提供的数据完备、口径一致、类型一致，便于后续的数据管理和分析。

（2）面向安全监管的智能化双重预防监管信息平台建设及应用。

当前以互联网为代表的信息技术已给政府治理效能带来了巨大提升，也为安全监管监察工作带来了变革的空间。新《安全生产法》明确要求深化和落实政府安全监管责任，提出各负有安全监管监察职责的部门实现互联互通、信息共享，通过推行网上安全信息采集、安全监管和监测预警，提升监管的精准化、智能化水平。因此，利用智能化技术采集生产经营单位的安全相关信息，建设智能化双重预防安全监管信息平台，提升安全监管监察效能，也是新《安全生产法》对各级政府和安全监管监察部门的要求。

由于智能化双重预防建设一般是在双重预防机制基础之上开展，因此当条件不完全具备时，安全监管部门可以分两步开展双重预防监管信息平台建设工作。第一阶段先在监管范围内推动生产经营单位的双重预防机制及信息化建设，通过网络收集双重预防信息，开展远程监管。第二阶段，选择条件成熟的生产经营单位开展智能化双重预防建设试点，并逐步在其他生产经营单位中进行推广。一些行业的安全监管部门已经实现了对各生产经营单位部分监测监控系统等数据的采集，因此也可以在第一阶段工作完成后，直接将其与已经采集到的监测监控系统数据进行整合，通过智能化算法实现远程智能化监管。

管理方法应与技术水平相匹配。安全监管部门应在新智能化技术应用的基础上，创新安全监管机制与方法。原有的安全监管方法建立在手工统计、现场监管等技术基础之上，在取得巨大成效的同时，也带来了"一竿子插到底"、"保姆式"监管等诸多问题，既给生产经营单位造成了困扰，也给监管部门带来了巨大的压力。快速发展和应用的智能化技术为安全监管工作带来了新的创新空间。政府安全监管部门应重构安全治理各参与方之间的关系，创新、完善现有的安全监管机制与方法，督促生产经营单位落实安全生产主体责任，做好安全风险防控，使各方力量不缺位、不越位，形成合力。

随着智能化技术的不断深入研发与应用，以及各行业高质量发展的推进，未来的安全治理体系中，生产经营单位的双重预防机制必然是智能化双重预防，政府监管部门的安全监管也必然是建立在大数据智能分析和智能化双重预防基础上的安全监管。智能化双重预防将推动我国安全治理效能不断提升。

参考文献

[1] 陈全.GB/T 45001-2020《职业健康安全管理体系 要求及使用指南》理解和应用[M].北京:中国质量标准出版传媒有限公司,中国标准出版社,2020.

[2] 陈维民.煤矿安全管理体系构建[M].徐州:中国矿业大学出版社,2018.

[3] 方新秋,梁敏富,李爽,等.智能工作面多参量精准感知与安全决策关键技术[J].煤炭学报,2020,45(01):493-508.

[4] 贺超,李贤功,王桂强.面向安监部门的煤矿安全监管指标体系设计[J].煤矿安全,2016,47(4):235-237.

[5] 李爽.持续推进双重预防机制建设[N].中国煤炭报,2020-06-30(004).

[6] 李爽,李丁炜,犹梦洁,等.基于BN-ELM的煤矿瓦斯安全态势预测方法[J].系统工程,2020,38(3):132-140.

[7] 李爽,李丁炜,犹梦洁.煤矿安全态势感知预测系统设计及关键技术[J].煤矿安全,2020,51(5):244-248.

[8] 李爽,毛吉星,贺超.安全管理中危险源辨识的顶层设计与体系设计[J].煤炭经济研究,2017,37(07):59-64.

[9] 李爽.煤矿安全双重预防机制建设实施指南[M].北京:煤炭工业出版社,2019.

[10] 李爽.全面推进双重预防机制建设健全风险防范化解机制[N].中国应急管理报,2021-07-20(007).

[11] 李爽,薛广哲,方新秋,等.煤矿智能化安全保障体系及关键技术[J].煤炭学报,2020,45(6):2320-2330.

[12] 宋学锋,李新春,曹庆仁.煤矿重大瓦斯事故风险预控管理理论与方法[M].徐州:中国矿业大学出版社,2010.

[13] 王端武,田学起,李爽.山东省煤矿安全双重预防机制建设:山东煤矿安全监察局双重预防机制建设纪实[M].徐州:中国矿业大学出版社,2019.

[14] 王国法,杜毅博.煤矿智能化标准体系框架与建设思路[J].煤炭科学技术,2020,48(1):1-9.